高职高专土建专业"互联网+"创新规划教材

建筑工程BIM技术应用

主　编◎李　奎　梅　杨
副主编◎王智玉　王　松
　　　　王玉敏
参　编◎常　健　贺烨萌
　　　　郭红伟　王　琛
　　　　李亚敏　魏晓娜
　　　　朱苗苗　张照方
　　　　何迎春
主　审◎黄保富　郑大钊

内 容 简 介

本书按照高职高专院校土建类专业的教学要求编写而成，包括建筑工程、给排水工程、通风空调工程、电气工程建模内容，并拓展介绍了 BIM 工程管理软件 Navisworks，帮助学生既能建立对 BIM 技术的系统了解，又能掌握具体操作过程。

本书共 13 个项目，包括：绪论，标高与轴网，柱，梁，墙体，门与窗，楼板，楼梯与坡道，场地，给排水系统，通风空调系统，电气系统，族，BIM 技术应用及 Navisworks 概述。

本书适合作为高等职业教育院校、继续教育学院的建筑工程技术专业、建设工程管理专业、建筑设备工程技术专业的教材和教学参考用书，也可供建筑行业从业人员参考使用。

图书在版编目（CIP）数据

建筑工程 BIM 技术应用 / 李奎，梅杨主编. -- 北京 : 北京大学出版社，2025.8. -- (高职高专土建专业"互联网+"创新规划教材). -- ISBN 978-7-301-35201-4

Ⅰ. TU201.4

中国国家版本馆 CIP 数据核字第 2024UJ7216 号

书　　　名	建筑工程 BIM 技术应用 JIANZHU GONGCHENG BIM JISHU YINGYONG
著作责任者	李　奎　梅　杨　主编
策划编辑	刘健军
责任编辑	范超奕
数字编辑	蒙俞材
标准书号	ISBN 978-7-301-35201-4
出版发行	北京大学出版社
地　　　址	北京市海淀区成府路 205 号　100871
网　　　址	http://www.pup.cn　新浪微博：@北京大学出版社
电子邮箱	编辑部 pup6@pup.cn　总编室 zpup@pup.cn
电　　　话	邮购部 010-62752015　发行部 010-62750672　编辑部 010-62750667
印　刷　者	天津中印联印务有限公司
经　销　者	新华书店
	787 毫米×1092 毫米　16 开本　17.5 印张　426 千字 2025 年 8 月第 1 版　2025 年 8 月第 1 次印刷
定　　　价	55.00 元

未经许可，不得以任何方式复制或抄袭本书之部分或全部内容。
版权所有，侵权必究
举报电话：010-62752024　电子邮箱：fd@pup.cn
图书如有印装质量问题，请与出版部联系，电话：010-62756370

前言 Preface

建筑信息模型（Building Information Modeling，BIM）技术以建筑工程项目的各项相关信息数据为基础，进行建筑模型的建立，通过数字信息仿真模拟建筑物所具有的真实信息。它具有可视化、协调性、模拟性、优化性和可出图性等特点。

在工程项目实施过程中，BIM 技术不仅应用于建筑工程专业，还服务于给排水、通风空调、电气等专业，而且 BIM 技术的应用不是仅仅单独使用哪一个软件，而是由许多软件组成的 BIM 生态系统。因此，本教材在编写过程中，除了介绍 Revit 软件建筑工程专业建模操作，还涵盖了给排水系统工程、通风空调系统工程、电气系统工程建模内容，并在最后拓展介绍了 BIM 工程管理软件 Navisworks，帮助学生既建立起对 BIM 技术应用的系统了解，又能掌握具体操作过程，突出了对职业素养的培养，融入了党的二十大精神。

本教材对建模操作的烦琐内容进行了精简，通过嵌入省级精品课程的微课二维码的形式扩展教材内容，贴合教材内容数字化的趋势，提高软件学习效率，适合高职高专学生和更广泛的读者学习使用。

本教材共包括 14 个项目，项目 1 为绪论，是对 BIM 基础知识的讲解；项目 2~9 为建筑工程的标高与轴网、柱、梁、墙体、门与窗、楼板、楼梯与坡道和场地的 Revit 建模；项目 10 为给排水系统的 Revit 建模；项目 11 为通风空调系统的 Revit 建模；项目 12 为电气系统的 Revit 建模；项目 13 为族的基本知识和创建方法，项目 14 为 BIM 技术应用及 Navisworks 概述。

本教材由河南建筑职业技术学院李奎、梅杨担任主编；河南建筑职业技术学院王智玉、王松，河南中越市政工程有限公司王玉敏担任副主编；河南建筑职业技术学院常健、贺烨萌、郭红伟、王琛、李亚敏，机械工业第六设计研究院有限公司魏晓娜，河南建筑职业技术学院朱苗苗、张照方、何迎春参编；河南建筑职业技术学院黄保富、郑大钊担任主审。

本教材在编写过程中参阅了相关教材和资料，在此向相关作者表示真挚的感谢。

由于编写时间仓促，以及编者的水平有限，教材中难免存在不足之处，敬请专家和其他读者批评指正，不胜感谢。

编者

资源索引　　资源下载

目 录 Contents

项目 1　绪论 ··· **001**
　1.1　基础概念 ·· 002
　1.2　Revit 界面 ·· 006

项目 2　标高与轴网 ··· **016**
　2.1　标高 ··· 017
　2.2　轴网 ··· 023

项目 3　柱 ··· **032**
　3.1　创建结构柱 ··· 033
　3.2　创建建筑柱 ··· 037
　3.3　导入 CAD 文件 ··· 041

项目 4　梁 ··· **044**
　4.1　梁实例属性 ··· 045
　4.2　创建框架梁 ··· 048

项目 5　墙体 ··· **052**
　5.1　墙体类型属性 ·· 053
　5.2　创建建筑墙 ··· 054
　5.3　创建叠层墙 ··· 058
　5.4　创建幕墙 ·· 060
　5.5　墙体修饰 ·· 067

项目 6　门与窗 ·· **077**
　6.1　创建首层门 ··· 078
　6.2　创建首层窗 ··· 081
　6.3　布置其他层门窗 ·· 083

项目 7　楼板 ··· **085**
　7.1　创建楼板 ·· 086
　7.2　在楼板上添加洞口 ·· 091
　7.3　创建天花板 ··· 097

项目 8　楼梯与坡道 102
8.1　创建楼梯 103
8.2　创建栏杆扶手 119
8.3　创建坡道 125

项目 9　场地 129
9.1　创建地形表面 130
9.2　创建建筑地坪 131
9.3　创建场地道路 133
9.4　创建场地构件 135

项目 10　给排水系统 138
10.1　给排水系统基本设置 139
10.2　创建给排水系统 150

项目 11　通风空调系统 170
11.1　通风空调系统基本设置 171
11.2　创建通风空调系统 177
11.3　通风系统创建案例 210

项目 12　电气系统 225
12.1　电气系统基本设置 226
12.2　创建电气系统 232
12.3　电气系统创建案例 243

项目 13　族 250
13.1　族的基本知识 251
13.2　族的创建 253
13.3　族的优化和管理 266

项目 14　BIM 技术应用及 Navisworks 概述 268
14.1　BIM 技术应用 269
14.2　Navisworks 简介 270
14.3　Navisworks 功能 271

项目 1　绪　　论

思维导图

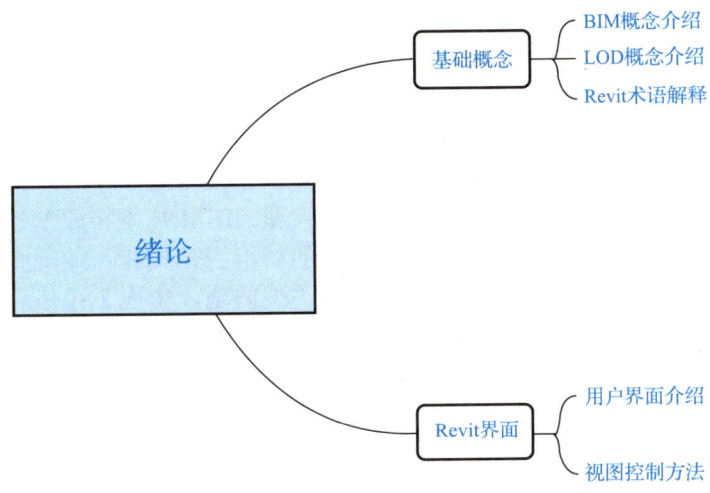

建筑工程 BIM 技术应用

1.1 基 础 概 念

1.1.1 BIM 概念

建筑信息模型（building information modeling，BIM）是以建筑工程项目的各项相关信息数据为基础建立的建筑模型。其通过数字信息仿真模拟建筑物所具有的真实信息，具有可视化、协调性、模拟性、优化性和可出图性等特点。

BIM 概念的诞生，受到了 1973 年全球石油危机的影响，美国全行业需要考虑提高效益的问题。1975 年，"BIM 之父"、佐治亚理工学院的 Chuck Eastman 教授在其研究的课题中提出了 BIM 概念，以便于实现建筑工程的可视化和量化分析，提高工程建设效率。从提出至今，BIM 技术的研究经历了三大阶段——萌芽阶段、产生阶段和发展阶段。

目前，国内外建筑工程界已经意识到 BIM 技术将对工程领域带来的变革性作用，业内的研究人员对 BIM 技术开展了广泛且深入的研究，并已取得大量的研究成果。

BIM 技术作为实现建筑工程项目全生命周期管理的核心技术，正引发建筑行业一次史无前例的彻底变革。BIM 技术利用数字模型，将贯穿于建筑全生命周期的各种工程信息组织成一个整体，对项目的设计、建造和运营进行管理。BIM 技术将改变建筑行业的传统思维模式及作业方式，建立设计、建造和运营过程的新组织方式和行业规则，从根本上解决工程项目规划、设计、建造、运营各阶段的信息丢失问题，实现工程信息在建筑全生命周期的有效利用与管理，显著提高工程质量和作业效率，为建筑行业带来巨大的效益。

1.1.2 LOD 概念

LOD（level of development）是指 BIM 中的模型组件在营建生命周期的不同阶段中所预期的完整度。这一概念一直以来被广泛引用于说明建筑信息模型内容与细节的"标准"，具体可按以下阶段划分。

1. LOD 100

LOD 100 为概念化或可研设计阶段，模型元素可以用符号或其他通用标识在模型中以图形方式表示，尚不满足 LOD 200 的要求。与模型元素相关的信息（如每单位面积的成本、暖通空调的质量等）可从其他模型元素中获得。

2. LOD 200

LOD 200 为方案扩初或初步设计阶段，模型元素在模型中以图形方式表示为一个通用系统、对象或具有近似数量、大小、形状、位置和方向的部件。非图形信息也可以附加到模型元素上。这一阶段模型用于系统分析及一般性表现。

3. LOD 300

LOD 300 为施工图或招标设计阶段。模型元素在模型中以图形方式表示为特定的系统、对象或组件，包括数量、大小、形状、位置和方向。非图形信息也可以附加到模型元素上，应当包括业主在 BIM 提交标准里规定的构件参数和属性等信息。这一阶段的模型能很好地用于成本估算及施工协调，包括碰撞检查、施工进度计划及可视化。

4．LOD 400

LOD 400 为施工图深化阶段。模型元素在模型中以图形方式表示为特定的系统、对象或组件，包括尺寸、形状、位置、数量和方向，以及详细信息、制造、组装和安装信息。非图形信息也可以附加到模型元素上。这一阶段的模型被专业承包商和制造商用于加工和制造项目的构件。

5．LOD 500

LOD 500 为竣工运营阶段。这一阶段的模型元素是一种经过现场验收和试验后的表示形式，可以表示尺寸、形状、位置、数量和方向。非图形信息也可以附加到模型元素上。模型将作为中心数据库整合到建筑运营和维护系统中去，包含业主 BIM 提交标准里规定的完整的构件参数和属性等信息，并为今后运营维护提供项目数据信息。

1.1.3 Revit 术语

Revit 是三维参数化建筑计算机辅助设计工具软件，其大多数术语或概念都是常见的行业标准术语，但也有一些术语是 Revit 特有的，理解这些术语非常重要。

1．参数化

参数化是 Revit 的一个重要特征，它包括两个方面——参数化图元和参数化修改引擎。

1）参数化图元

Revit 中的图元都以构件的形式出现，这些构件是通过一系列参数定义的。参数保存了图元作为数字化建筑构件的所有信息。例如，当建筑师需要指定墙与门之间的距离为 400mm 的墙垛时，可以通过参数关系来"锁定"门与墙的间隔，锁定后选中尺寸标注，会显示锁定的小锁标识，如图 1-1 所示，此时墙体左端与门左边相对尺寸不会随墙体位置移动而改变。

2）参数化修改引擎

参数化修改引擎的功能是使用户在建筑设计时，对任何部分的任何改动都可以自动修改其他相关联的部分。例如，在立面视图中修改了窗的高度，Revit 将自动修改与该窗相关联的剖面视图中窗的高度。任一视图下所发生的变更都能参数化的、双向的传播到其他视图，从而保证图纸的一致性，提高了工作效率和工作质量。

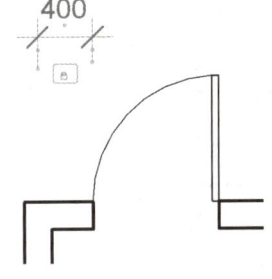

图 1-1 图元的锁定

2．项目与项目样板

Revit 中，所有的设计信息都被存储在一个扩展名为".rvt"的 Revit 项目文件中。在 Revit 中，项目就是单个建筑信息模型的设计信息数据库。项目文件包含了建筑的所有设计信息（从几何图形到构造数据），包括建筑的三维模型，平、立、剖面及节点视图，各种明细表、施工图图纸及其他相关信息。这些信息用于设计模型的构件、项目视图和设计图纸。

通过使用单个项目文件修改设计，还可以使修改反映在所有关联区域（平面视图、立面视图、剖面视图、明细表等）中，仅需跟踪一个文件也方便了项目管理。注意：Revit 项目文件无法向前兼容，即使用当前版本的软件创建或修改模型后，无法再使用以前版本的软件打开该模型。

当在 Revit 中新建项目时，Revit 会自动以一个后扩展名为".rte"的文件作为项目文件的初始类型，这个".rte"格式的文件称为样板文件，使用已有样板文件新建项目的方法如图 1-2 所示。Revit 的样板文件功能与 AutoCAD 的".dwt"文件基本相同。样板文件中定义了新建项目的默认初始参数，如项目的度量单位、楼层数量、层高信息、线型设置、载入族、显示设置等。Revit 允许用户自定义样板文件的内容，并保存为新的".rte"格式样板文件。

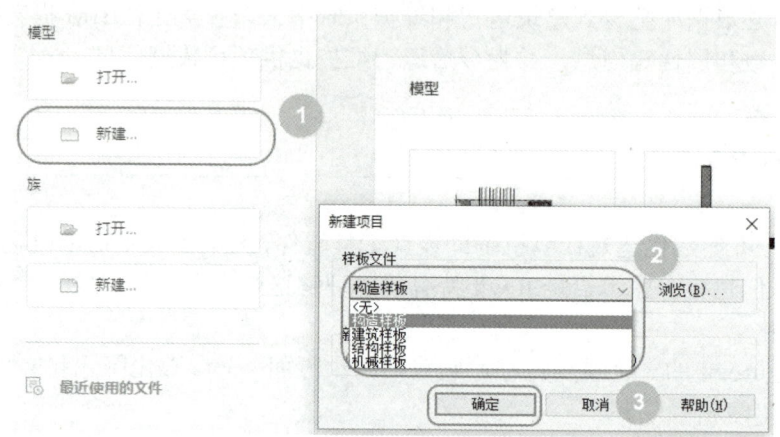

图 1-2　新建项目及选择样板文件

3. 标高

在 Revit 中，标高是无限水平平面，用作屋顶、楼板和天花板等以层为主体的图元的参照。标高大多用于定义建筑内的垂直高度或楼层，可为每个已知楼层或建筑的其他参照（如墙顶或基础底端）创建标高。要放置标高，必须处于剖面或立面视图中。

4. 图元

Revit 中，基本的图形单元被称为图元，如在项目中建立的墙、门、窗、文字、尺寸标注等都属于图元。图元包括 3 种类型——模型图元、基准图元和视图专有图元，如图 1-3 所示。

5. 族

Revit 中所有图元都是使用"族"（Family）来创建的。族包含图元的几何定义和图元所使用的参数。族是 Revit 的设计基础。族中包括许多可以自由调节的参数，这些参数记录着图元在项目中的尺寸、材质、安装位置等信息，修改这些参数可以改变图元。

1) 类型属性和实例属性

图元通过类型属性和实例属性控制其外观和行为的属性。

（1）类型属性。

同一组类型属性由一个族中的所有图元共用，而且特定族类型的所有实例的每个属性都具有相同的值。例如，属于"桌"族的所有图元都具有"宽度"属性，但是该属性的

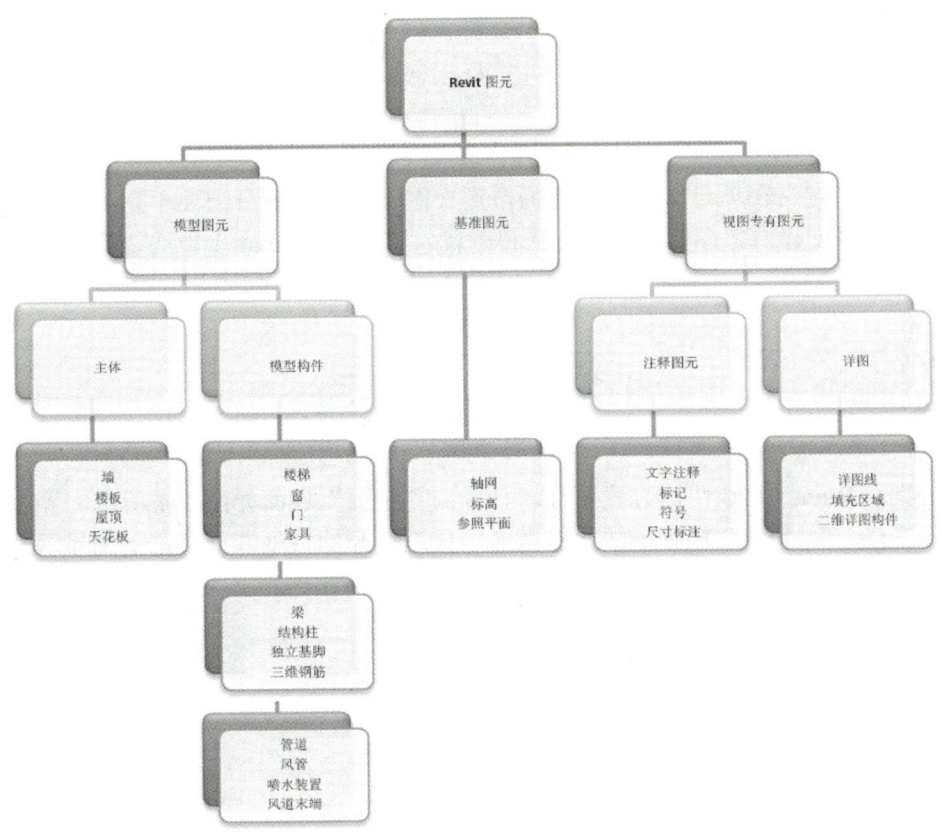

图 1-3 图元分类

值因族类型而异,因此,"桌"族内 1200mm×600mm 族类型的所有实例的"宽度"值都为 600mm,1500mm×800mm 族类型的所有实例的"宽度"值都为 800mm。修改类型属性的值会影响该族类型当前和将来的所有实例。

(2)实例属性。

一组共用的实例属性适用于属于特定族类型的所有图元,但是这些属性的值可能会因图元在建筑或项目中的位置而异。例如,梁的横剖面尺寸标注是类型属性,而梁的长度是实例属性。

修改实例属性的值将只影响选择集内的图元或者将要放置的图元。例如,在通过实例属性"底高度"数值修改所选窗户图元的窗台高度时,选择一个或相同多个窗户,在"属性"选项板上修改其实例属性"底高度"值,选择集内的窗户窗台高度会变化。

2)族类型

Revit 中共有 3 种类型的族——系统族、可载入族和内建族。

(1)系统族。

系统族是用于创建基本建筑图元、项目和系统设置(如建筑模型中的墙、楼板、天花板、楼梯、标高、轴网、图纸和视口等图元的类型)的族类型。系统族已在 Revit 中预定义且保存在样板文件和项目文件中,不能从外部文件中载入到样板和项目中。不能创建、复制、修改或删除系统族,但可以复制和修改系统族中的类型。

（2）可载入族。

可载入族可以载入到项目文件中，并根据族样板文件创建。可载入族可以确定族的属性设置和族的图形化表示方法。

（3）内建族。

内建族用于定义在项目文件中创建的自定义图元。如果项目需要不重复使用的独特几何图形，此时可创建内建图元。与系统族和可载入族不同，Revit 不能通过复制内建族类型来创建多种族类型。

打印

1.2　Revit 界面

双击桌面 Revit 2020 快捷方式图标，打开的"主页"界面如图 1-4 所示，界面左上侧分别显示"打开""新建"模型或族，右侧显示最近打开的模型或族，左下侧显示"最近使用的文件"。通过单击快速访问工具栏左侧的"主页"按钮 或按 Ctrl+D 键可随时返回到主页。新建模型后，Revit 功能区显示用户界面。

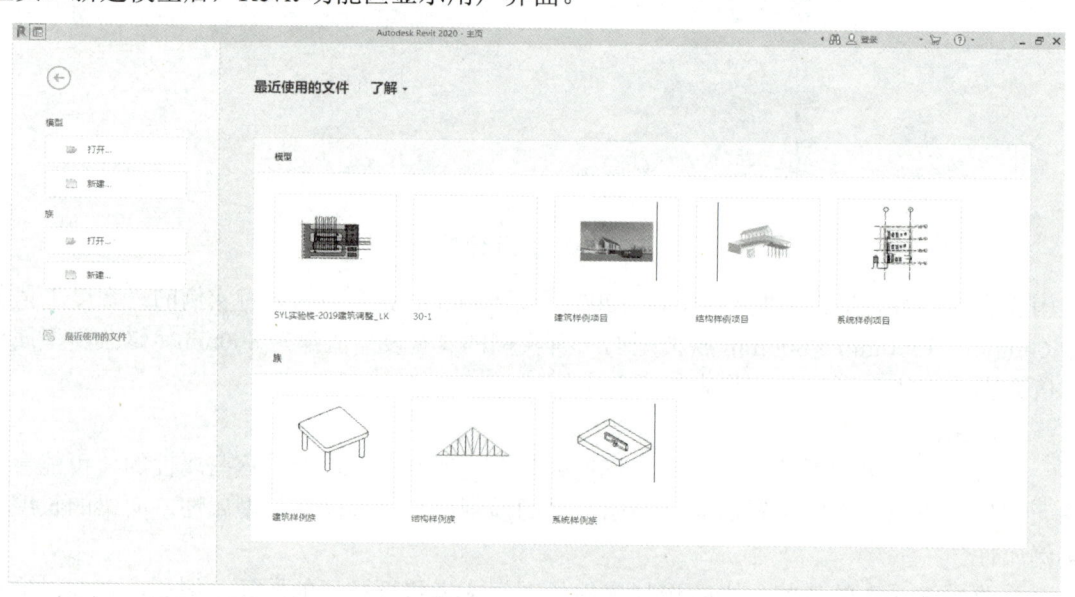

图 1-4　"主页"界面

1.2.1　用户界面

导航栏

功能区相关知识

属性选项板和项目浏览器

　　Revit 的用户界面如图 1-5 所示。本节主要介绍通过快速访问工具栏和功能区的"文件"选项卡对用户界面和系统参数进行设置。用户界面中其他区域的功能将在后续内容中一一讲解。

项目 1 绪 论

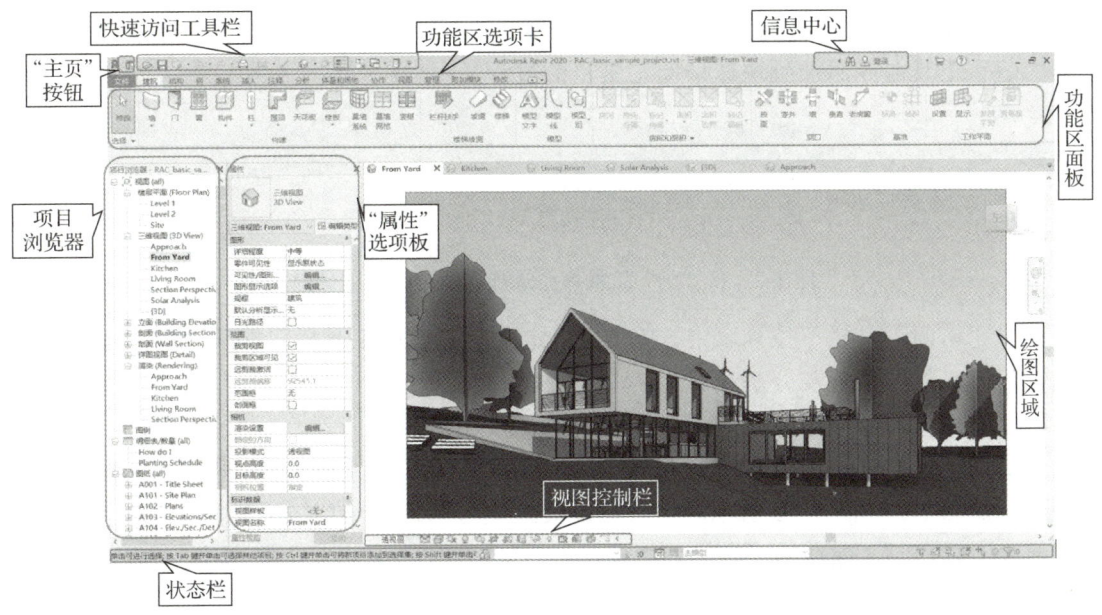

图 1-5 用户界面

1. 快速访问工具栏

快速访问工具栏包含一组默认工具，如图 1-6 所示。单击"下拉列表"按钮 打开"自定义快速访问工具栏"，单击"在功能区下（上）方显示"完成快速访问工具栏在功能区的下方（或上方）切换，如图 1-7 所示。

图 1-6 快速访问工具栏

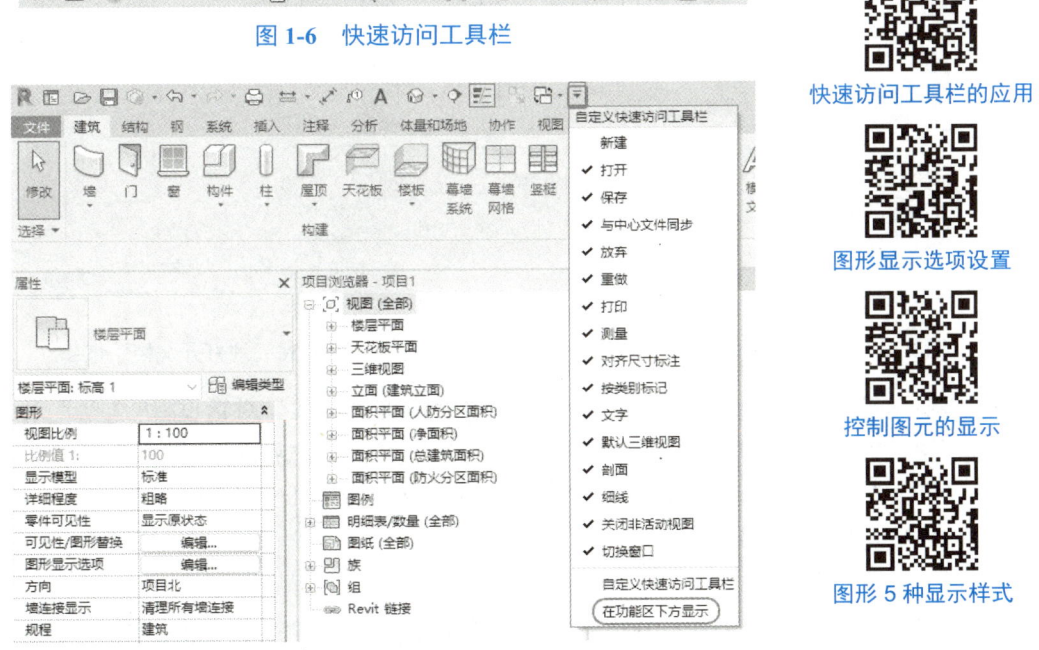

图 1-7 快速访问工具栏位置设置

快速访问工具栏的应用

图形显示选项设置

控制图元的显示

图形 5 种显示样式

用户可以对快速访问工具栏进行自定义，在功能区的任意工具命令上右击，单击"添

007

加到快速访问工具栏"（此时"添加到快速访问工具栏"文字黑显才能添加）。图 1-8 所示为将"门"工具命令添加到快速访问工具栏的过程。

图 1-8　将"门"工具命令添加到快速访问工具栏

在快速访问工具栏下拉列表中，单击"自定义快速访问工具栏"，可以编辑工具命令在快速访问工具栏的位置及分割线。

2."文件"选项卡

单击功能区"文件"选项卡，左侧上方有"最近使用的文档"按钮和"打开文档"按钮，如图 1-9 和图 1-10 所示，可根据需要快速打开之前使用过的文档。选项卡左侧包含"新建""打开""保存""另存为""导出""打印"和"关闭"功能选项，右下角有"选项"和"退出 Revit"按钮。

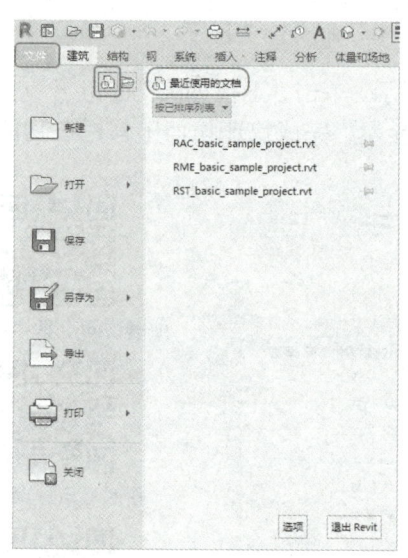　　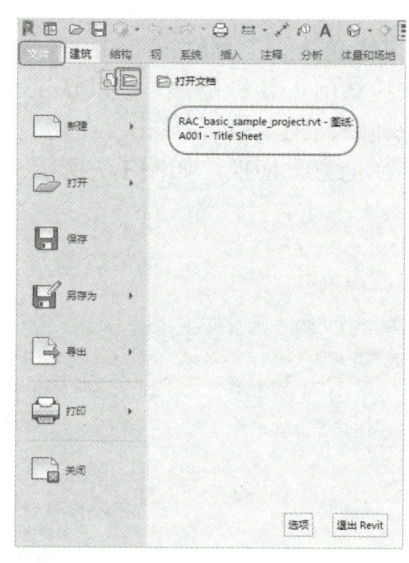

图 1-9　"最近使用的文档"按钮　　　　图 1-10　"打开文档"按钮

"选项"按钮的功能为设置软件参数，单击后弹出"选项"对话框。"选项"对话框默认状态下的"常规"选项卡如图 1-11 所示，此外还有"用户界面""图形""硬件""文件位置""渲染""检查拼写""SteeringWheels""ViewCube"和"宏"选项卡。

1）"用户界面"选项卡

（1）"配置"设置。

① 在"用户界面"选项卡中，用户可以根据自己的工作任务，通过取消勾选"配置"下"工具和分析"中的内容，关闭不用的选项卡，如图 1-12 所示，以加快软件运行速度。

图 1-11 "常规"选项卡

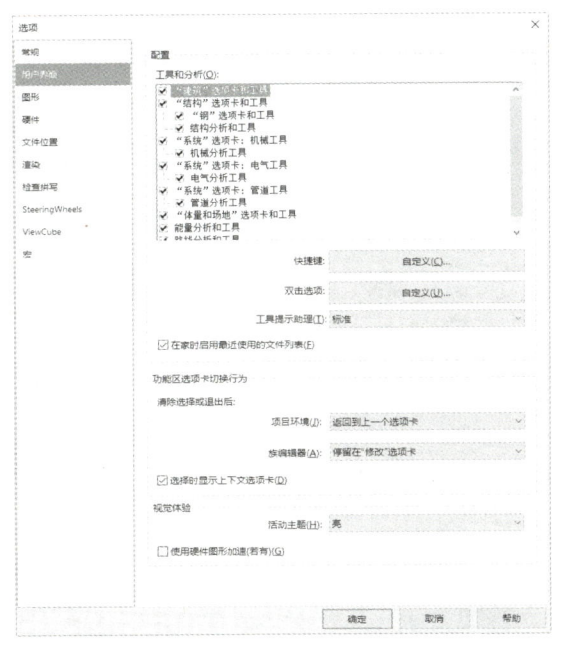

项目信息设置

项目单位相关知识

自定义快捷键的方法

修改绘图区背景颜色

图 1-12 "配置"中关闭不用的选项卡

② 单击"快捷键"|"自定义"按钮将弹出用于添加、删除、导入和导出快捷键的对话框，如图 1-13 所示。对话框中可以修改预定义的快捷键，也可以为 Revit 工具添加自定义组合键。用户可以自定义符合个人（团队）习惯的快捷键，还可以将自定义快捷键导出备份。单击"导出"按钮弹出的"导出快捷键"对话框，如图 1-14 所示。更换计算机后可将自定义快捷键备份文件导入，替换系统默认快捷键，从而提高建模效率。

在设置快捷键过程中应注意：可以为一个工具命令指定多个快捷键；某些键是计算机操作系统保留的功能键，无法指定给 Revit 用作快捷键。

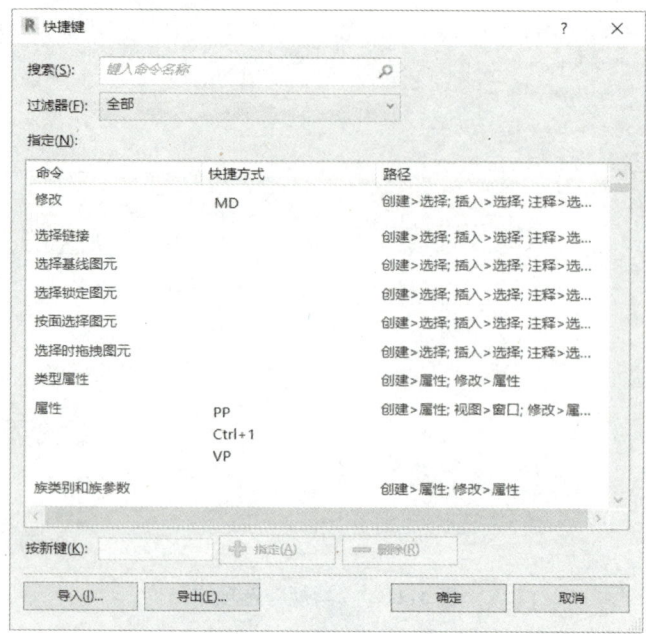

图 1-13 "快捷键"对话框

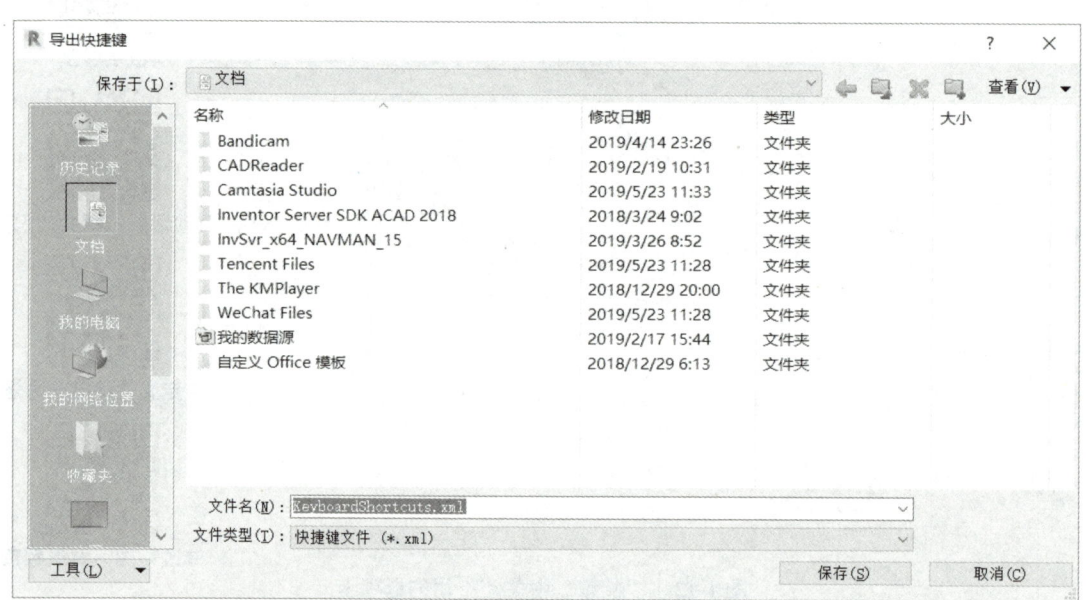

图 1-14 "导出快捷键"对话框

在"快捷键"对话框中,选择"过滤器"|"全部保留",在"指定"列表中,保留的快捷键将显示为灰色,并被尖括号括起来。

③ "双击选项"可以自定义进入图元类型编辑模式的双击行为。

④ "工具提示助理"可以指定功能区工具信息的提示级别,默认为"标准"。

⑤ 勾选"在家时启用最近使用的文件列表"复选框,在启动 Revit 时将显示"最近使用的文件"页面。该页面列出最近处理过的项目文件和族文件列表。

(2)"功能区选项卡切换行为"设置。

以下设置用于指定选项卡在功能区中的切换行为。

① 在"项目环境"或"族编辑器"中指定"清除选择或退出后"所需的行为,分别可以选择"返回到上一个选项卡"或"停留在'修改'选项卡上"。"返回到上一个选项卡"是指在取消选择图元或退出工具命令之后,Revit 显示上一次出现的功能区选项卡;"停留在'修改'选项卡上"是指在取消选择图元或退出工具命令之后,当前状态保留在"修改"选项卡上。

② 勾选"选择时显示上下文选项卡"时将显示所选图元的上下文选项卡,并立即提供对相关工具的访问。当该选项处于取消勾选状态时,选中图元后上下文选项卡将打开但不切换,面板仍为当前的选项卡,需单击上下文选项卡替换当前面板。

(3)"视觉体验"设置。

"视觉体验"中可以指定要用于 Revit 用户界面的视觉主题,可选择"亮"(默认)或"暗"。通过勾选"使用硬件图形加速(若有)"可以提高计算机渲染 Revit 用户界面时的性能。计算机的图形处理器是否支持硬件加速可通过 Autodesk 官方网站查询。

2)"图形"选项卡

"图形"选项卡如图 1-15 所示。

图 1-15 "图形"选项卡

"临时尺寸标注文字外观"可以修改文字"大小"和"背景"效果。图 1-16 所示为文字"大小"由"8"修改为"12"后的效果。"背景"从默认的"透明"修改为"不透明"后,文字可能挡住后面图元。

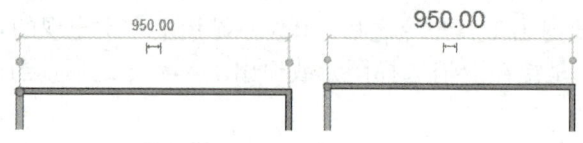

图 1-16　修改文字"大小"

3)"文件位置"选项卡

"文件位置"选项卡中可以修改"项目模板""用户文件"和"族样板文件"等的默认路径,如图 1-17 所示。其中"项目模板"是指在创建新模型时在"新建项目"对话框中列出的模板文件,按"构造样板""建筑样板""结构样板"和"机械样板"分别指定默认路径。"用户文件默认路径"是 Revit 保存当前文件的默认路径。"族样板文件默认路径"是指族样板和库的默认路径。

图 1-17　"文件位置"选项卡

4)"渲染"选项卡

"渲染"选项卡中,可指定"其他渲染外观路径"及"ArchVision Content Manager 位置",如图 1-18 所示。

项目 **1** 绪　　论

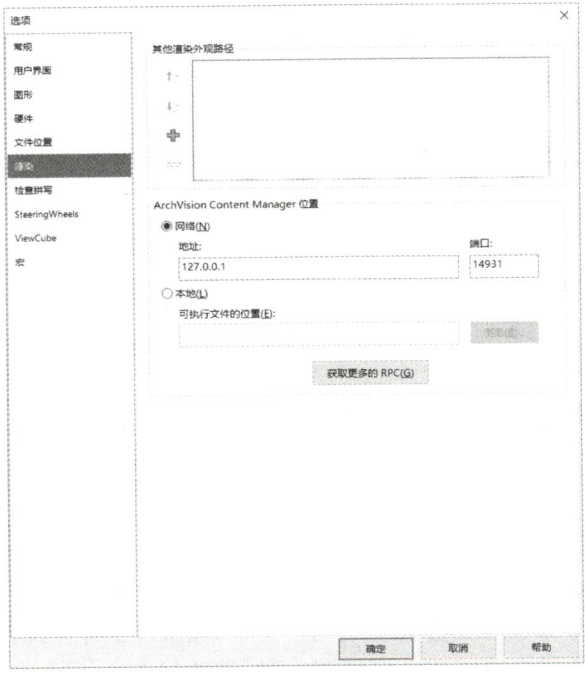

图 1-18　"渲染"选项卡

1.2.2　视图控制

Revit 可通过"视图"选项卡进行视图控制。例如，图形可见性控制可通过立面的视图可见性/图形替换对话框（图 1-19 所示为"立面：南的可见性/图形替换"对话框），绘图区域视图可通过图 1-20 所示的"窗口"面板控制。

视图范围设置

视图过滤器

视图显示属性

视图样板的应用

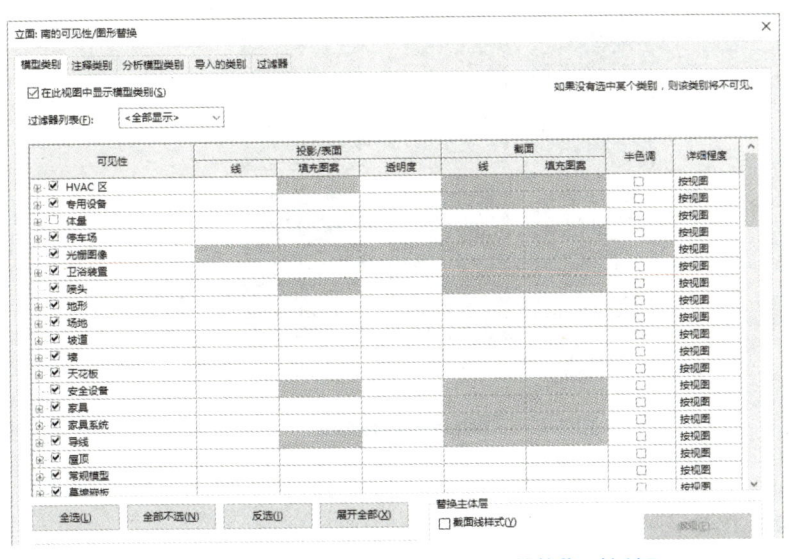

图 1-19　"立面：南的可见性/图形替换"对话框

013

ViewCube 工具

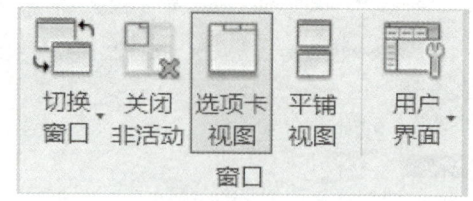

图 1-20　"窗口"面板

除了"视图"选项卡，Revit 还可以在用户界面的视图控制栏和状态栏中进行视图控制。

1. 视图控制栏

视图控制栏位于视图窗口的底部、状态栏的上方（图 1-21），具体包含以下工具。

图 1-21　视图控制栏

（1）比例。

（2）详细程度。视图分为"粗略""中等"和"精细"3 种详细程度，如图 1-22 所示。选择不同的详细程度，对应的模型效果如图 1-23 所示。

视图控制栏

线型与线宽的设置

对象样式的设置

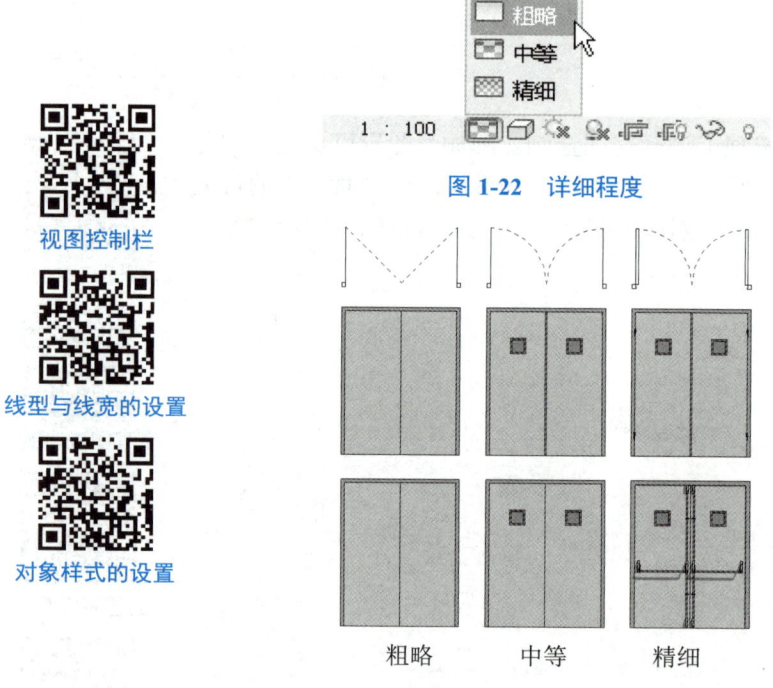

图 1-22　详细程度

图 1-23　模型详细程度效果

（3）视觉样式。

（4）打开/关闭日光路径。

（5）打开/关闭阴影。

（6）显示/隐藏渲染对话框。此工具仅当绘图区域显示三维视图时才可用。在渲染三维视图前，可先进行控制照明、曝光、分辨率、背景和图像质量的设置，一般使用默认设置即可。默认设置经过智能化设计，可在大多数情况下得到令人满意的渲染结果。

（7）裁剪视图。此工具不适用于三维透视视图。

（8）显示/隐藏裁剪区域。

（9）解锁/锁定的三维视图。

（10）临时隐藏/隔离。

（11）显示隐藏的图元。Revit 中被显示的隐藏图元呈红色（见图 1-24 中的细黑线）。

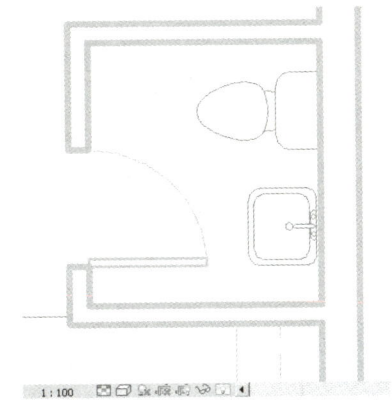

构件不可见的原因

图 1-24　显示隐藏的图元

（12）工作共享显示。此工具仅当项目启用了工作共享时才适用。

（13）临时视图属性。

（14）显示或隐藏分析模型。此工具仅用于 Revit Structure。

（15）高亮显示置换组。

（16）显示限制条件。

（17）预览可见性。此工具只在族编辑器中可用。

2．状态栏

状态栏沿应用程序窗口底部显示。绘图区域高亮显示图元或构件时，状态栏会显示其族和类型的名称，如图 1-25 所示。状态栏还会提供要执行操作的提示，如图 1-26 所示。

图 1-25　状态栏显示图元或构件信息

图 1-26　状态栏操作提示

项目 2　标高与轴网

思维导图

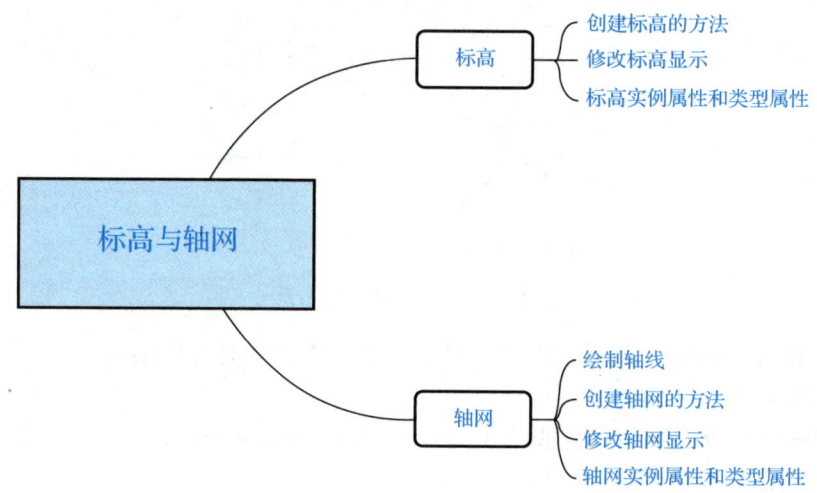

2.1 标 高

2.1.1 创建标高

标高是用于定义建筑竖向位置的参数。使用"标高"工具可以定义垂直高度或建筑内的楼层标高,为每个已知楼层或其他必需的建筑参照创建标高。在 Revit 中只能在剖面视图或立面视图中添加标高。添加标高时,Revit 会自动创建关联的平面视图。

在 Revit 中,标高是有限水平平面,是屋顶、楼板和天花板等以标高为主体的图元参照。通过调整其范围的大小,可使其不显示在某些视图中。

本节以南立面标高为例讲解创建标高的方法(其他立面操作步骤相同)。

1. 绘制标高

Step01 打开南立面视图,操作方法为依次选择项目浏览器中的"视图"→"立面"→"南"。

Step02 在功能区中,单击"建筑"或"结构"选项卡下"基准"面板中的"标高"按钮 。此时在"修改|放置 标高"选项栏有"创建平面视图"选项,勾选后单击"平面视图类型"将弹出对话框。选中要创建的视图类型后其背景将为蓝色,表示将要创建"楼层平面"和"结构平面"对应的标高平面视图,如图 2-1 所示。

Step03 将光标放置在绘图区域内,然后单击,确定标高线起点位置,拖曳光标到达合适位置后再次单击,即可完成标高绘制。在标高绘制过程中,确定标高起点时,Revit 会自动捕捉到最近的标高线并出现一个临时的垂直尺寸标注,如果标高起(终)点与邻近标高端点对齐,会显示对齐线(虚线)。

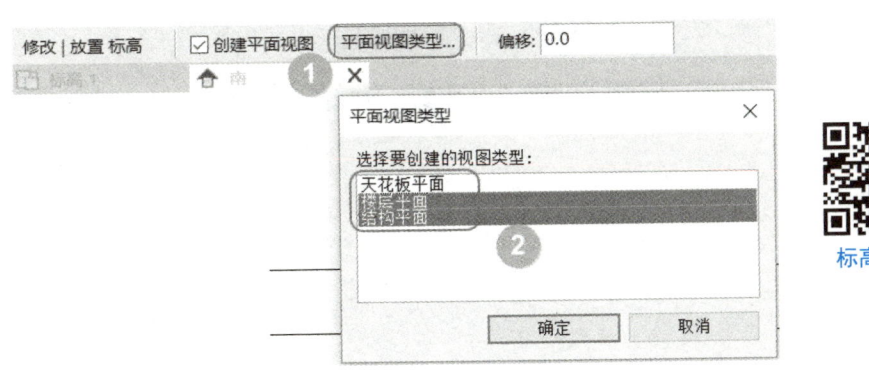

图 2-1 创建平面视图

Step04 单击选中绘制好的标高线,再单击标高高度数值,即可通过修改数值来改变标高位置（图2-2），也可以单击临时尺寸标注来改变标高的高度。标高被选中时，单击标高名称（标高的标签）可以修改其名称内容。Revit会为新标高指定标签并按照当下的命名规则自动编号（如图2-3所示的"标高2"，后面绘制标高会命名为"标高3"），并显示标高符号。同一个项目中标高名称是唯一的，不能重复。此外，也可以在项目浏览器中重命名标高。

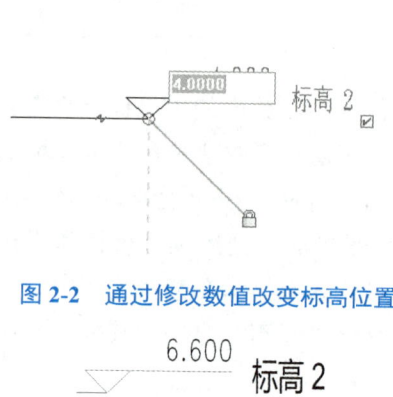

图2-2 通过修改数值改变标高位置

图2-3 标高2

2. 复制和阵列标高

单击绘制好的标高线，Revit将自动切换到"修改｜标高"上下文选项卡，可以通过"修改"面板中的"复制"或"阵列"命令创建新的标高。

1）复制标高

选中需要复制的标高线后，单击"复制"按钮，出现"修改｜标高"选项栏，如图2-4所示，在该选项栏中勾选"约束"后，将只能沿着水平或竖直方向复制标高线。如果需要复制多条标高线，则勾选"多个"，然后便可以依次复制生成多条标高线，不用重复激活"复制"命令。新标高的位置通过输入复制距离后按Enter键，或者移动光标到合适位置单击确定，如图2-5所示。

图2-4 "修改｜标高"选项栏

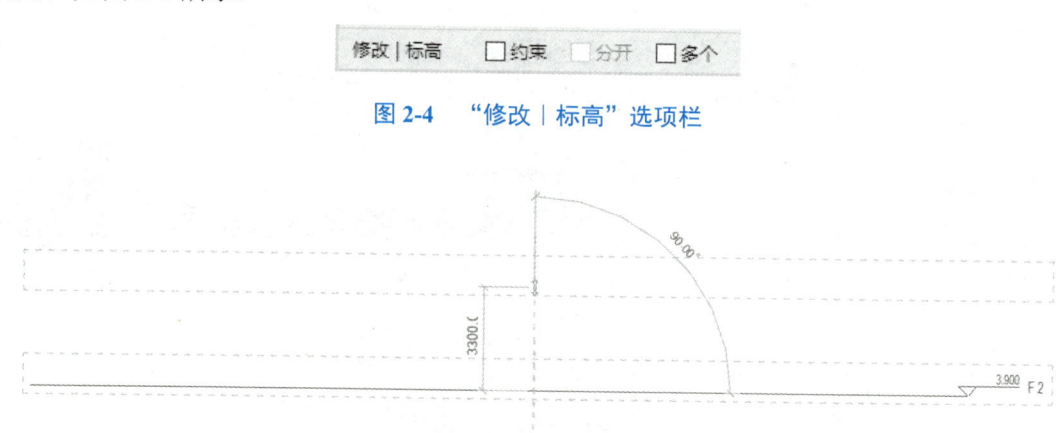

图2-5 复制生成新的标高

2）阵列标高

选中要阵列的标高线，然后单击"阵列"按钮，此时功能区面板下方的"修改｜标高"选项栏如图 2-6 所示。该选项栏提供"线性" 或"半径" 两种阵列方式。

图 2-6 "修改｜标高"选项栏

图 2-6 中其他各项功能如下。

（1）"成组并关联"：勾选后阵列的标高为一组（一个整体），方便重新修改阵列数量。由于勾选"成组并关联"生成标高为组，对后续工作会有一定影响，可以通过解除组将其转化成独立标高。如果未勾选此项，阵列后的标高将生成独立标高。

（2）"项目数"：设置阵列生成标高数量（含选中标高）。在生成新标高组中选取其中任意一个，会在标高一侧出现阵列数量，修改数值后生成结果会更新。图 2-7 所示为修改阵列数量"2"为"3"后同一组标高的变化。

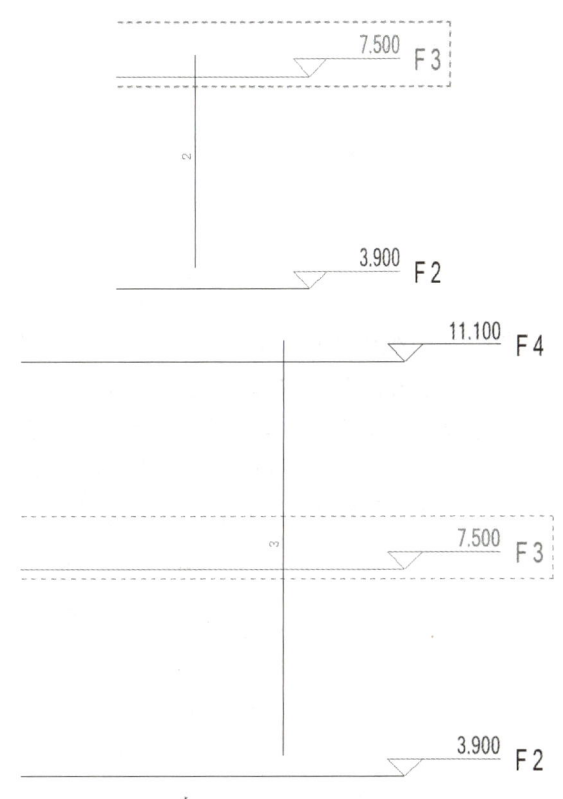

图 2-7 编辑同一组标高阵列数量

（3）"移动到"：选中"第二个"可指定阵列相邻标高线的间距；选中"最后一个"可指定阵列的整个跨度，标高线在跨度内等间隔分布。

（4）"约束"：勾选后可限制阵列标高线沿着与所选的标高线垂直或共线的矢量方向移动。

通过"复制""阵列"命令生成的标高线的标头在未选中情况下是黑色的，表示该标高未创建楼层平面，需要手动添加楼层平面，具体步骤为：单击打开"视图"选项卡下"创建"面板中"平面视图"下拉菜单里的"楼层平面"，在弹出的"新建楼层平面"对话框中选择"楼层平面"类型，选中要新建楼层平面的标高后单击"确定"，如图2-8所示。创建楼层平面后标高线的标头为蓝色。

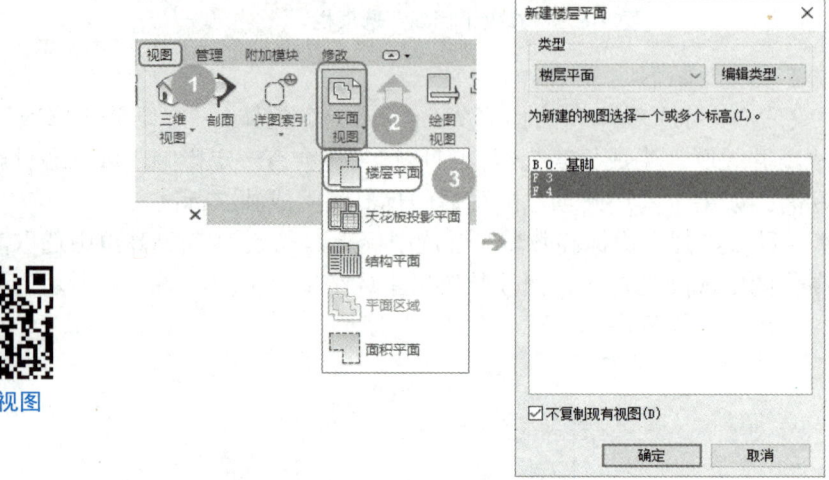

图 2-8　添加楼层平面

2.1.2　修改标高显示

Revit 中可以对立面视图或剖面视图中的标高显示进行以下修改。

（1）调整标高线的长短，操作方法为：选择标高线，单击端点拖曳控制柄（见图2-9中的标高显示控制注释），向左或向右拖曳光标，调整标高线的长短。

（2）修改标高线高度，操作方法为：选择标高线，并单击与其相关的尺寸标注值，输入新值（单位为mm）；也可以重新修改标高符号标签值，通过单击标高标签框，输入新值（单位为m）实现。

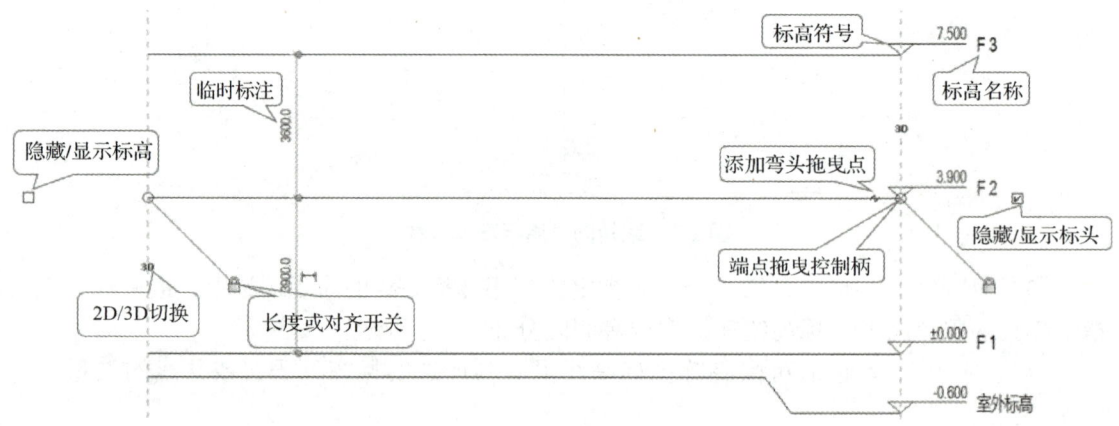

图 2-9　标高显示控制注释

（3）调整标头位置，操作方法为：单击添加弯头拖曳点，标头从标高线上移开，通过靠近标高线端点的拖曳点调整标头的竖向位置，如图2-10所示。该拖曳点与标高线平齐时，标高恢复默认样式。

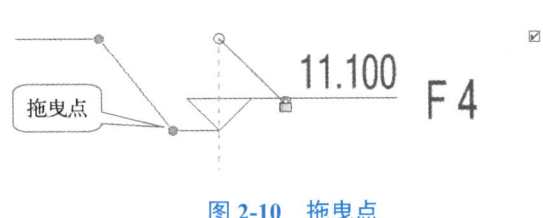

图 2-10　拖曳点

2.1.3　标高属性

1. 标高实例属性

标高实例属性可通过用户界面的"属性"选项板设置，如图2-11所示，各参数说明见表2-1。标高实例属性中一般仅需设置标识数据的名称，注意标高名称必须是唯一值，不能重复。

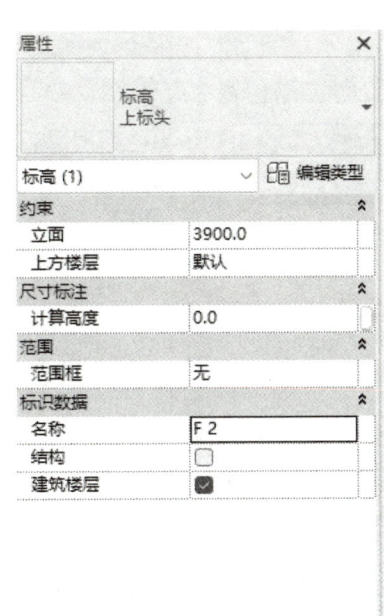

图 2-11　标高实例属性设置

表 2-1　标高实例属性

名称	参数	说明
约束	立面	标高的垂直高度
	上方楼层	在使用"导出"选项"按楼层拆分墙和柱"导出 IFC 格式文件时，与"建筑楼层"参数结合使用
尺寸标注	计算高度	在计算房间周长、面积和体积时要使用标高之上的距离
标识数据	名称	标高的标签，指定任何所需的标签或名称
	结构	默认情况下，此参数处于禁用状态
	建筑楼层	在使用"导出"选项"按标高拆分墙和柱"导出 IFC 格式文件时，将它与"上方楼层"参数结合使用
	设计选项	只读字段，用于指明显示标高线的设计选项
范围	范围框	应用于标高的范围框，和轴网对应设置类似，具体见轴网相关内容

2. 标高类型属性

单击"修改|标高"上下文选项卡下"属性"面板中的"类型属性"命令按钮，可以在"类型属性"对话框中修改标高类型属性，如图 2-12 所示的将"颜色"从"黑色"改为"红色"。标高类型属性说明见表 2-2。

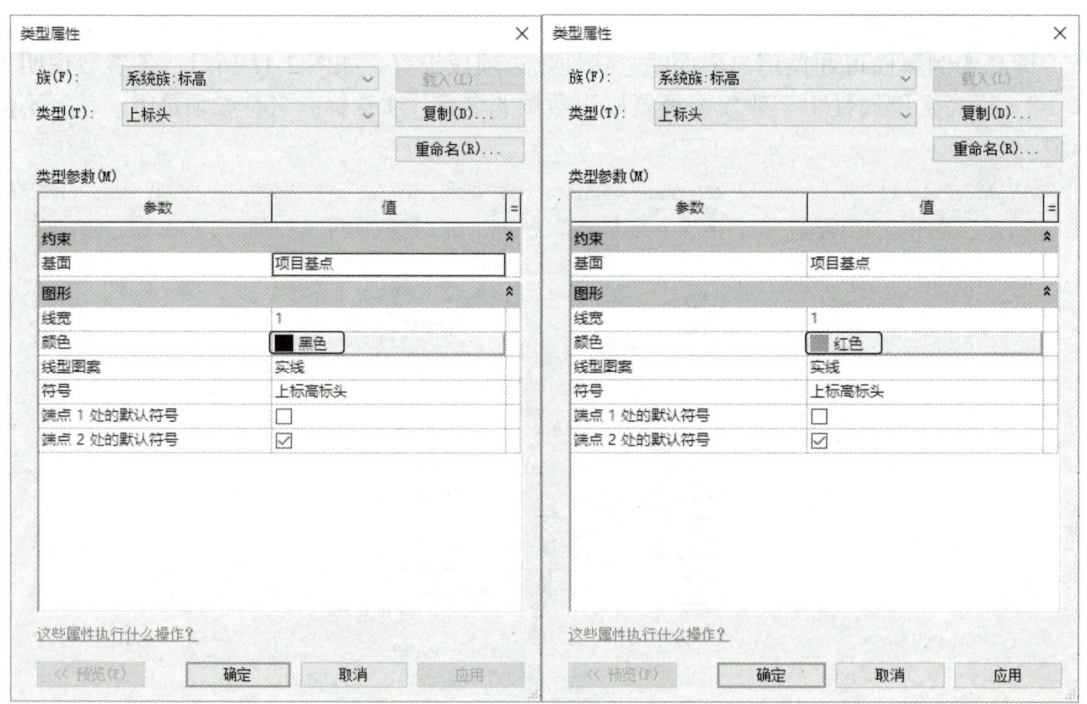

图 2-12　修改标高的"颜色"类型属性

表 2-2 标高类型属性

名称	参数	说明
约束	基面	如果"基面"值设置为"项目基点",则在某一标高上报告的高程基于项目原点; 如果"基面"值设置为"测量点",则报告的高程基于固定测量点
图形	线宽	设置标高类型的线宽,可以使用"线宽"工具来修改线宽编号的定义
	颜色	设置标高线的颜色,从颜色列表中选择定义颜色
	线型图案	设置标高线的线型图案,线型图案可以为实线或虚线和圆点的组合,可以从 Revit 定义的值列表中选择线型图案,或自定义线型图案
	符号	确定标高线的标头是否显示编号中的标高编号(标高标头-圆圈)、显示标高号但不显示编号(标高标头-无编号)或不显示标高号(<无>)
	端点 1 处的默认符号	默认情况下,在标高线的左端点放置编号。选择标高线时,标高编号旁边将显示复选框,取消选中该复选框以隐藏编号,再次选中显示编号
	端点 2 处的默认符号	默认情况下,在标高线的右端点放置编号。复选框功能与端点 1 相同

2.2 轴　　网

2.2.1 绘制轴线

组成轴网的轴线由符号、轴线中段、轴线末段组成。绘制轴线的步骤如下。

Step01　Revit 中,启动绘制"轴网"命令的方法有以下 3 种。

(1)单击"建筑"选项卡下"基准"面板下"轴网"命令按钮。

(2)单击"结构"选项卡下"基准"面板下"轴网"命令按钮。

(3)输入快捷键 GR。

轴网工具

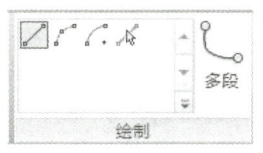

图 2-13　"绘制"面板

Step02　进入"修改│放置 轴网"上下文选项卡,此时"绘制"面板默认以"直线"形式绘制,如图 2-13 所示。

Step03　在绘图区域单击后拖曳光标引导绘制轴线,到合适位置后单击确认,此时第一条轴线绘制完成。继续绘制其他平行轴线时,软件已知轴线端点后,将进行自动捕捉,拖曳光标出现临时标注,当出现需要的标注值后单击即可确定新轴线位置,也可以在出现临时标注后直接输入数值,按 Enter 键后生成新的轴线,如图 2-14 所示。

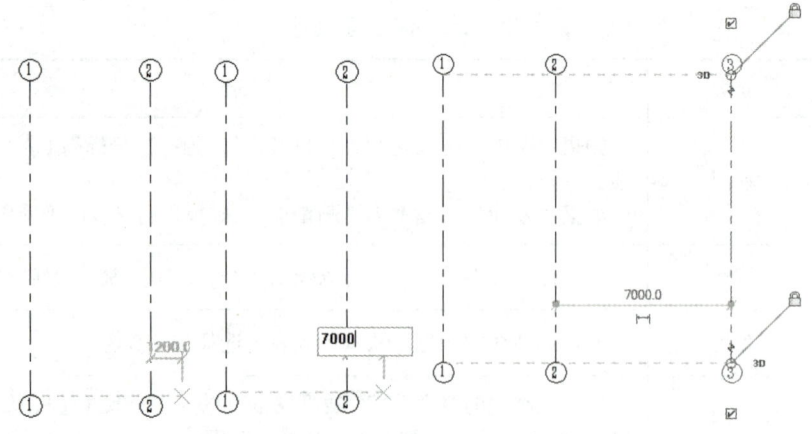

图 2-14　绘制轴网（数值输入）

绘制轴网过程中，已有轴线与新绘制轴线默认是非正交关系，此时可以按住 Shift 键后绘制水平或者垂直轴网。

在"修改｜放置 轴网"选项栏中可修改"偏移量"，如图 2-15 所示。正值表示顺时针下轴线在光标过去方向的距离，负值表示顺时针下轴线在光标未来方向的距离。

图 2-15　修改"偏移量"

Revit 会自动为轴线编号。单击编号并输入新值，然后按 Enter 键，可以修改轴线编号，或者选择轴线，在"属性"选项板输入新的"名称"属性值，也可以完成轴线的重命名。

如果轴线编号为字母，之后创建的轴线将按照字母顺序（A、B、C…）进行编号。默认情况下，Revit 不能将"I"和"O"自动排除，不符合制图规范，因此需要手动修改。

除了创建直线轴线，"绘制"面板中的工具还可以创建圆弧轴线。

2.2.2　创建轴网

单击轴线，出现"修改｜轴网"上下文选项卡，单击"复制""阵列""镜像"任一命令按钮均可以生成新的轴线。

使用"复制""阵列"命令创建新轴线的操作要点和方法与标高相同，不再赘述。通过"镜像"命令创建轴网，编号也会随之镜像，需要进一步修改。图 2-16 所示为通过"镜像"命令将轴线 1 和轴线 2 以轴线 3 为对称轴生成轴线 4 和轴线 5。通常选择"复制"或"阵列"命令创建轴网。

轴网绘制和编辑

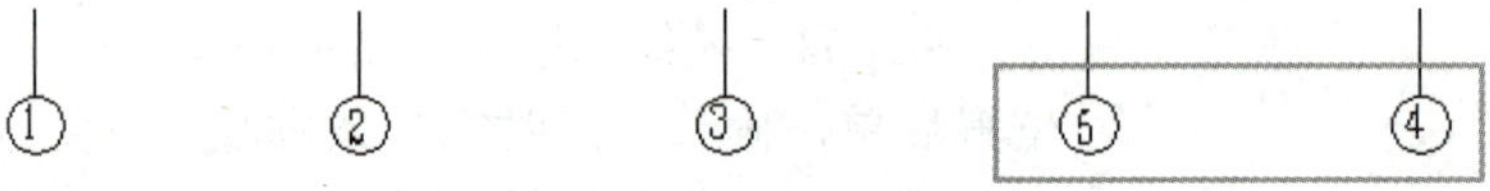

图 2-16　使用"镜像"命令创建轴网

2.2.3 修改轴网显示

Revit 中可以对轴网显示进行如下修改（轴网显示控制见图 2-17 注释）。

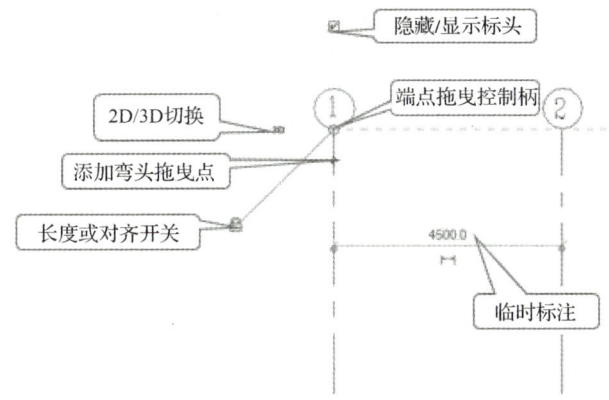

图 2-17　轴网显示控制注释

（1）隐藏/显示标头：控制轴线编号是否隐藏。
（2）端点拖曳控制柄：可以将同一位置轴线端点位置进行调整。
（3）2D/3D 切换：控制调整轴线是否影响其他视图的显示情况。
（4）添加弯头拖曳点：当轴线编号需要偏移时，可以控制轴线编号位置，如图 2-18 所示。

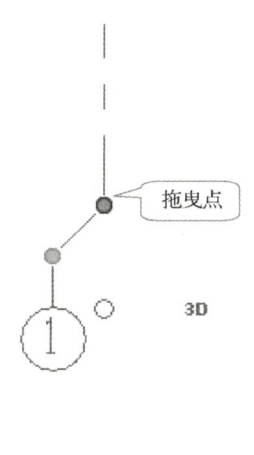

图 2-18　拖曳偏移轴线编号位置

（5）长度或对齐开关：解锁后轴线端点位置可以自行拖曳定位，调整后影响其他视图。锁定解除后，移动轴线端点"长度或对齐开关"消失。
（6）临时标注：选择需要修改位置的轴线，单击临时标注后显示修改数值对话框，修改尺寸后按 Enter 键，轴线位置按照新数值修改。

2.2.4 轴网属性

1. 轴网实例属性

单击任一轴线,"属性"选项板将显示轴网的实例属性(图 2-19),其中"范围"的"范围框"可以修改轴网显示范围;"标识数据"的"名称"可以修改轴线编号,效果与输入轴线编号数值修改轴网编号的方法相同。

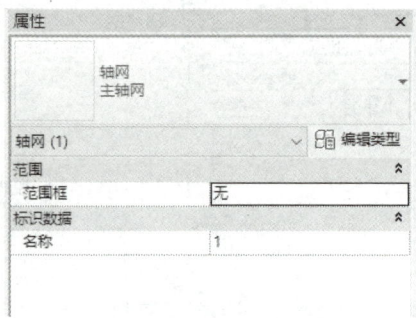

图 2-19 轴网实例属性

下面将举例说明范围框的设置方法。

Step01 在平面视图中,单击"视图"选项卡下"创建"面板中的"范围框"命令按钮,分别在轴线 1～轴线 2、轴线 3～轴线 6 区域创建范围框,如图 2-20 所示。

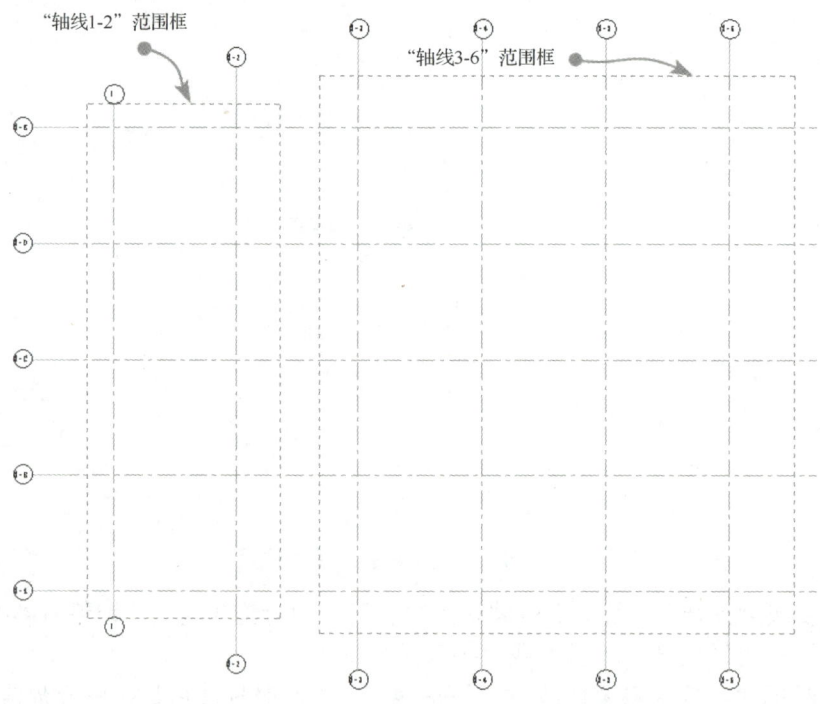

图 2-20 创建范围框

Step02　单击轴线 1、轴线 2，将"属性"选项板中的"范围框"设置为"轴线 1-2"，如图 2-21 所示。

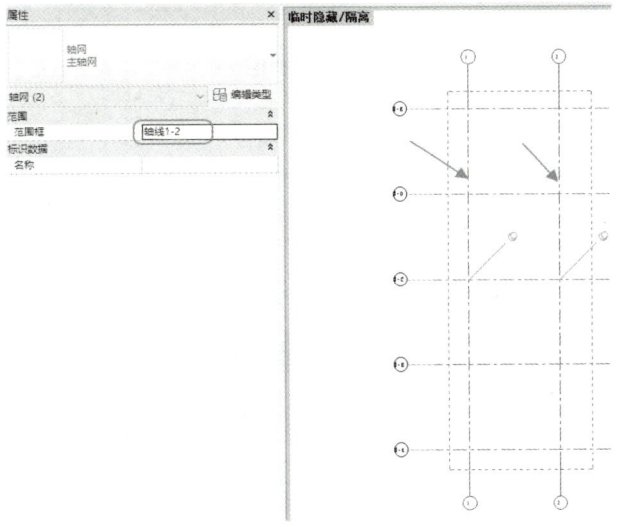

图 2-21　设置范围框

Step03　选中范围框"轴线 1-2"后，单击范围框"编辑"按钮，如图 2-22 所示。在弹出的"范围框视图可见"对话框中，将视图"A-F1-0.000"设为"不可见"，如图 2-23 所示。范围框设置后的效果如图 2-24 所示。

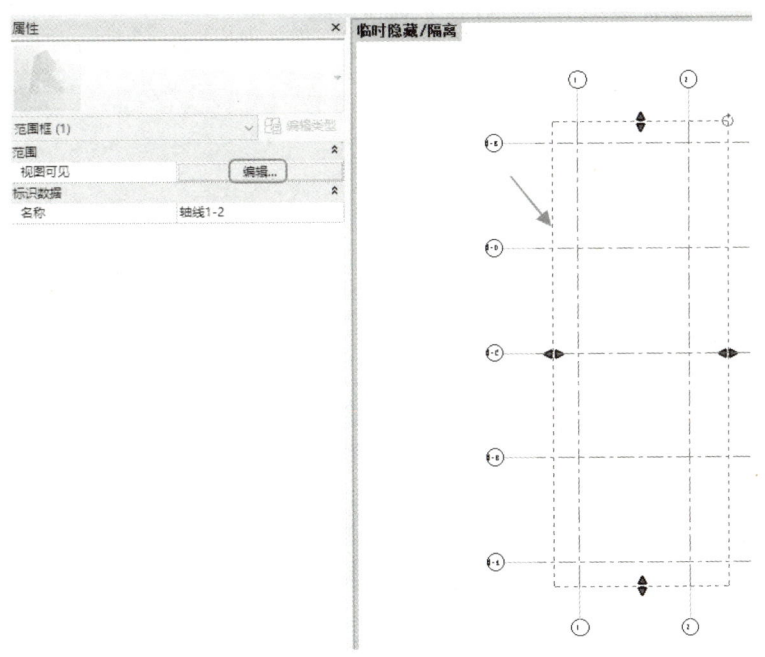

图 2-22　单击范围框"编辑"按钮

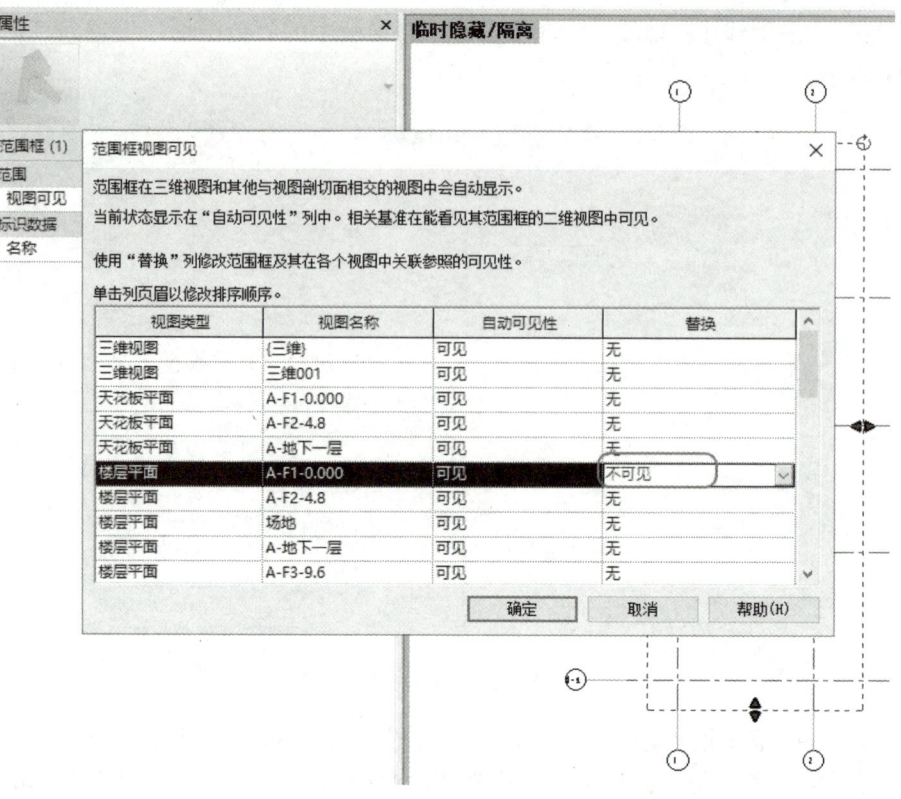

图 2-23 "范围框视图可见"对话框设置

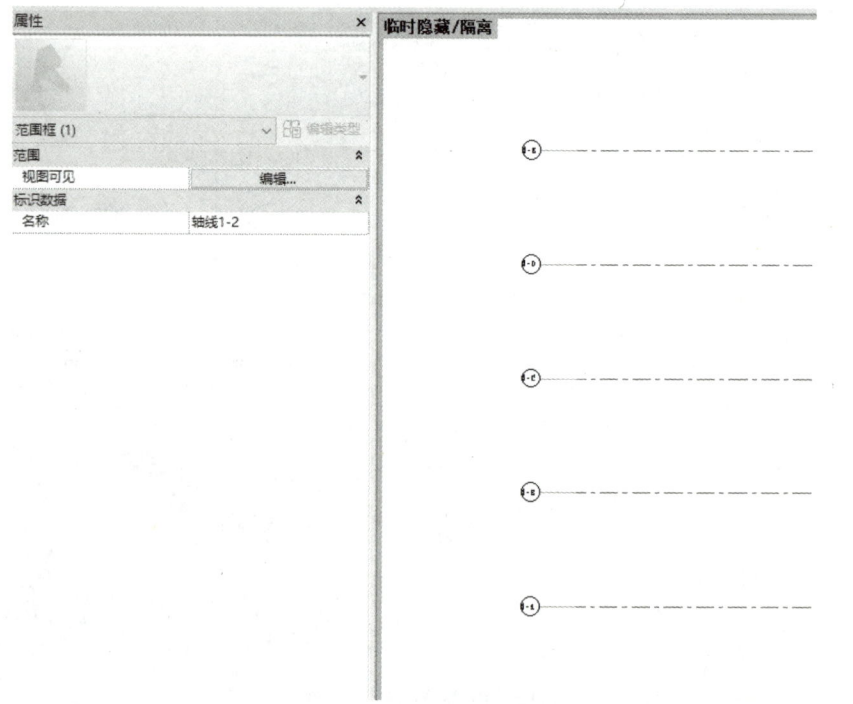

图 2-24 范围框设置后的效果

2. 轴网类型属性

轴网类型属性分别对"符号""轴线中段""轴线中段宽度"等属性进行了定义,如表 2-3 所示。

选择任一轴线,然后单击"修改 | 轴网"上下文选项卡下"属性"面板中的"类型属性"按钮,可对类型属性进行修改。需要注意的是,类型属性的修改会影响项目中的同类型实例图元。

表 2-3 轴网类型属性定义

属性	定义
符号	用于轴线端点的符号。该符号可以在编号中显示轴网号(轴网标头-圆)、显示轴网号但不显示编号(轴网标头-无编号)、无轴网编号或轴网号(无)
轴线中段	在轴线中显示的轴线中段的类型。选择"无""连续"或"自定义"
轴线中段宽度	如果"轴线中段"参数为"自定义",则使用线宽来表示轴线中段的宽度
轴线中段颜色	如果"轴线中段"参数为"自定义",则使用线颜色来表示轴线中段的颜色。选择 Revit 中定义的颜色,或定义自己的颜色。请参见关于颜色
轴线中段填充图案	如果"轴线中段"参数为"自定义",则使用填充图案来表示轴线中段的填充图案。线型图案可以为实线或虚线和圆点的组合
轴线末段宽度	表示连续轴线的线宽,或者在"轴线中段"为"无"或"自定义"的情况下表示轴线末段的线宽
轴线末段颜色	表示连续轴线的线颜色,或者在"轴线中段"为"无"或"自定义"的情况下表示轴线末段的线颜色
轴线末段填充图案	表示连续轴线的线样式,或者在"轴线中段"为"无"或"自定义"的情况下表示轴线末段的线样式
轴线末段长度	在"轴线中段"参数为"无"或"自定义"的情况下表示轴线末段的长度(图纸空间)
平面视图轴号端点 1(默认)	在平面视图中,在轴线的起点处显示编号的默认设置。(也就是说,在绘制轴线时,编号在其起点处显示。)如果需要,可以显示或隐藏视图中各轴线的编号。请参见显示和隐藏轴网编号
平面视图轴号端点 2(默认)	在平面视图中,在轴线的终点处显示编号的默认设置。(也就是说,在绘制轴线时,编号显示在其终点处。)如果需要,可以显示或隐藏视图中各轴线的编号。请参见显示和隐藏轴网编号
非平面视图符号(默认)	在非平面视图的项目视图(如立面视图和剖面视图)中,轴线上显示编号的默认位置:"顶""底""两者"(顶和底)或"无"。如果需要,可以显示或隐藏视图中各轴线的编号。请参见显示和隐藏轴网编号

现对表 2-3 中的重要类型属性进行说明。

在"类型属性"对话框中,如需在平面视图中轴线起点处显示轴线编号,勾选"平面视图轴号端点 1(默认)",如图 2-25 所示。

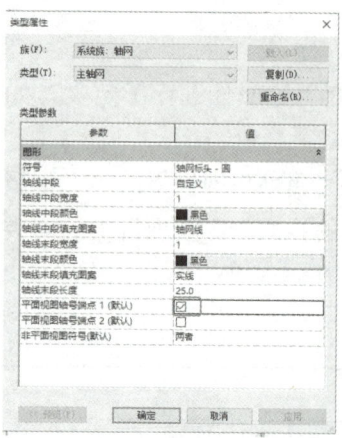 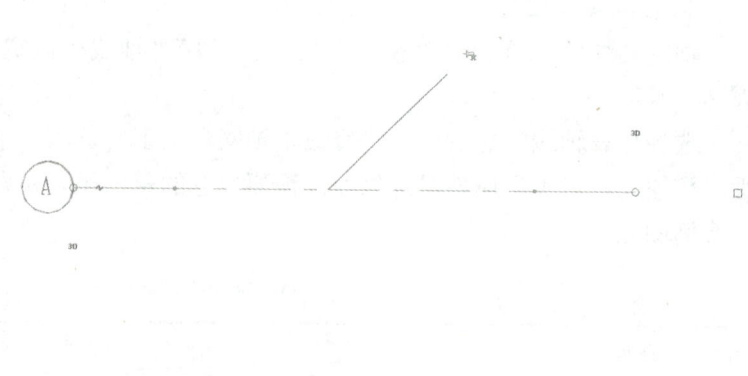

图 2-25 轴线起点处显示轴线编号

如需在平面视图中轴线终点处显示轴线编号,勾选"平面视图轴号端点 2(默认)",如图 2-26 所示。

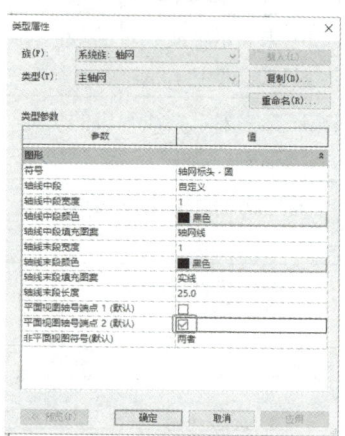 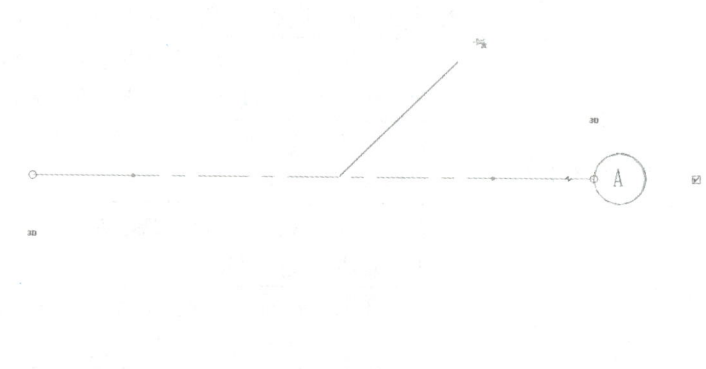

图 2-26 轴线终点处显示轴线编号

以上两项都勾选后,两端轴线编号都会显示,如图 2-27 所示。

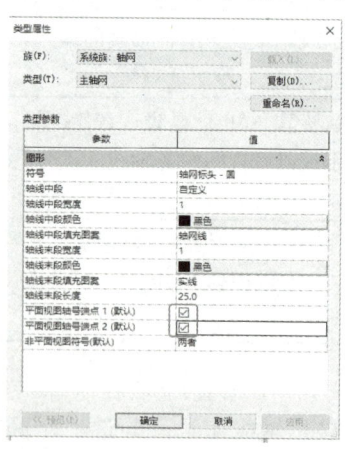 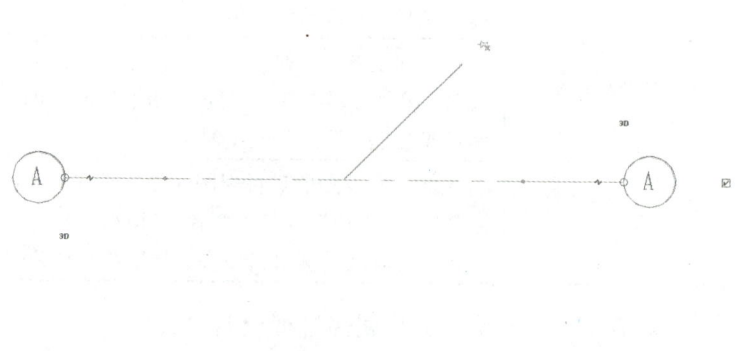

图 2-27 轴线两端显示轴线编号

在除平面视图之外的二维视图（如立面视图和剖面视图）中设置显示轴网编号的位置，可对"非平面视图符号（默认）"选择"顶""底""两者"或"无"4个选项。

"轴线中段"可以选择"无""连续"或"自定义"。如果为"自定义"，"类型属性"对话框会额外显示"轴线中段宽度""轴线中段颜色""轴线中段填充图案"3个选项，如图2-28所示。轴线末段可以设置"轴线末段宽度""轴线末段颜色""轴线末段填充图案""轴线末段长度"4个选项，如图2-28所示。

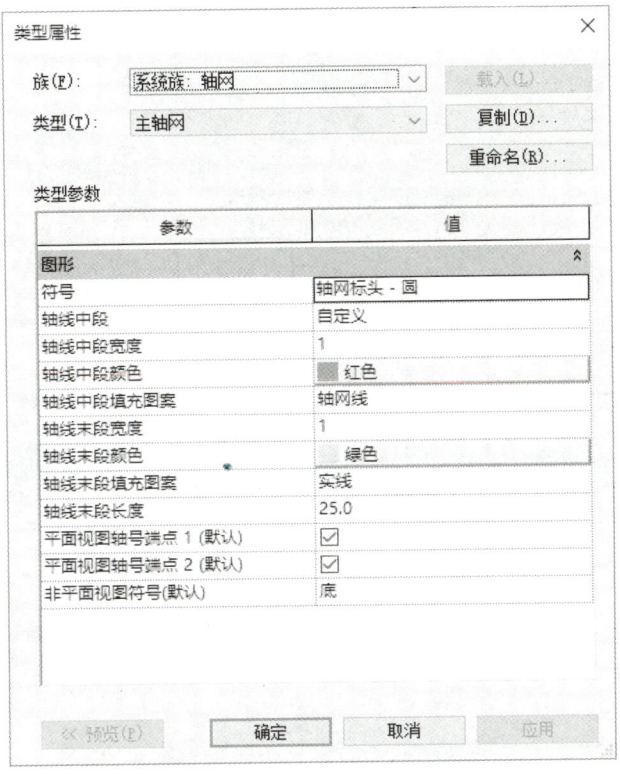

图2-28　"类型属性"对话框

项目 3 柱

思维导图

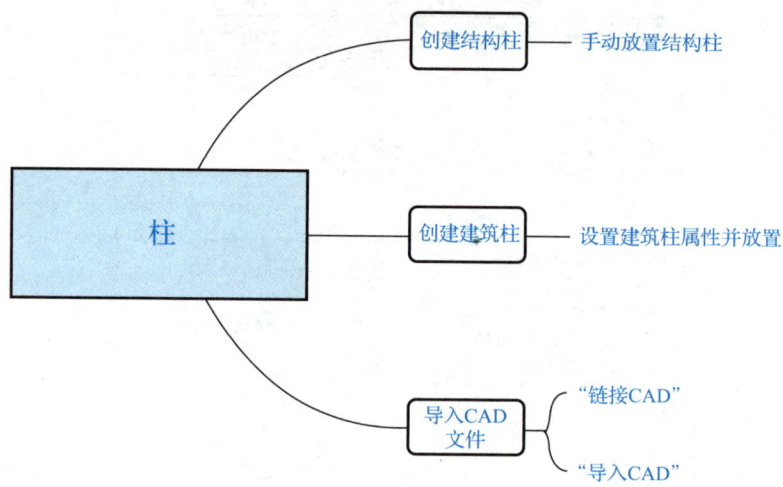

在设计过程中,绝大部分建筑都需要布置柱,包括结构柱和建筑柱。在 Revit 中,结构柱和建筑柱的属性不完全相同。结构柱由结构工程师经过专业计算后,确定其截面尺寸;建筑柱不参与承重,主要起到构造和装饰的目的,由建筑师通过轴网定位并确定外观。

总体来说,结构柱与建筑柱共享许多属性,但结构柱还具有许多它自身配置和规范标准定义的其他属性。其他结构图元(如梁、支撑和独立基础)与结构柱连接,但它们不与建筑柱连接。

3.1 创建结构柱

Revit 中,结构柱是可用于数据交换的分析模型。创建结构柱时可以选择手动放置每根柱或将柱添加到选定的轴网交点两种方式。在大多数情况下,在添加结构柱之前设置轴网很有帮助,因为结构柱放置时可以捕捉到轴线。结构柱可以在平面或三维视图中创建。

使用"结构柱"工具命令将结构柱图元添加到模型中的步骤如下。

Step01　打开"食堂建筑模型"RVT 文件。把楼层平面调整到"基础顶"标高,准备开始绘制结构柱("基础顶"标高为结构柱的底标高)。

Step02　通过"建筑"选项卡下"构建"面板中"柱"工具下拉菜单里的"结构柱"命令按钮,"结构"选项卡下"结构"面板中的"柱"命令按钮,或者直接输入快捷键 OL,均可调用"结构柱"命令,如图 3-1 所示。

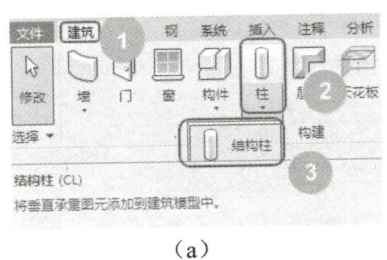
(a)
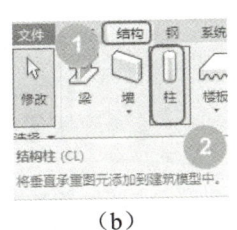
(b)

创建矩形柱

图 3-1　"结构柱"命令的调用方法

Step03　如图 3-2 所示,通过单击"属性"选项板里的"编辑类型",进入"类型属性"对话框,单击"复制"按钮创建矩形结构柱类型,即以"KZ6"为基础,复制并修改参数创建"S-KZ6-700*800"。注意不要直接更改"KZ6"参数。

Step04　在轴线 S-A 与轴线 S-1 交点处布置结构柱"S-KZ6-700*800",首先需选结构柱的类型,步骤如图 3-3 所示。

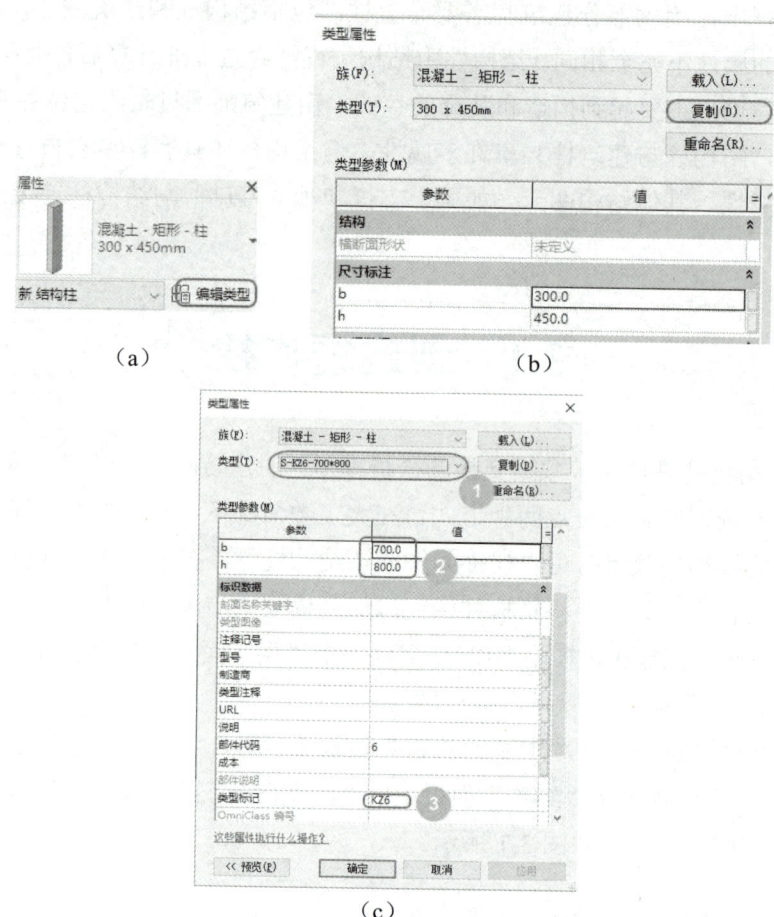

图 3-2 创建矩形结构柱类型

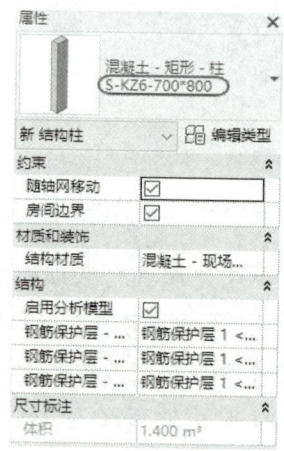

图 3-3 选择结构柱的类型

Step05 选中此柱后,在"修改|放置 结构柱"选项栏设置"高度"为"SF1",如图 3-4 所示。

图 3-4　"修改｜放置 结构柱"选项栏设置

Step06　单击轴线 S-A 与轴线 S-1 交点，就会把结构柱"S-KZ6-700*800"布置在此处，然后使用"移动"或"对齐"命令调整结构柱的位置，结果如图 3-5 所示。

Step07　在轴线 S-A 与轴线 S-1 交点处布置完成结构柱后，单击此结构柱，在"属性"选项板里会显示相应的信息，此时把"底部偏移"值修改为"-50.0"，如图 3-6 所示。

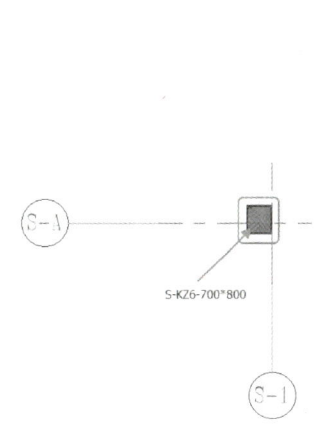

图 3-5　结构柱的位置

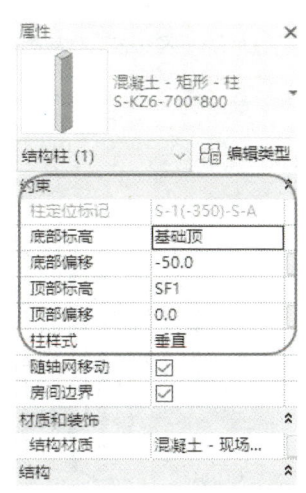

图 3-6　结构柱"属性"选项板

通过"属性"选项板的显示，可以检查所创建的模型信息是否正确。其他结构柱的绘制方法同"S-KZ6-700*800"。

如图 3-7 所示布置完成所有结构柱，注意布置过程中柱的偏心尺寸和柱顶标高的设置。"基础顶"标高平面结构柱布置完成后的三维视图如图 3-8 所示，所有标高平面的结构柱布置完成后的三维视图如图 3-9 所示。

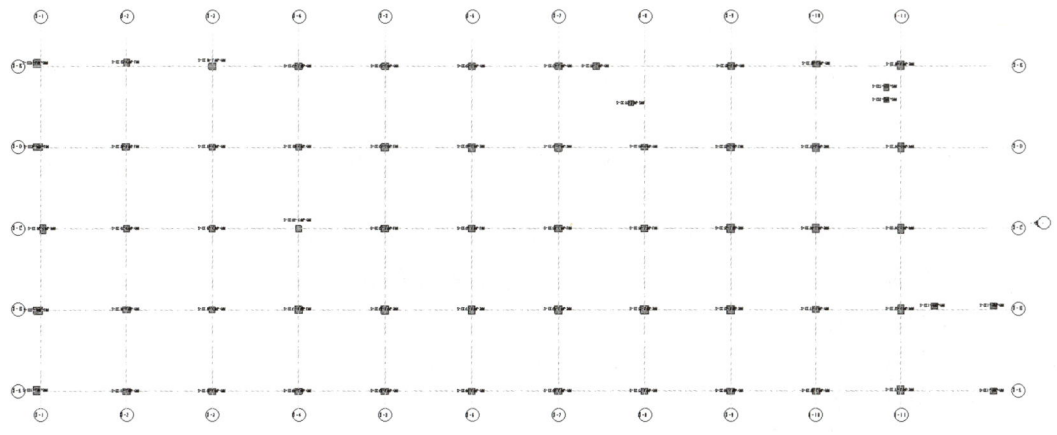

图 3-7　结构柱平面布置

图 3-8 "基础顶"标高平面结构柱布置完成后的三维视图

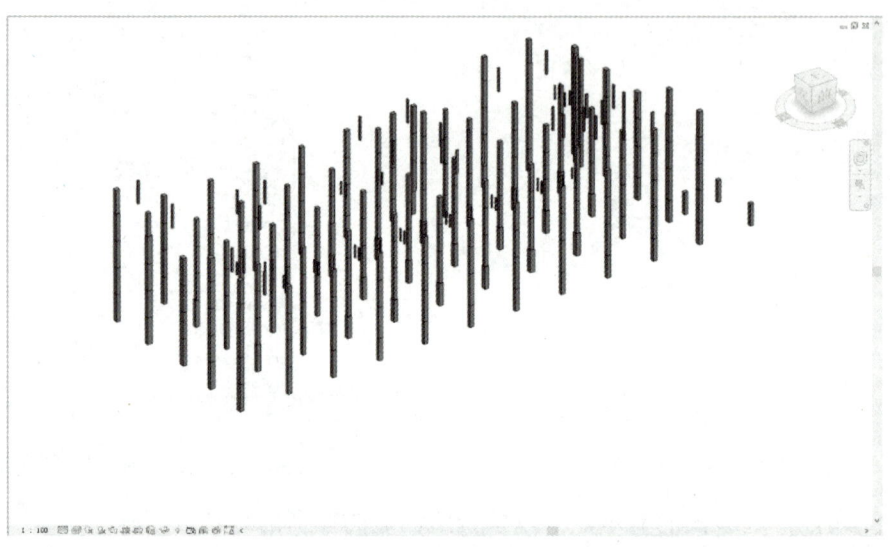

图 3-9 所有标高平面的结构柱布置完成后的三维视图

> **特别提示**
>
> （1）在功能区上，有两种方法启动"结构柱"命令。
> ① 单击"结构"选项卡下"结构"面板中的"柱"命令按钮。
> ② 单击"建筑"选项卡下"构建"面板中"柱"工具下拉菜单里的"结构柱"命令按钮。
> （2）从"属性"选项板上的类型选择下拉列表中，指定一种柱类型。
> （3）在"修改 | 放置 结构柱"选项栏上指定下列内容。
> ① "放置后旋转"，勾选此选项可以在放置柱后立即将其旋转。
> ② "标高"，在三维视图中为柱的底部选择标高平面；在平面视图中，该视图的标高即为柱的底部标高。
> ③ "深度"，用于设置从柱的底部向下的高度。反之，请选择"高度"。
> ④ "标高/未连接"，用于设置柱的顶部标高平面，或选择"未连接"，即柱的顶部未连接到任一标高平面，然后指定柱的高度。

3.2 创建建筑柱

Revit 中，可以使用建筑柱工具围绕结构柱图元创建柱框外围模型，建筑柱图元可用于建筑外形和装饰设计。

1. 建筑柱类型属性

通过修改建筑柱的类型属性参数可以定义建筑柱的图形、材质和装饰、尺寸标注、标识数据，如图 3-10 所示，具体参数介绍如下。

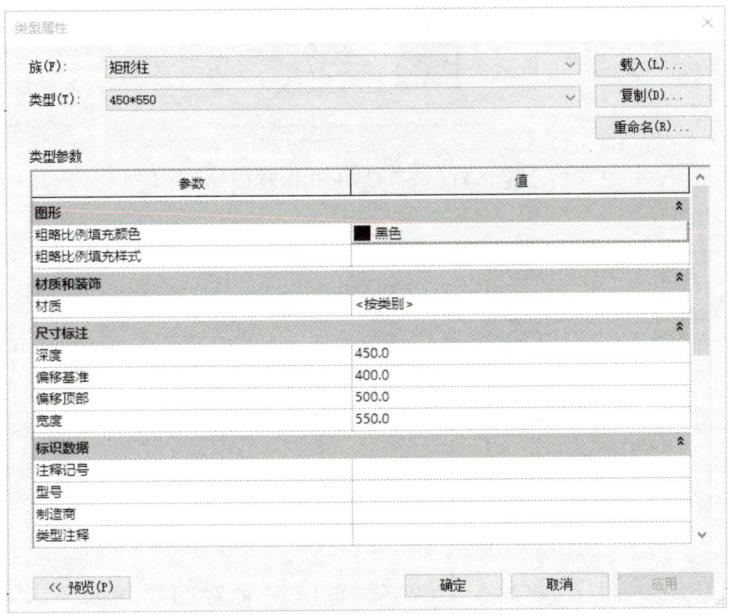

图 3-10　建筑柱的类型属性参数设置

（1）粗略比例填充颜色：指定在任一粗略平面视图中填充样式的颜色。
（2）粗略比例填充样式：指定在任一粗略平面视图中显示的截面填充图案。
（3）材质：指定建筑柱的材质（不指定材质时跟随外墙材质）。
（4）深度、宽度：设置建筑柱的长宽尺寸。
（5）偏移基准：建筑柱底部相对于基准限制标高向上偏移距离，如图 3-11 所示。
（6）偏移顶部：建筑柱顶部相对于顶部限制标高向下偏移距离，如图 3-11 所示。

2. 建筑柱布置方法

使用建筑柱工具布置建筑柱的步骤如下。

Step01　打开"食堂建筑模型"RVT 文件。将标高平面调整至"A-F1-0.000"创建建筑柱。

Step02　单击"建筑"选项卡下"构建"面板中"柱"工具下拉菜单里的"柱：建筑"命令进行建筑柱布置，如图 3-12 所示。

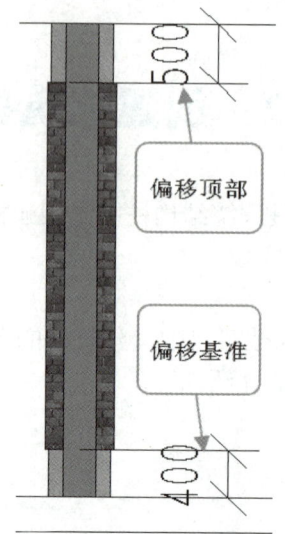

图 3-11 偏移基准和偏移顶部

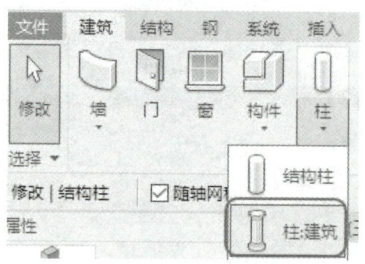

图 3-12 调用"柱：建筑"命令

放置图 3-13 所示的轴线 S-A 与轴线 S-1 相交处的建筑柱"JZZ6"，其尺寸为 750mm×850mm，族类型的创建方式参考结构柱。其他建筑柱尺寸统一按比结构柱尺寸长和宽各大 50mm 创建。注意放置建筑柱时应使建筑柱与结构柱的中心对齐。

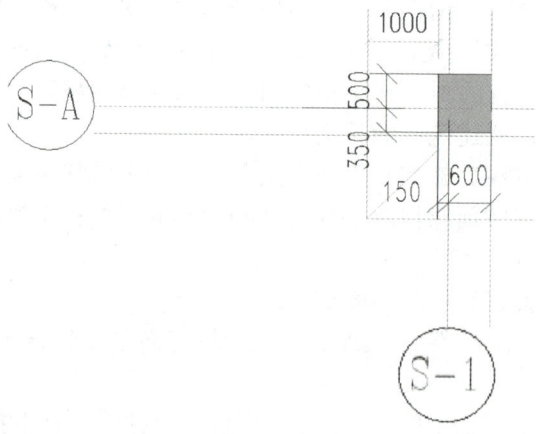

图 3-13 建筑柱的放置

> **特别提示**
>
> 创建的建筑柱尺寸须比结构柱尺寸长和宽各大 50mm，多出的尺寸用于装饰材料的创建。例如，尺寸为 400mm×500mm 的结构柱须创建尺寸为 450mm×550mm 的建筑柱。创建建筑柱族类型方式与结构柱相同。我们需要为建筑柱赋予与墙体相同的材质，详细设置见图 3-14 所示的"类型属性"对话框。
>
>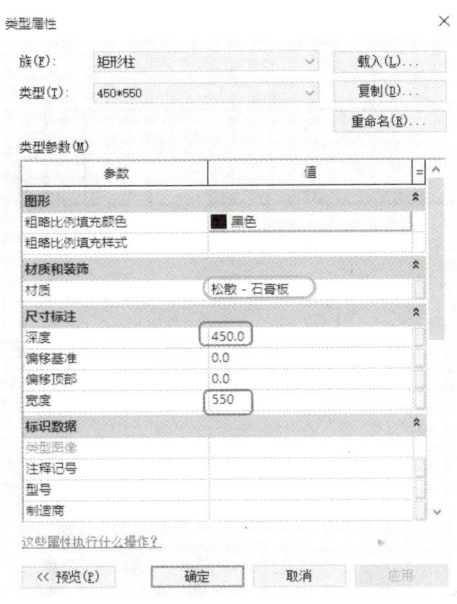
>
> 图 3-14　建筑柱"类型属性"对话框设置

建筑柱放置后，建筑柱会与建筑墙进行结合，墙体的材质会延伸到建筑柱的表面，如图 3-15 所示。

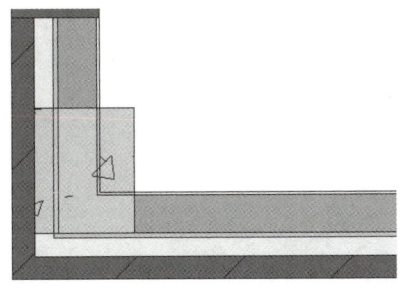
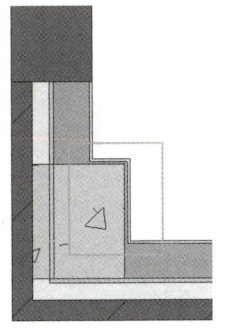

（a）布置建筑柱前　　　　　　　　　　（b）布置建筑柱后

图 3-15　建筑柱材质

用同样的方式，我们可以创建和布置其他的建筑柱。布置完成后的平面视图如图 3-16 所示，三维视图如图 3-17 所示。

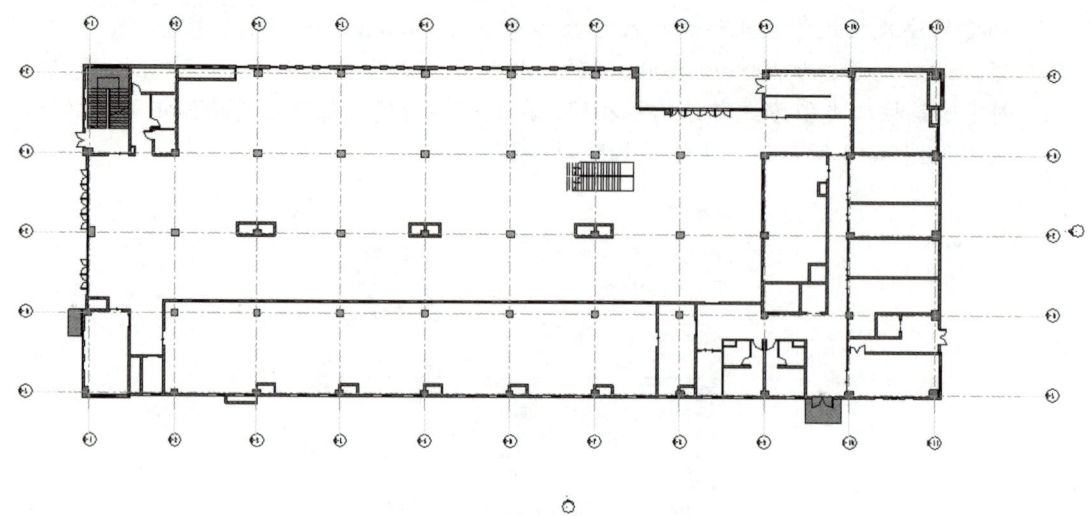

图 3-16 建筑柱布置完成平面视图

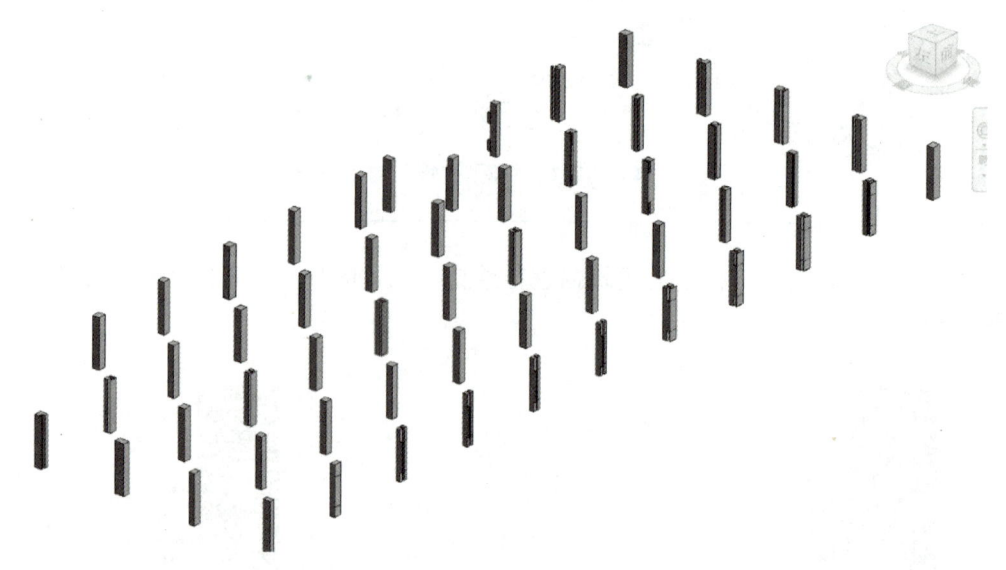

图 3-17 建筑柱三维视图

需要特别注意的是，建筑柱不能与结构柱一样沿轴网交点批量布置，在 Revit 2020 中只提供了手动放置一种方式。

> **特别提示**
>
> 在不赋予建筑柱材质时，建筑柱将继承其连接到的其他图元的材质。
> 　例如，当建筑柱连接了墙，并且墙已经被定义了材质，则连接后的柱也会采用该材质。图 3-18 所示的粗略比例平面视图中，建筑柱和墙连接后，二者材质填充图案变为一致。
>
>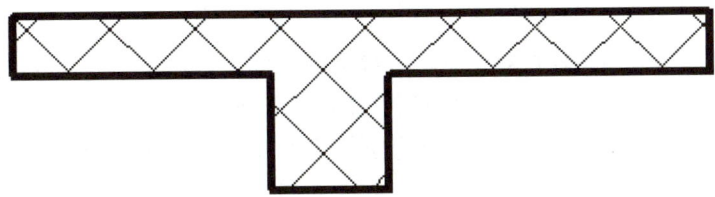
>
> 图 3-18　平面视图中建筑柱和墙的连接
>
> 结构柱不具备以上特性，并且当结构柱与建筑柱材质有冲突时，Revit 程序以结构柱设定优先。

3.3　导入 CAD 文件

本书讲解 Revit 建模基于已经设计好的建筑 CAD 图纸，在本项目学习创建结构柱、建筑柱时，或者在以后项目学习创建梁、墙等构件时，我们都需要用到对应的 CAD 图纸。如果我们同时打开 CAD 和 Revit 文件对照绘制，就会比较麻烦，效率也比较低，这时我们可以把 CAD 文件导入 Revit 文件中，导入的命令有两个——"链接 CAD"和"导入 CAD"。

3.3.1　"链接 CAD"

在标高和轴网创建完毕后，可以根据我们下一步需要创建的构件来链接相应的 CAD 图纸，接下来以导入"建筑首层平面图"CAD 图纸为例讲解"链接 CAD"命令的使用方法。

Step01　单击"插入"选项卡下"链接"面板中的"链接 CAD"命令，如图 3-19 所示。

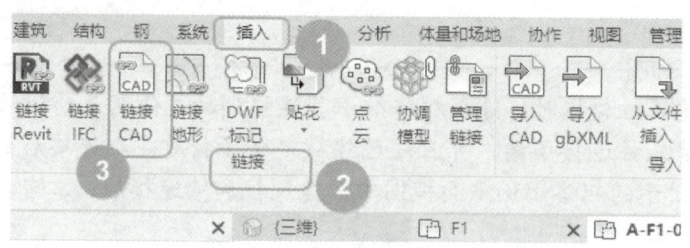

图 3-19 调用"链接 CAD"命令

Step02 此时弹出"链接 CAD 格式"对话框，如图 3-20 所示。首先选择"建筑首层平面图"DWG 文件，然后按图 3-20 中标注的顺序来进行设置。

（1）勾选"仅当前视图"，如果不勾选在其他视图中也会呈现该 CAD 图纸，造成软件运行负担。

（2）"导入单位"一般为毫米，如果是总平面图一般为米。

（3）"定位"选项可以根据导入图纸的情况选择。

（4）设置完毕后单击"打开"按钮，链接 CAD 图纸进去后还要仔细核对其位置是否正确，如果与 Revit 中的轴网不一致，需要先进行对齐。

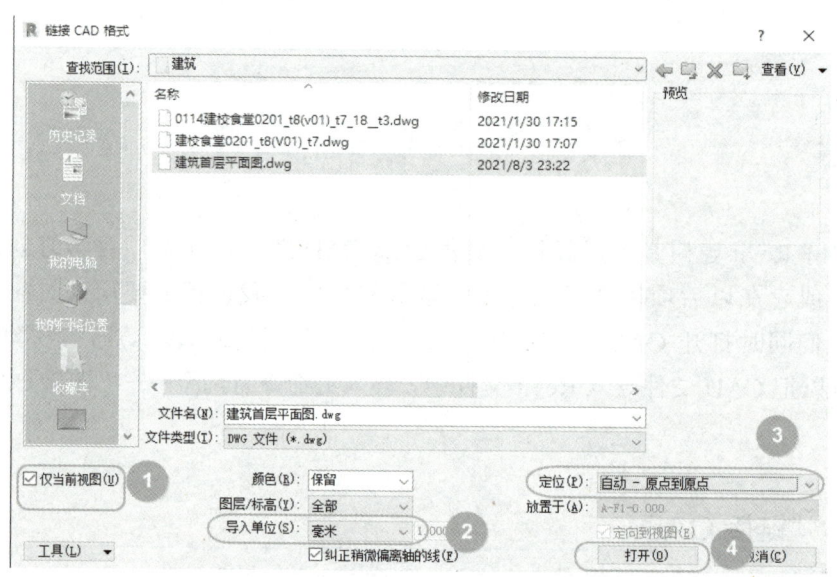

图 3-20 "链接 CAD 格式"对话框

3.3.2 "导入 CAD"

本节讲解使用"导入 CAD"命令导入"建筑首层平面图"的方法。

Step01 单击"插入"选项卡下"导入"面板中的"导入 CAD"命令，如图 3-21 所示。

图 3-21 "导入 CAD"命令启动路径

Step02 后续操作方法与"链接 CAD"的设置完全一致。

知识链接

"链接 CAD"与"导入 CAD"有什么区别?

通过"链接 CAD"的方式导入的 CAD 文件为一个外部参照图形文件,Revit 与 CAD 之间是引用关系,一旦源文件更新,链接到 Revit 项目文件中的 CAD 文件也会进行相应更新;"导入 CAD"的方式导入的 CAD 文件会成为 Revit 项目文件中的一部分,用户可以对其进行修改,CAD 文件也不再受源文件影响。

项目 4 梁

思维导图

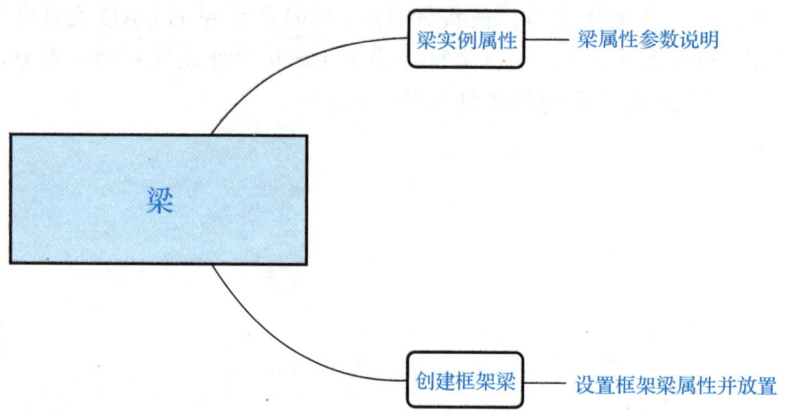

Revit 项目中,梁一般不需要在建筑模型中创建,通常由结构工程师在结构模型中创建完成后,链接到建筑模型中,或者通过协作创建工作集的方式为中心模型创建梁结构。特殊情况下如果没有结构模型,而建筑模型中又需要体现梁的截面设计,这时需要建筑师在建筑模型中创建梁以供出图使用。较好的做法是先绘制标高、轴网和放置结构柱,然后创建梁。在建筑样板文件中将梁添加到平面视图中时,必须将梁底所在平面标高设置为低于当前视图标高,否则梁在该视图中不显示;但如果使用结构样板文件,视图范围和可见性设置会相应地直接显示梁。

Revit 提供混凝土梁与钢梁两种不同材料的梁,二者属性参数有所不同。

4.1 梁实例属性

与柱类似,可以通过修改梁"属性"选项板来修改"约束""结构"及"尺寸标注"等属数参数,具体说明如表 4-1 所示。

表 4-1 梁属性参数说明

属性	参数	说明
约束	参照标高	标高限制,该值代表梁放置的工作平面
	工作平面	放置了图元的当前平面,该值为只读
	起点标高偏移	梁起点与参照标高间的距离。当锁定构件时,会重设此处输入的值。锁定时只读
	终点标高偏移	梁终点与参照标高间的距离。当锁定构件时,会重设此处输入的值。锁定时只读
	方向	梁相对于图元所在的当前平面的方向。该值为只读
	横截面旋转	控制旋转梁和支撑。从梁的工作平面和中心参照平面方向测量旋转角度
结构	单线示意符号位置	只适用于钢梁
	起点连接	只适用于钢梁。梁起点的弯矩框架或悬臂符号
	终点连接	只适用于钢梁。梁终点的弯矩框架或悬臂符号
	剪切长度	梁的物理长度。该值为只读
	结构用途	指定用途,可以是"大梁""水平支撑""托梁""其他""檩条"或"弦"
	起点附着类型	"终点高程"或"距离",指定梁的高程方向。终点高程用于保持放置标高,距离用于确定柱上的连接位置的方向。参见关于调整柱连接处的梁高程

续表

属性	参数	说明
结构	起点附着距离	指定在将"起点附着类型"设置为"距离"时，梁起点与柱连接点的偏移。参见关于调整柱连接处的梁高程
	参照柱的终点	指定用来确定"起点附着距离"的梁的顶部或底部。参见关于调整柱连接处的梁高程
	终点附着类型	"终点高程"或"距离"，指定梁的高程方向。终点高程用于保持放置标高，距离用于确定柱上的连接位置的方向。参见关于调整柱连接处的梁高程
	终点附着距离	指定在将"终点附着类型"设置为"距离"时，梁终点与柱连接点的偏移。参见关于调整柱连接处的梁高程
	参照柱的终点	指定用来确定"终点附着距离"的梁的顶部或底部。请参见关于调整柱连接处的梁高程
	钢筋保护层-顶面	只适用于混凝土梁。与梁顶面之间的钢筋保护层距离
	钢筋保护层-底面	只适用于混凝土梁。与梁底面之间的钢筋保护层距离
	钢筋保护层-其他面	只适用于混凝土梁。从梁到邻近图元面之间的钢筋保护层距离
	估计的钢筋体积	只适用于混凝土梁，指定选定图元的估计钢筋体积。这是一个只读参数，仅在已放置钢筋的情况下才显示
	起拱尺寸	只适用于钢梁。梁起拱
	栓钉数	只适用于钢梁。每根梁的栓钉数
	启用分析模型	显示分析模型，并将它包含在分析计算中。默认情况下处于选中状态。参见禁用分析模型
尺寸标注	长度	梁操纵柄之间的长度，所选梁的分析长度。参见关于梁操纵柄。该值为只读
	体积	所选梁的体积。该值为只读
	顶部高程	指示用于对梁顶部进行标记的高程。这是一个只读参数，它报告倾斜平面的变化
	底部高程	指示用于对梁底部进行标记的高程。这是一个只读参数，它报告倾斜平面的变化
标识数据	注释	用户注释
	标记	为梁创建的标签。可以用于施工标记。对于项目中的每个图元，此值都必须是唯一的。如果此数值已被使用，Revit 会发出警告信息，但允许用户继续使用它。此时可以使用"查阅警告信息"工具查看警告信息。参见查阅警告消息

续表

属性	参数	说明
阶段化	创建的阶段	指明在哪一个阶段中创建了梁构件。参见项目阶段划分
	拆除的阶段	指明在哪一个阶段中拆除了梁构件。参见项目阶段化
几何图形位置	起点延伸	只适用于钢梁。一种尺寸标注，用于在梁的起点之外添加梁几何图形
	终点延伸	只适用于钢梁。一种尺寸标注，用于在梁的终点之外添加梁几何图形
	起点连接缩进	只适用于钢梁。梁的起点边缘和梁连接到的图元之间的尺寸标注。仅适用于已连接的图元起点
	终点连接缩进	只适用于钢梁。梁的终点边缘和梁连接到的图元之间的尺寸标注。仅适用于已连接的图元终点
	YZ 轴对正	只适用于钢梁。使用"统一"可为梁的起点和终点设置相同的参数。使用"独立"可为梁的起点和终点设置不同的参数
	Y 轴对正	只适用于"统一"对齐钢梁。指定物理几何图形相对于定位线的位置，包括"原点""左侧""中心"或"右侧"
	Y 轴偏移值	只适用于"统一"对齐钢梁。几何图形偏移的数值。在"Y 轴对正"参数中设置的定位线与特性点之间的距离
	Z 轴对正	只适用于"统一"对齐钢梁。指定物理几何图形相对于定位线的位置，包括"原点""顶部""中心"或"底部"
	Z 轴偏移值	只适用于"统一"对齐钢梁。在"Z 轴对正"参数中设置的定位线与特性点之间的距离
	起点 Y 轴对正	只适用于"独立"对齐钢梁。指定梁起点的物理几何图形相对于定位线的位置，包括"原点""左侧""中心"或"右侧"
	起点 Y 轴偏移值	只适用于"独立"对齐钢梁。几何图形在梁起点偏移的数值。在"起点 Y 轴对正"参数中设置的定位线与特性点之间的距离
	起点 Z 轴对正	只适用于"独立"对齐钢梁。指定梁起点的物理几何图形相对于定位线的位置，包括"原点""顶部""中心"或"底部"
	起点 Z 轴偏移值	只适用于"独立"对齐钢梁。几何图形在梁终点偏移的数值。在"起点 Z 轴对正"参数中设置的定位线与特性点之间的距离
	终点 Y 轴对正	只适用于"独立"对齐钢梁。指定梁终点的物理几何图形相对于定位线的位置，包括"原点""左侧""中心"或"右侧"
	终点 Y 轴偏移值	只适用于"独立"对齐钢梁。几何图形在梁起点偏移的数值。在"终点 Y 轴对正"参数中设置的定位线与特性点之间的距离
	终点 Z 轴对正	只适用于"独立"对齐钢梁。指定梁终点的物理几何图形相对于定位线的位置，包括"原点""顶部""中心"或"底部"
	终点 Z 轴偏移值	只适用于"独立"对齐钢梁。几何图形在梁起点偏移的数值。在"终点 Z 轴对正"参数中设置的定位线与特征点之间的距离

续表

属性	参数	说明
其他	起点延伸计算	只适用于钢梁。指定族参数。定义起点延伸参数的最大距离。此参数仅在用 Revit 2014 之前的版本创建的且包含的梁族尚未更新的项目中可用。该值为只读
	终点延伸计算	只适用于钢梁。指定族参数。定义终点延伸参数的最大距离。此参数仅在用 Revit 2014 之前的版本创建的且包含的梁族尚未更新的项目中可用。该值为只读

4.2 创建框架梁

现以食堂项目地库框架梁的布置为例讲解框架梁的创建方法。

Step01 打开"食堂结构模型"RVT 文件。在项目浏览器中，把楼层平面调整到"S 地库顶"。

Step02 单击"结构"选项卡下"构建"面板中的"梁"命令按钮，或者输入快捷键 BM 调用"梁"命令，如图 4-1 所示。

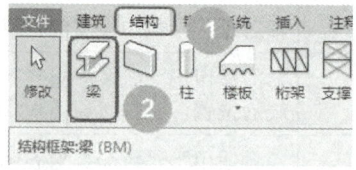

图 4-1 调用"梁"命令

如果没有所需要的框架梁，需要单击"属性"选项板的"编辑类型"和"载入"按钮，按路径依次打开"结构\框架\混凝土"文件夹，找到所需要的梁的类型，如图 4-2 所示。注意在载入梁族时，结构族内并没有"梁"文件夹，应选择"框架"文件夹。

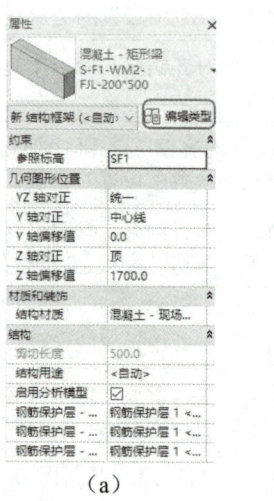

(a)

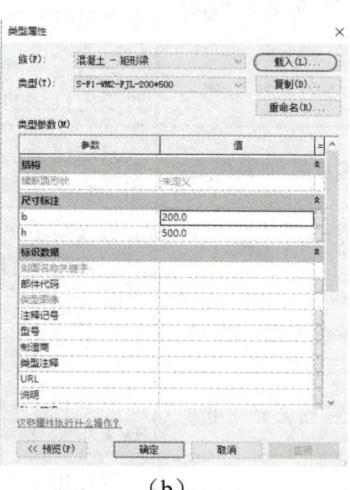

(b)

图 4-2 梁族的载入

项目 4 梁

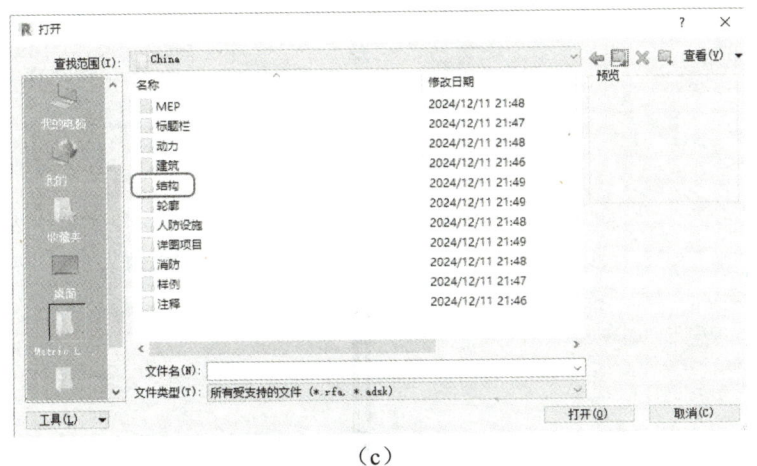

(c)

图 4-2 梁族的载入（续）

Step03　载入梁族后单击"复制"按钮，然后把复制出的梁族重命名为"S-F1-KL4（3）-500*1000"。梁类型属性参数设置如图 4-3 所示，其中"b"为"500.0"，"h"为"1000.0"，"类型标记"为"KL4"。"类型标记"也可以根据项目的实际情况进行设置。

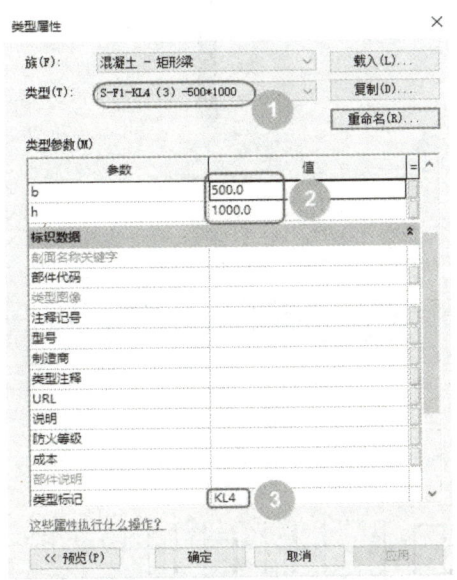

图 4-3 梁类型属性参数设置

Step04　设置完成后单击"确定"按钮，选择轴线 S-4，完成框架梁 KL4 的放置，如图 4-4 所示。

梁放置完成后可能某些部分会被结构板、柱或墙剪切掉，这是由连接顺序造成的，可以最后统一调整。

Step05　按照给定的 CAD 图纸放置其他结构梁，注意调整梁的位置，布置完成后如图 4-5 所示。其他楼层平面的框架梁的创建方法同"S 地库顶"楼层平面。整栋建筑的框架梁创建完成后三维视图如图 4-6 所示。

049

绘制梁

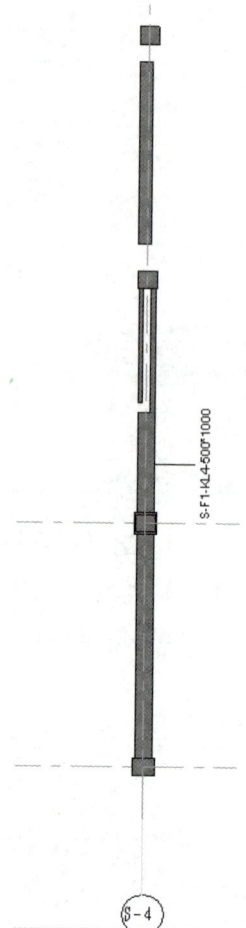

图 4-4 布置完成后的框架梁 KL4

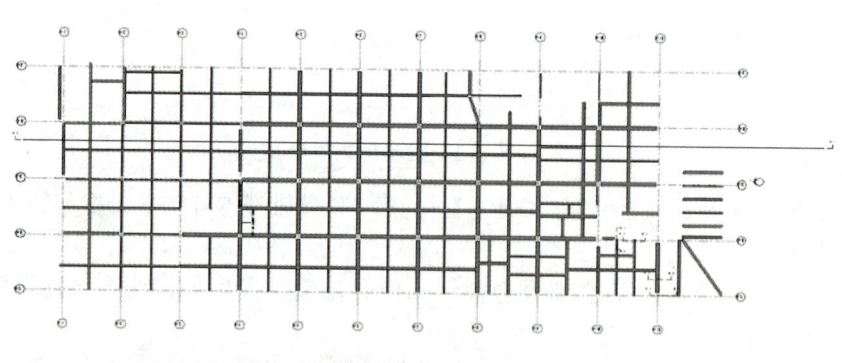

图 4-5 "S 地库顶"楼层平面框架梁平面图

项目 4 梁

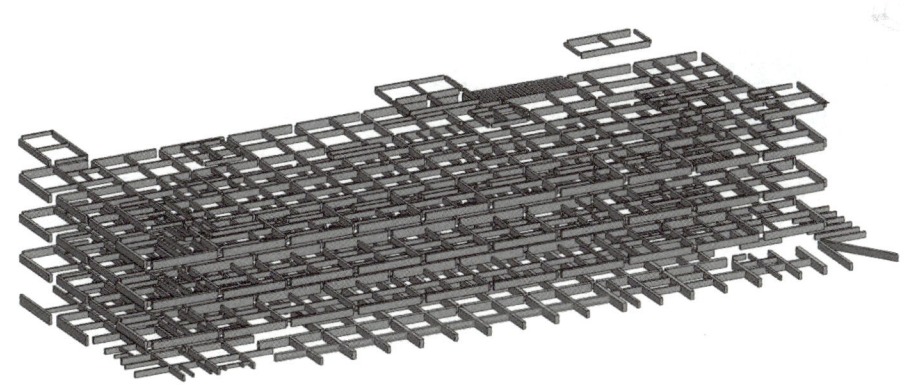

图 4-6 所有楼层框架梁三维视图

需要特别说明的是，在本节框架梁创建过程中，一定要把 CAD 图纸导入 Revit 中，并且要特别注意设置梁属性参数时的梁顶标高。

项目 5　墙　　体

思维导图

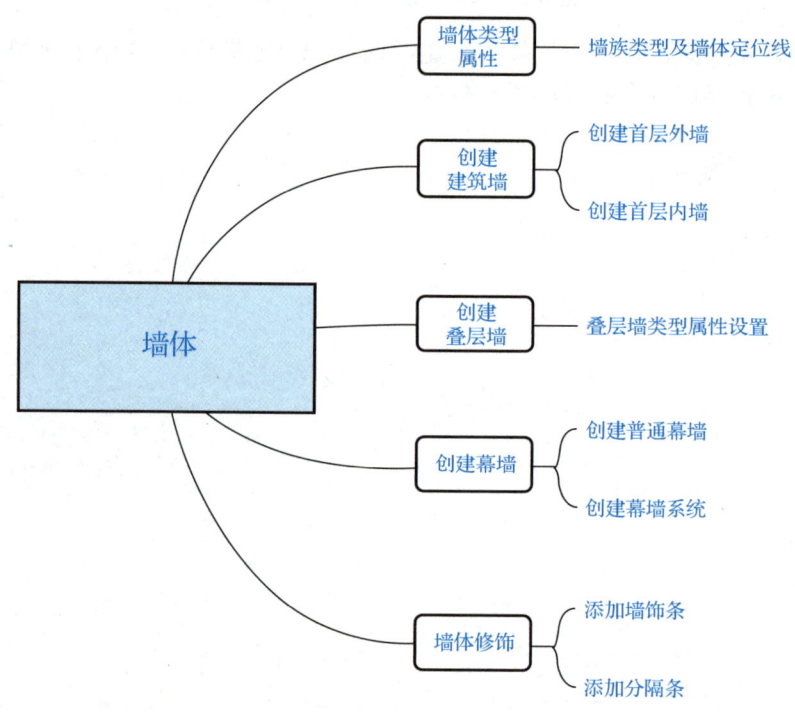

项目 5 墙 体

5.1 墙体类型属性

在 Revit 中创建墙体时，需要综合考虑墙体的高度、构造做法、立面显示效果和显示的精细程度等。与柱相同，Revit 中墙体也分为建筑墙和结构墙，二者的区别是结构墙不仅可以用于承重计算，而且可以放置钢筋。

墙族属于系统族，在进行类型属性设置可以选择 3 种类型的墙族，包括基本墙、叠层墙和幕墙。

墙体定位线是指用于在绘图区域中定位墙体的指定路径，也可以指墙体作为创建墙体基准线的面。

墙的定位方式共有 6 种，包括"墙中心线""核心层中心线""面层面：外部""面层面：内部""核心面：外部"和"核心面：内部"。墙体的核心层是指其主结构层，在非复合（单层）墙中，"墙中心线"和"核心层中心线"会重合。

图 5-1 和图 5-2 所示为墙体各结构层与墙体定位线的关系，此墙体为系统墙族"外墙-带粉刷砖与砌块复合墙"。

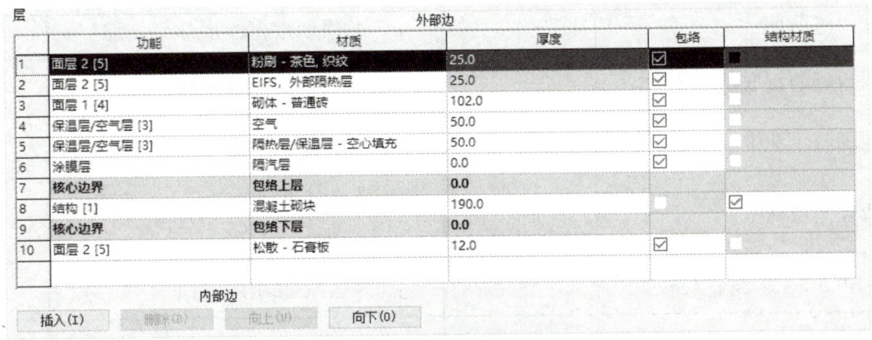

层	功能	材质	厚度	包络	结构材质
		外部边			
1	面层 2 [5]	粉刷 - 茶色，织纹	25.0	☑	☐
2	面层 2 [5]	EIFS，外部隔热层	25.0	☑	☐
3	面层 1 [4]	砌体 - 普通砖	102.0	☑	☐
4	保温层/空气层 [3]	空气	50.0	☑	☐
5	保温层/空气层 [3]	隔热层/保温层 - 空心填充	50.0	☑	☐
6	涂膜层	隔汽层	0.0	☑	☐
7	核心边界	包络上层	0.0		
8	结构 [1]	混凝土砌块	190.0		☑
9	核心边界	包络下层	0.0		
10	面层 2 [5]	松散 - 石膏板	12.0	☑	☐
		内部边			

插入(I)　删除(D)　向上(U)　向下(O)

图 5-1 外墙-带粉刷砖与砌块复合墙结构层

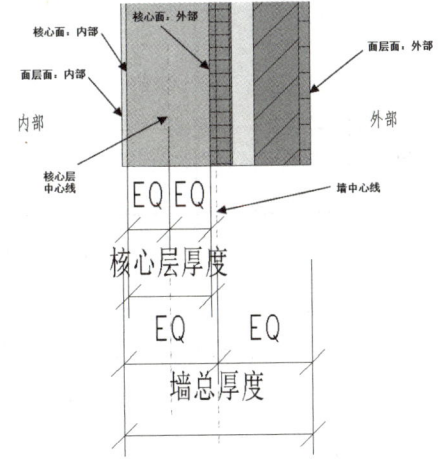

赋予墙体材质外观的设定

图 5-2 墙体各结构层与墙体定位线的关系

注：EQ 表示尺寸均分。

5.2 创建建筑墙

5.2.1 创建首层外墙

墙体分为内部和外部，本节创建的首层外墙的内部和外部分别采用内墙 2 和外墙 2 的做法，做法如表 5-1 所示。没有厚度的材料暂定其厚度为"1mm"，或者将其设为"涂膜层"。

表 5-1 一层外墙的做法

内部（内墙2）			外部（外墙2）		
序号	做法及材料	厚度/mm	序号	做法及材料	厚度/mm
1	乳胶漆两遍	1	1	喷或滚刷面层涂料二遍	1
2	刷耐碱防霉底漆一遍	1	2	喷或滚刷底涂料一遍	1
3	挂满腻子两遍，分别打磨	1	3	外墙腻子2遍	1
4	清理基层抹灰		4	混合砂浆（水泥：石灰膏：砂=1：1：6）	6
5	1：0.5：3 水泥石灰砂浆	5	5	AAC 专用界面剂	3
6	1：1：6 水泥石灰砂浆，分两次抹灰，扫毛或划出纹道	25	6	基层墙体：AAC 墙体基面	
7	刷建筑胶素水泥浆一道，配合比为建筑胶：水=1：4	1			
8	基层加气混凝土砌块或钢筋混凝土墙体、柱、梁				

Step01 单击"建筑"选项卡下"构建"面板中"墙"下拉菜单里的"墙：建筑"命令按钮。

Step02 复制一个基本墙族，然后按照如图 5-3 所示设置"类型参数"。

Step03 单击图 5-3 中的"编辑…"按钮，进入"编辑部件"对话框，结合表 5-1 进行设置，如图 5-4 所示。

项目 5　墙　体

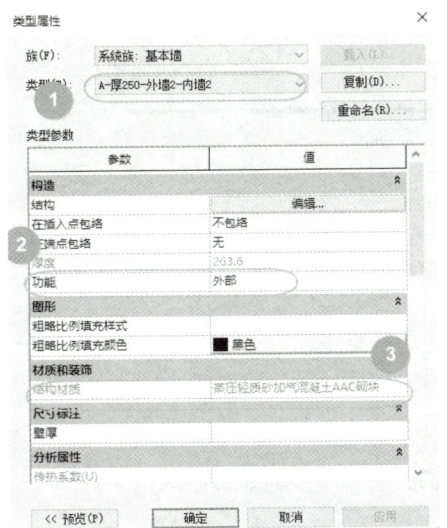

墙工具

墙参数编辑

图 5-3　外墙墙体设置

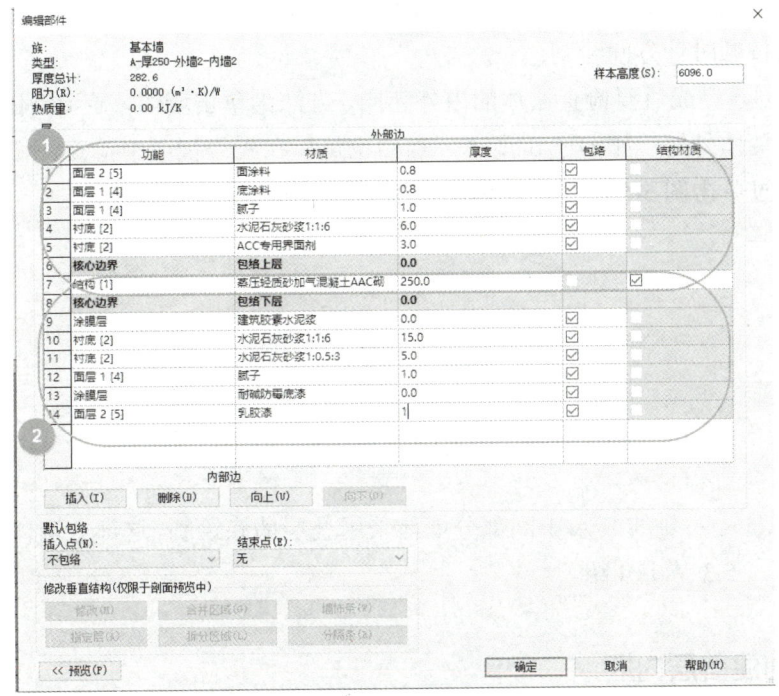

图 5-4　外墙墙体构造

注：①代表的是外部构造，②代表的是内部构造，其中序号为 7 的"结构[1]"代表的是公用的基层墙体。

Step04　选择外墙后，创建墙体时要注意墙的底部限制条件和顶部约束，底部限制条件为"A-F1-0.000"，顶部约束为"A-F2-4.8"，从轴线 S-1 和轴线 S-A 交点偏左处从下向上开始创建轴线 S-1 上的墙体，依次创建轴线 S-E、轴线 S-11 和轴线 S-A 上的墙体，完成后如图 5-5 所示。

055

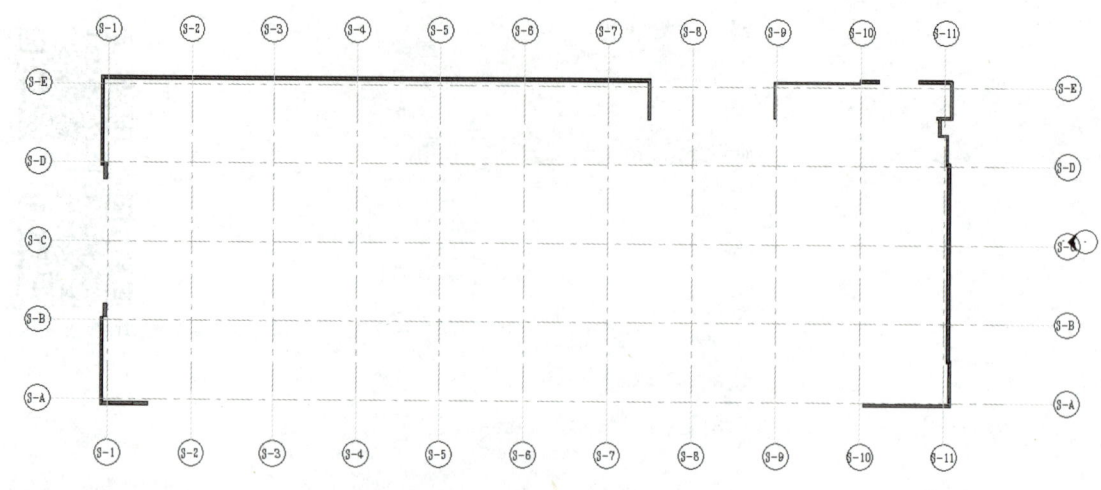

图 5-5　A-F1-0.000 外墙创建完毕

需要注意的是，创建外墙时要保证外墙的方向正确，这是因为墙体内外侧装饰有区别。创建墙体时应按顺时针方向绘制。

Step05　创建完成后要检查墙体的内外朝向，方法为单击墙体，显示墙体翻转控件（双向箭头）的是墙体外侧，如图 5-6 所示。当然也可以在三维视图中检查。如果墙体方向反了，则需要通过单击图 5-6 所示的墙体翻转控件或按 Space 键进行翻转。

墙的附着与分离

项目外墙绘制

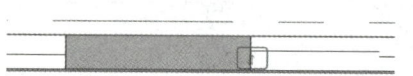

图 5-6　墙体外侧检查

轴线 S-A 中间部分墙体采用叠层墙族绘制，这部分墙体的创建在本书 5.3 节中介绍。

5.2.2　创建首层内墙

Step01　把视图调整至"A-F1-0.000"楼层平面。

Step02　单击"建筑"选项卡下"构建"面板中"墙"下拉菜单里的"墙：建筑"命令按钮，选择"系统族：基本墙"，其"功能"为"内部"，如图 5-7 所示。复制后将此墙命名为"A-厚 200-内墙 1"。

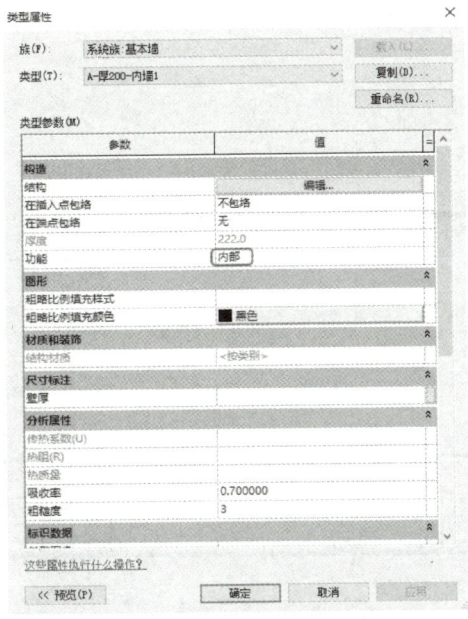

图 5-7 内墙"类型属性"对话框设置

Step03 选择基本墙"A-厚 200-内墙 1",墙底部约束条件为"A-F1-0.000",顶部约束条件为"A-F2-4.8",由于此墙为中心对称,所以其"定位线"为"墙中心线",墙体的构造设置如图 5-8 所示。创建轴线 S-7 与轴线 S-8、轴线 S-A 与轴线 S-B 之间的内墙,如图 5-9 所示。

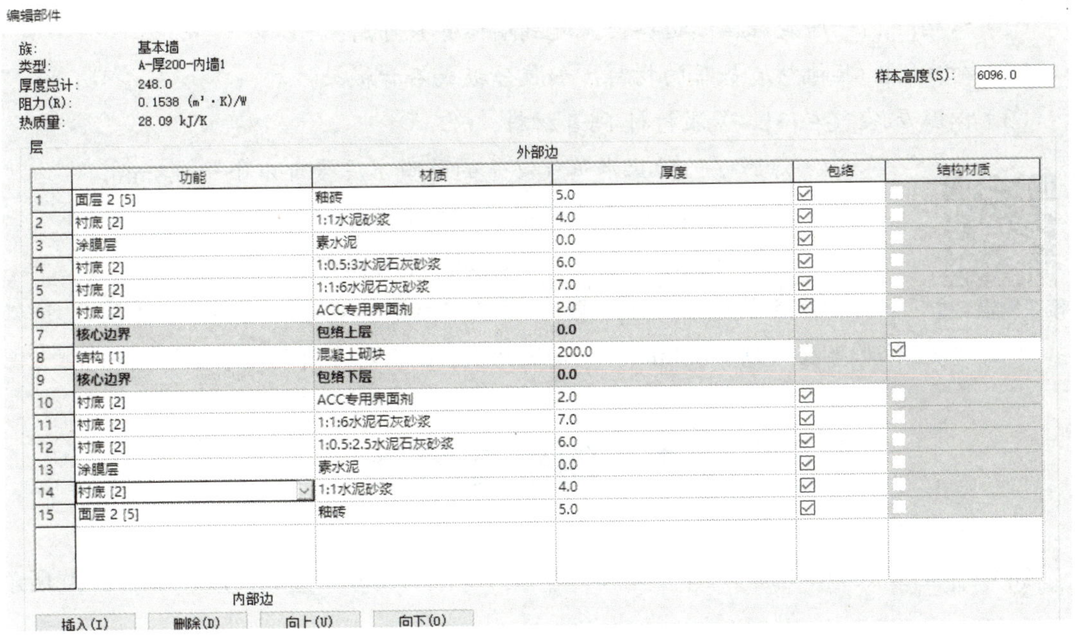

图 5-8 内墙墙体构造

其他内墙的设置，参考 CAD 图纸中的建筑设计总说明。首层内墙创建结果如图 5-9 所示。

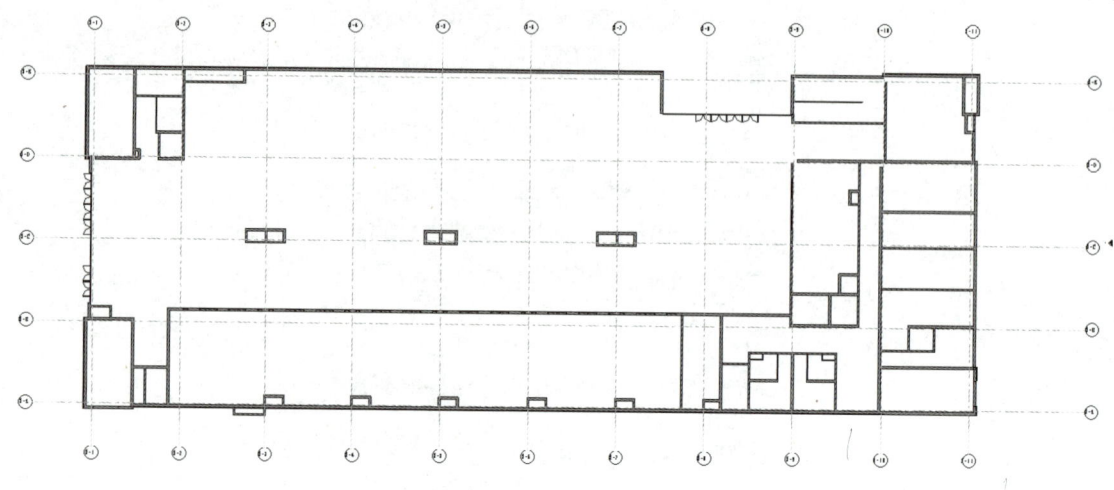

图 5-9　首层建筑内墙

至此，"A-F1-0.000"标高处的基本墙已经创建完毕。

知识链接

Revit 中墙体功能的顺序如下。

（1）结构[1]：一般是在核心边界内，起到墙体骨架作用。

（2）衬底[2]：其他材质基础的材料，如胶合板或石膏板。

（3）保温层/空气层[3]：保温材料/隔音材料。

修改编辑工具

（4）涂膜层：防止水蒸气渗透的薄膜，厚度可以小于 0.8mm。

（5）面层 1[4]：通常是外层，如外墙的外部。

（6）面层 2[5]：通常是内层，如外墙的内部。

墙体各层序号（[1]～[5]）的数字越小，优先级越高；除涂膜层外，其他层厚度必须≥0.8mm，这是因为 Revit 不允许图元尺寸小于 0.8mm。

5.3　创建叠层墙

Revit 中的叠层墙系统族由两个及以基本墙类型在高度方向叠加而成，如图 5-10 所示。

项目 5 墙 体

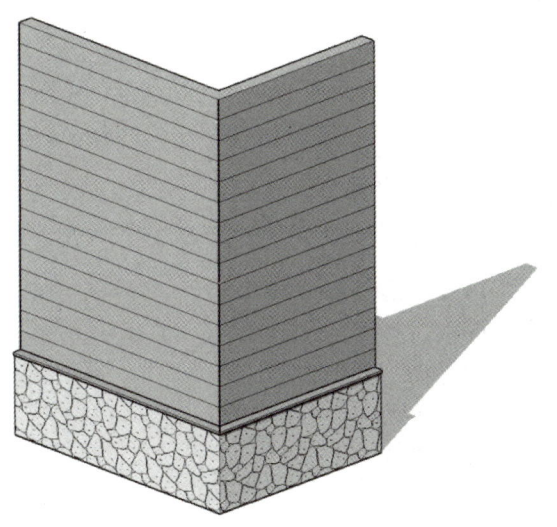

叠层墙

图 5-10 叠层墙

叠层墙中的所有子墙都被附着，其几何图形相互连接。仅基本墙系统族中的墙类型可以作为子墙。子墙在不同的高度可以具有不同的厚度。现以轴线 S-A 中间部分的叠层墙"A-厚 250-外墙 2（南）-面砖（叠层墙做法）"为例讲解叠层墙的构造。

打开"类型属性"对话框（图 5-11），单击"编辑…"进入"编辑部件"对话框。图 5-12 中的①表明该墙的顶部和底部是基本墙"A-厚 250-外墙 2-内墙 2"，中间是基本墙"A-厚 250-砌块"，可根据实际需要调整墙的类型；②表示叠层墙的定位方式，与基本墙的定位方式相同；③中的"向上""向下"按钮可以调整基本墙的位置；④表示可以将某一段基本墙的高度调整为"可变"状态；⑤表示可以插入其他基本墙。

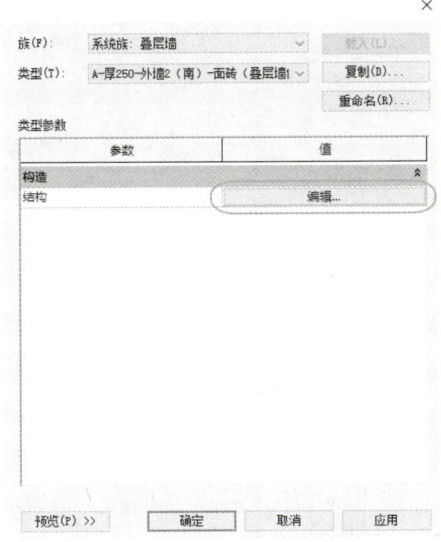

图 5-11 "类型属性"对话框

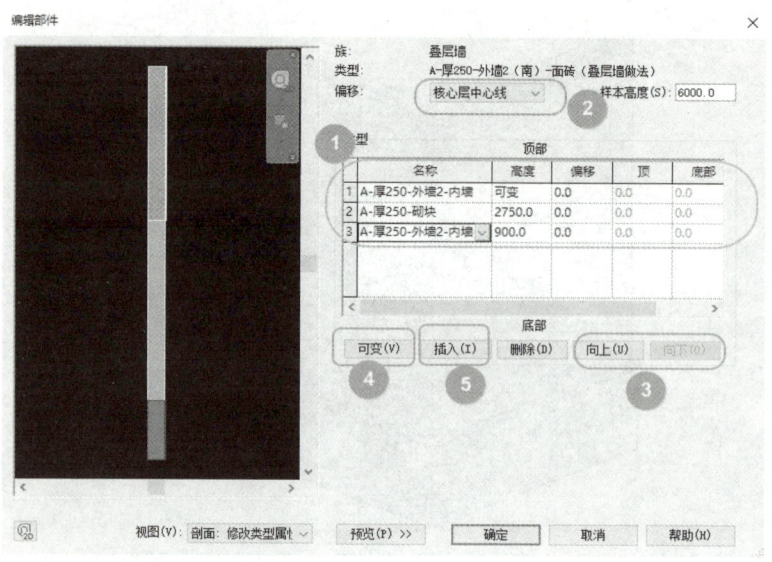

图 5-12　"编辑部件"对话框

叠层墙的创建过程同基本墙是相同的，同样要顺时针创建。

首层叠层墙创建完毕后如图 5-13 所示。

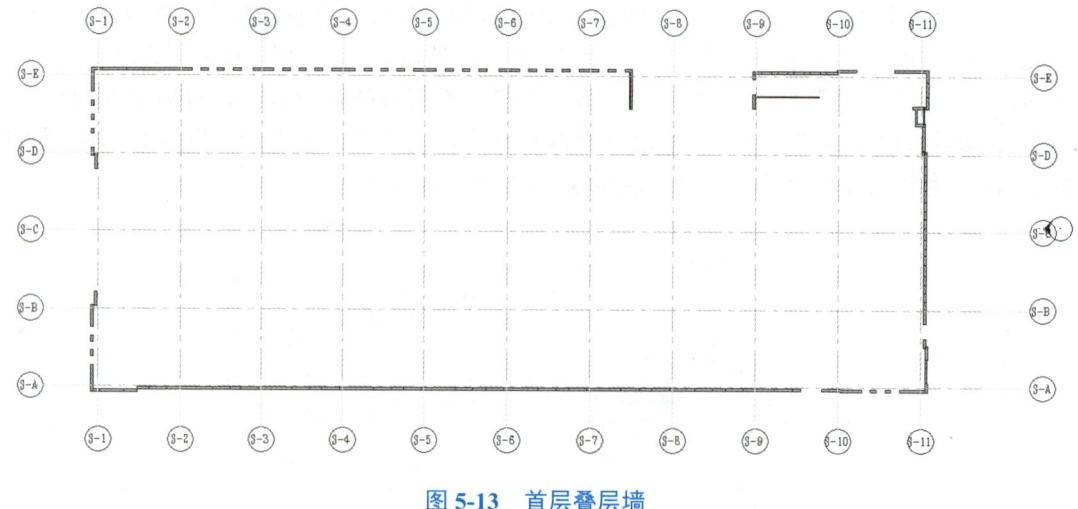

图 5-13　首层叠层墙

5.4　创建幕墙

常见的幕墙为玻璃幕墙。在 Revit 中，幕墙嵌板除了玻璃，还可以选择墙体材料。

在 Revit 中创建幕墙时，如果打开自动幕墙网格功能，则该墙将被分为若干个嵌板。网格线用于定义放置竖梃的位置。竖梃是分割相邻窗单元的结构图元，可通过选择幕墙并右击访问右键菜单进行选择，如图 5-14 所示。在右键菜单上还有其他用于操作幕墙的选项，如"修改墙的方向"和"选择主体上的嵌板"。

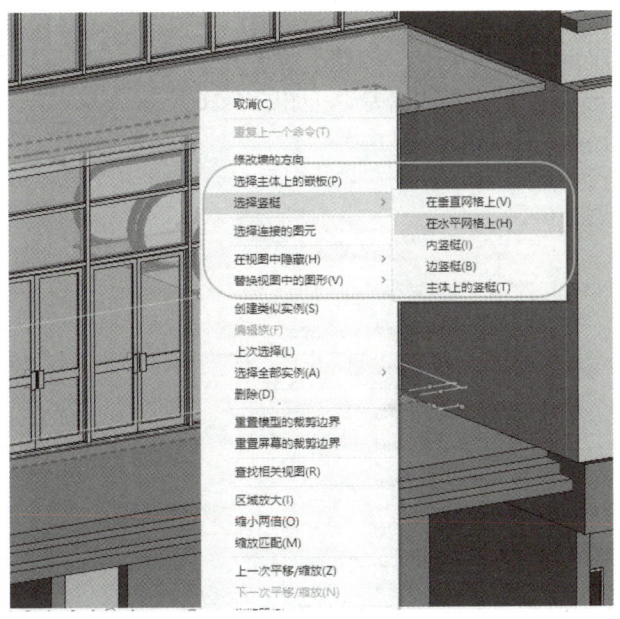

幕墙的构成要素及幕墙系统

图 5-14　幕墙右键菜单

Revit 默认提供 3 种复杂程度的幕墙类型，可以对幕墙进行简化或增强，如图 5-15 所示。

（1）幕墙：没有网格或竖梃。没有与此类型相关的规则。此类型的灵活性最强。

（2）外部玻璃：具有预设网格。如果设置不合适，可以修改网格规则。

（3）店面：具有预设网格和竖梃。如果设置不合适，可以修改网格和竖梃规则。

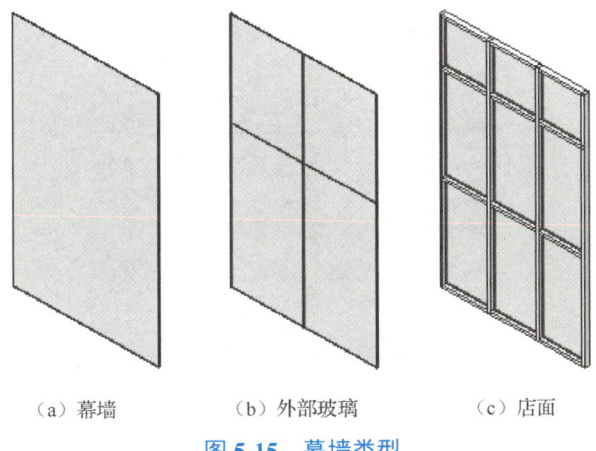

（a）幕墙　　　（b）外部玻璃　　　（c）店面

图 5-15　幕墙类型

建筑工程 BIM 技术应用

5.4.1 创建普通幕墙

Step01 单击"建筑"选项卡下"构建"面板中"墙"下拉菜单里的"墙：建筑"命令按钮，在"属性"选项板中选择"幕墙"，如图 5-16 所示。

幕墙：食堂项目

用幕墙工具创建
食堂项目大门

图 5-16 选择"幕墙"

Step02 根据 CAD 图纸，在轴线 S-7～轴线 S-9 上部有一个编号为"MLC122385"的幕墙。对幕墙的"类型参数"进行设置，如图 5-17 所示。注意，如果原位置有墙，"自动嵌入"一定要勾选。

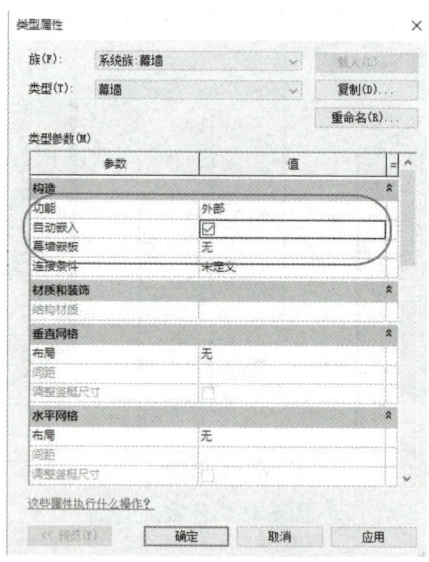

图 5-17 幕墙"类型参数"设置

项目 5　墙　体

Step03　创建幕墙的方式同创建基本墙一样。创建完成后，单击幕墙，把"顶部偏移"调整为"-950.0"，如图 5-18 所示。

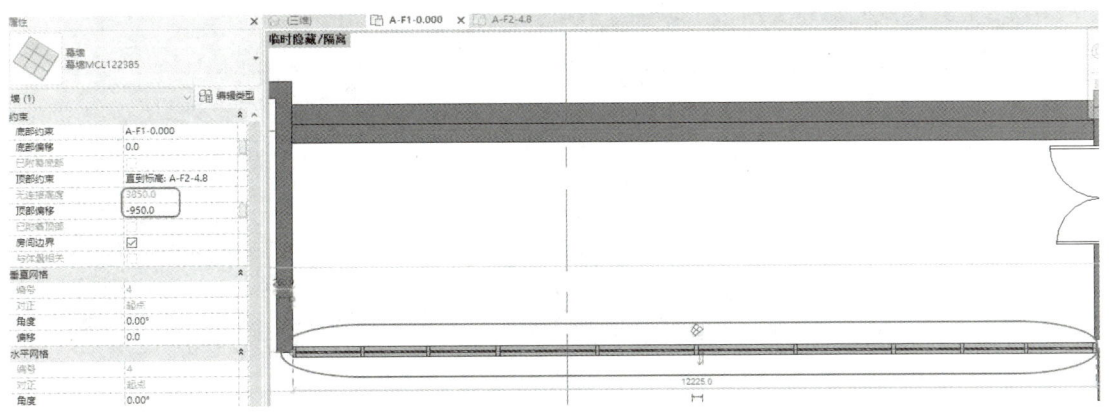

图 5-18　幕墙"顶部偏移"设置

Step04　把视图切换到北立面。注意一定要把模型显示样式调整为"着色"，这样才能方便看到幕墙，如图 5-19 所示。

图 5-19　幕墙的北立面视图

设置幕墙嵌板

Step05　单击"建筑"选项卡下"构建"面板中的"幕墙网格"，再单击"放置"面板中的"全部分段"，如图 5-20 所示。如图 5-21 所示放置网格线。

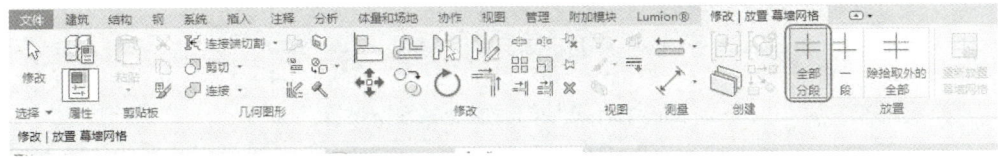

图 5-20　放置幕墙网格线

063

建筑工程 BIM 技术应用

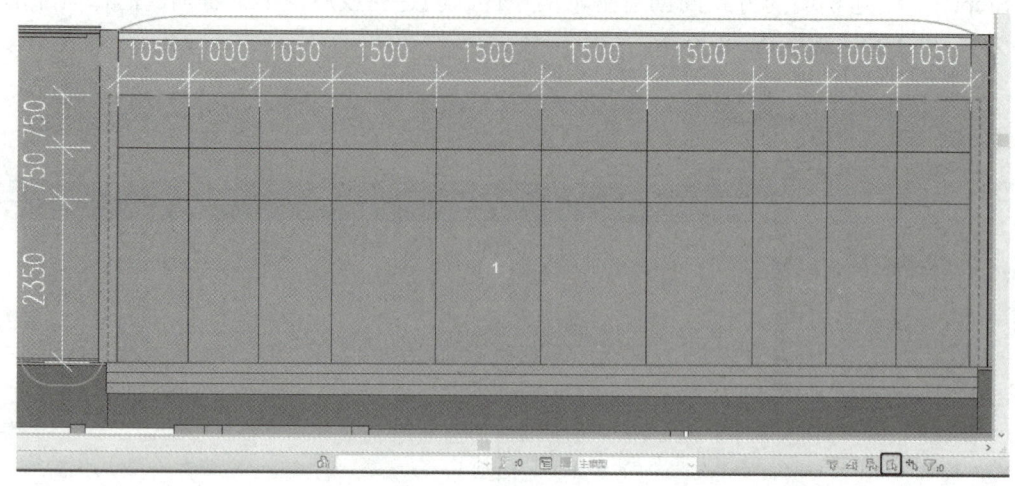

图 5-21　幕墙网格线

Step06　布置幕墙门。单击图 5-21 中的①区域，注意此时右下角的"按面选择图元"选项要处于打开状态，这样才更方便选择①区域，并且要结合 Tab 键来进行选择。选择幕墙网格后打开"类型属性"对话框，单击"载入"按钮，按路径依次打开"建筑\幕墙\门窗嵌板"文件夹，选择"门嵌板_70-100 系列双扇地弹铝门"族，"类型"选择"100 系列有横档"，如图 5-22 所示。

图 5-22　幕墙门"类型属性"设置

Step07　其余 3 个幕墙门采用同样的方法创建，创建完成后如图 5-23 所示。

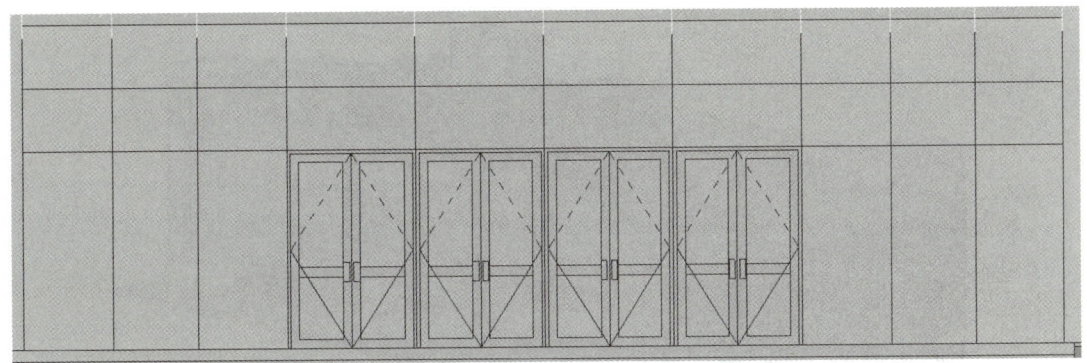

图 5-23　幕墙门创建完成

Step08　添加竖梃。单击"建筑"选项卡下"构建"面板中的"竖梃",再单击"放置"面板中的"全部网格线",如图 5-24 所示。此时单击整个幕墙,就会为一面幕墙的所有网格线添加竖梃,添加完成后如图 5-25 所示。

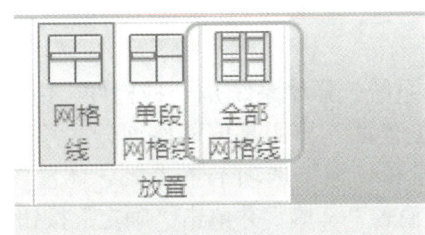

手动添加幕墙网格和竖梃

自动添加幕墙网格和竖梃

选择图元

图 5-24　添加竖梃

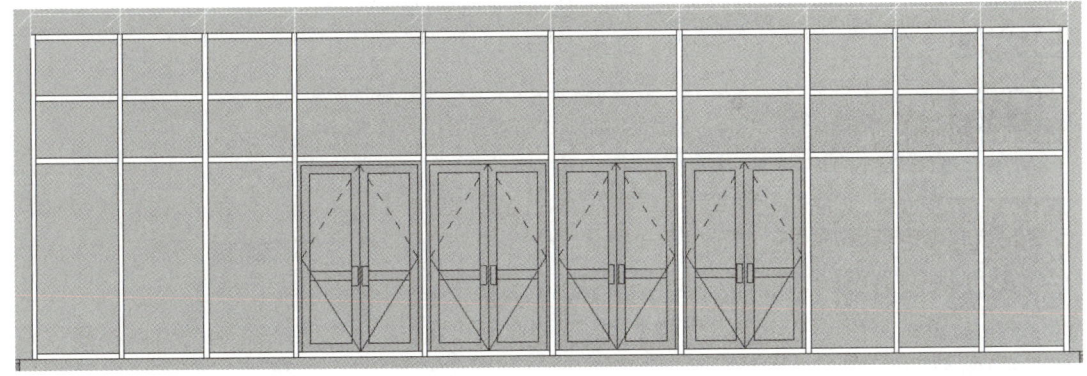

图 5-25　完成添加竖梃

如选择"网格线",程序将为一整条网格线创建竖梃;如选择"单段网格线",将为一段网格线添加竖梃。

接下来用前文所述的创建墙体的方法创建"A-F2-4.8"至屋面楼层平面的所有墙体。所有的墙体创建完成后三维视图如图 5-26 所示。

建筑工程 BIM 技术应用

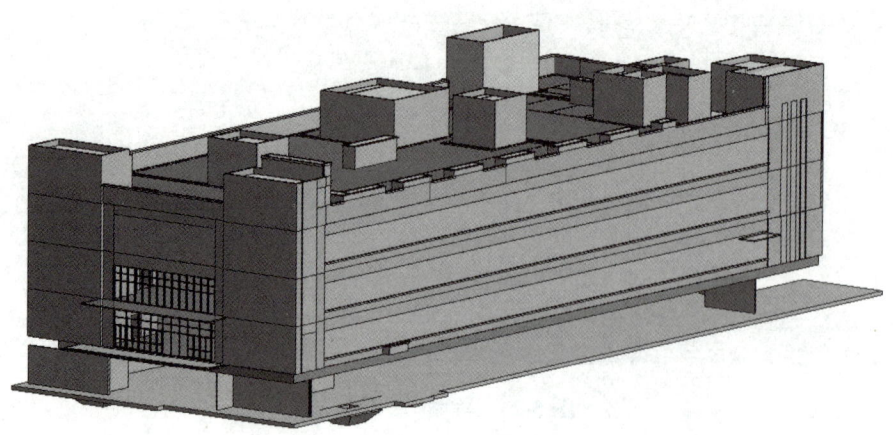

图 5-26　所有墙体的三维视图

5.4.2　创建幕墙系统

Revit 中，除幕墙外还有相应的幕墙系统。幕墙系统是一种构件，由嵌板、幕墙网格和竖梃组成。幕墙系统可以通过体量图元创建面，再用幕墙网格细分并添加竖梃完成。

Step01　单击"体量和场地"选项卡下"概念体量"面板中的"内建体量"，在弹出的对话框输入"幕墙"并单击"确定"按钮（图 5-27），选择"绘制"工具中的"线"，在"修改 | 放置 线"上下文选项卡下打开"创建形状"下拉菜单，单击"实心形状"，绘制矩形后单击"完成体量"按钮（图 5-28），即可创建如图 5-29 所示体量。

面墙

了解概念体量

体量表面编辑和
UV 网格的划分

体量转换为建筑
设计模型

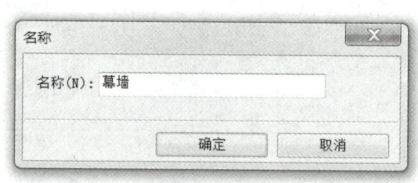

图 5-27　创建"幕墙"内建体量

项目 5　墙　体

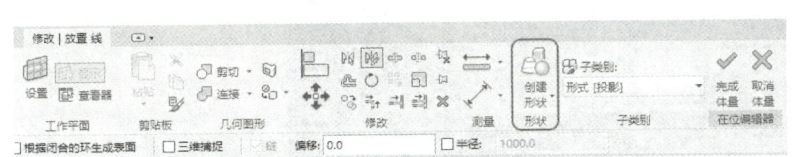

图 5-28　创建矩形

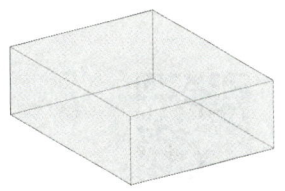

图 5-29　体量创建完成

Step02　单击"体量和场地"选项卡下"面模型"面板中的"幕墙系统",选择要创建幕墙系统的面,单击"创建系统"[图 5-30(a)],即可完成创建幕墙系统[图 5-30(b)]。

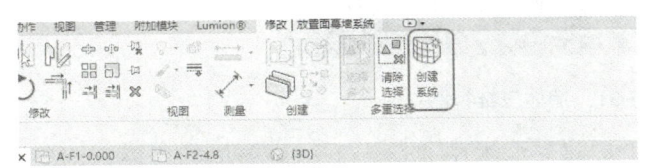

体量坐标和体量楼层明细表的创建

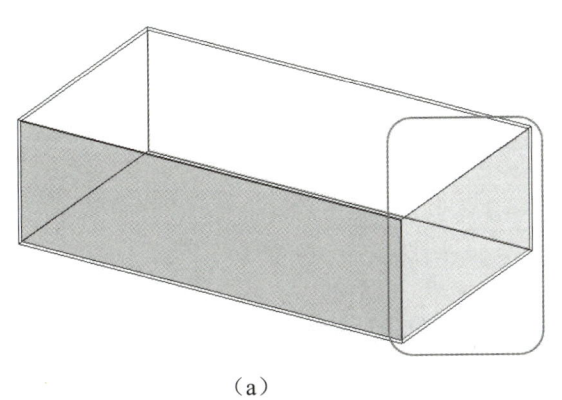

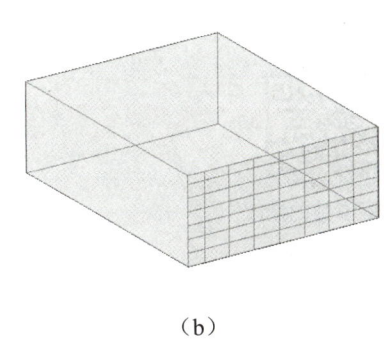

(a)　　　　　　　　　　　　　　　　　　　(b)

图 5-30　创建幕墙系统

5.5　墙 体 修 饰

在墙体布置完成后,可以为墙添加墙饰条和分隔条。

5.5.1　添加墙饰条

在已经创建好的墙体上添加墙饰条,可以在三维视图或立面视图中进行(如果要为某种类型的所有墙添加,可以在墙的类型属性中修改墙结构)。

067

Step01　把视图调整到三维视图（或立面视图），如图 5-31 所示。

墙饰条与分隔条

墙立面轮廓编辑

图 5-31　墙体三维视图

Step02　单击"建筑"选项卡下"构建"面板中"墙"下拉菜单里的"墙：饰条"，如图 5-32 所示。

放置贴花

贴花参数的修改

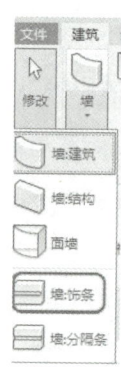

图 5-32　调用"墙：饰条"命令

Step03　在墙体上单击放置饰条，完成后按 Esc 键退出命令，效果如图 5-33 所示。

（a）放置时　　　　　　　　　　（b）放置后

图 5-33　放置饰条后的效果

选中相应的饰条，可以对饰条的样式进行修改，如图 5-34 所示。

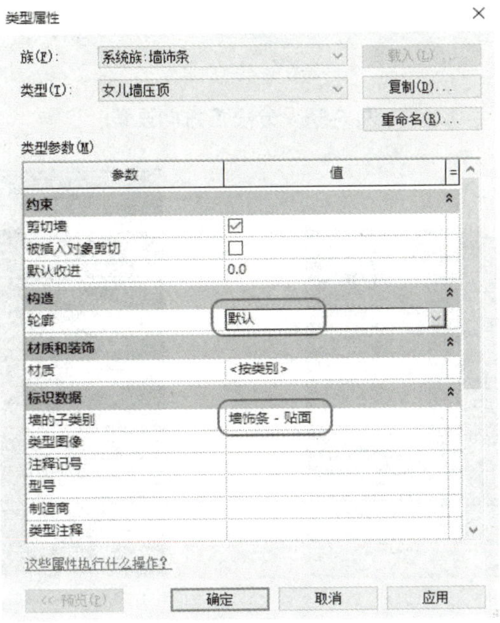

图 5-34 修改饰条样式

5.5.2 添加分隔条

Step01　打开三维视图（或立面视图）。
Step02　单击"建筑"选项卡下"构建"面板中"墙"下拉菜单里的"墙：分隔条"，如图 5-35 所示。在"放置"面板内可以选择要添加的是水平还是垂直的分隔条，如图 5.36 所示。

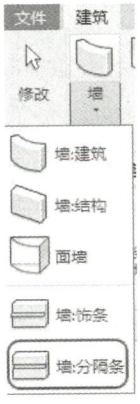

图 5-35 调用"墙：分隔条"命令

Step03　单击墙面进行放置，完成后按 Esc 键退出命令，效果如图 5-37 所示。

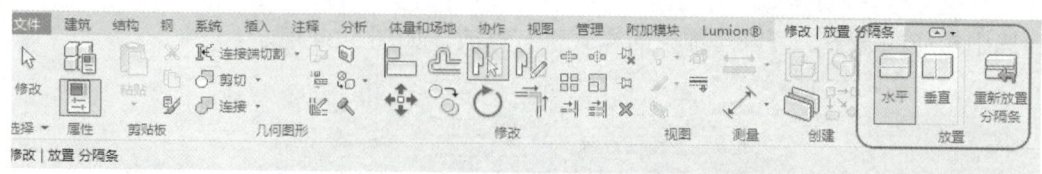

图 5-36　分隔条方向设置

（a）放置时

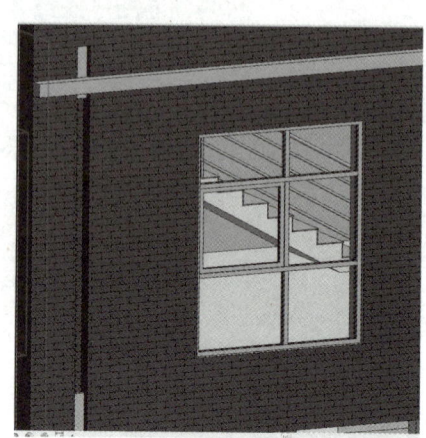

（b）放置后

图 5-37　放置分隔条后的效果

【例题 1+X 考试真题】

创建构造如图 5-38 所示的墙体，并将其命名为"外墙"。以"标高 1"到"标高 2"为墙高，创建半径为 5000mm（以墙核心层内侧为基准）的圆形墙体。

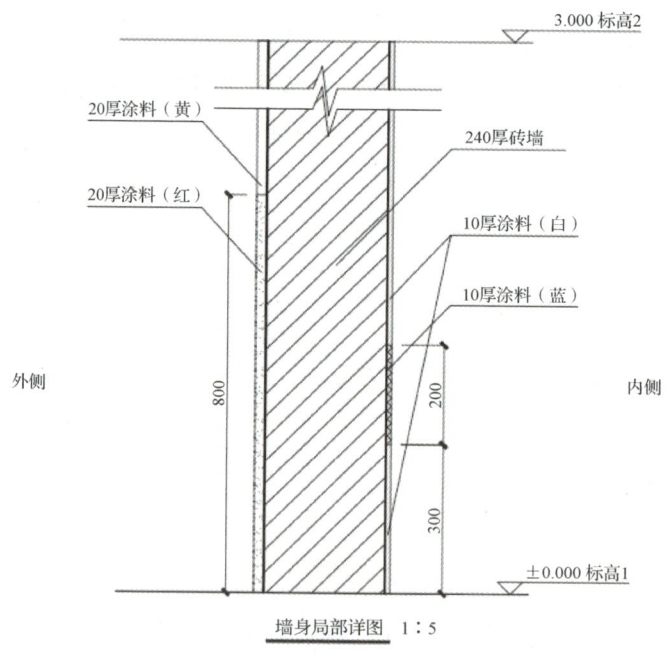

图 5-38　墙体构造

Step01 以"建筑样板"或"构造样板"创建项目,命名为"墙体样式"。

Step02 单击"建筑"选项卡下"创建"面板中"墙"下拉菜单里的"墙:建筑",打开"类型属性"对话框,按照图 5-39 所示步骤,以"常规-200mm"类型墙体为基础复制生成新类型墙体,并命名为"外墙"。

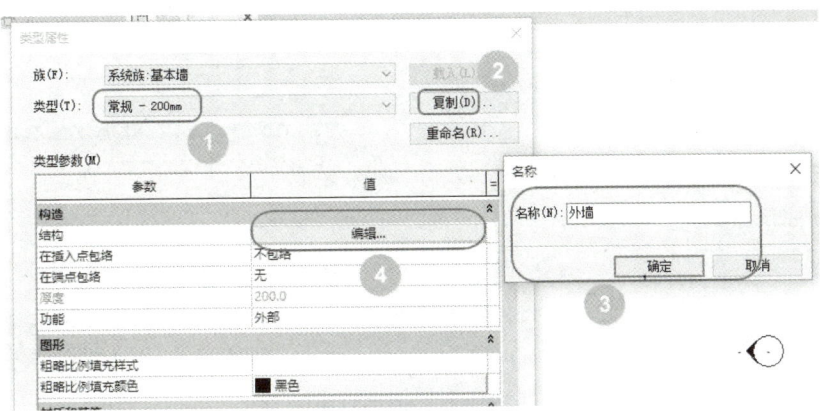

图 5-39 创建"外墙"

Step03 单击图 5-39 中的"编辑…"按钮,进入"编辑部件"对话框。按照图 5-40 所示步骤,通过"插入""向上""向下"按钮,创建和调整各个层的位置。根据图 5-38 所示的题目要求设置各层厚度并单击"…"按钮(标记④)进入材质浏览器添加材质,如图 5-41 所示。

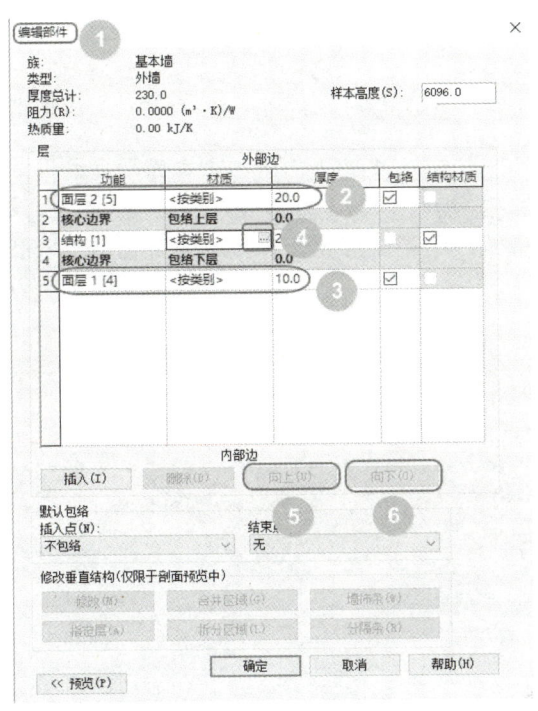

图 5-40 墙体"编辑部件"对话框

图 5-41　添加材质

材质提取

Step04　材质设置完后，先把"涂料（黄）"和"涂料（白）"分别赋予到墙的"面层 2[5]"和"面层 1[4]"，再把"240 厚砖墙"（此材质也需要新建，方法同前）材质赋予到"结构[1]"。设置完成的外墙结构如图 5-42 所示。

图 5-42　设置完成的外墙结构

Step05 单击图 5-42 中"预览"按钮，对话框左侧出现部件预览视图。如图 5-43 所示，先把"视图"调整为"剖面：修改类型属性"（标记①），然后插入两个厚度为"0.0"的面层（标记⑤和标记⑥）。

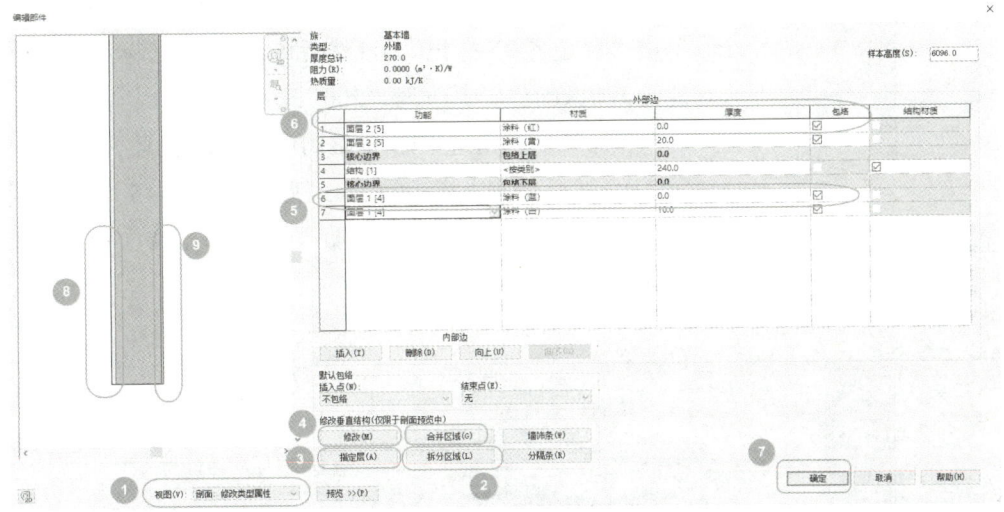

图 5-43 修改墙体垂直结构

Step06 利用图 5-43 中"拆分区域"（标记②）去拆分外墙。注意一定要单击选中外部墙面层，如果距离不是题目要求的"800"，可以使用"修改"修改为"800"（标记④）。

Step07 单击选中图 5-43 中的层 1（标记⑥），然后单击"指定层"（标记③），选中被拆分的外部墙面层［此时材质为"涂料（黄）"］下部区域，下部区域的质材就会变为"涂料（红）"（标记⑧），修改结果如图 5-44 所示。

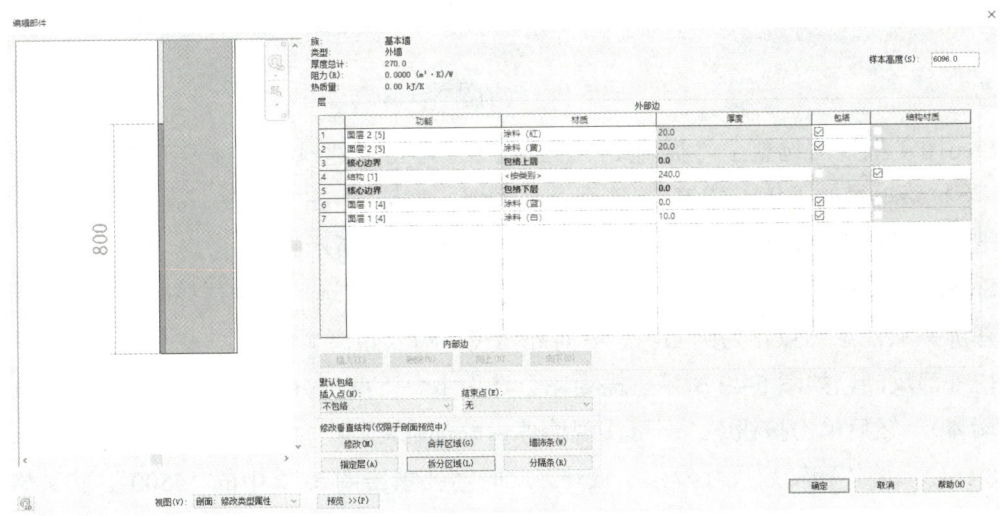

图 5-44 "涂料（红）"材质被赋予到外部墙面层下部区域

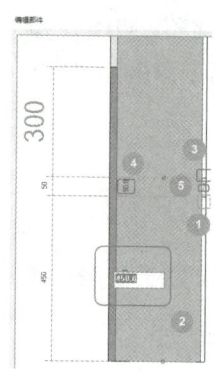

图 5-45　内部墙面层修改

Step08　用上一步的方式拆分内部墙面层，根据题目要求需要拆分两次。拆分尺寸不准确时，同样可以用"修改"按钮修改尺寸。如图 5-45 所示，修改时单击"层边界"（标记①），"450"（标记②），更改为题目中要求的"300"；同理，单击"层边界"（标记③），然后单击"50"（标记④，也有可能是其他数值），更改为"200"。

Step09　单击选中图 5-43 中的"涂料（蓝）"材料层（标记⑤），然后单击"指定层"，最后单击图 5-45 中内部墙面层的范围（标记⑤），就把材料赋予该段内部墙面层，完成后墙体如图 5-46 所示。

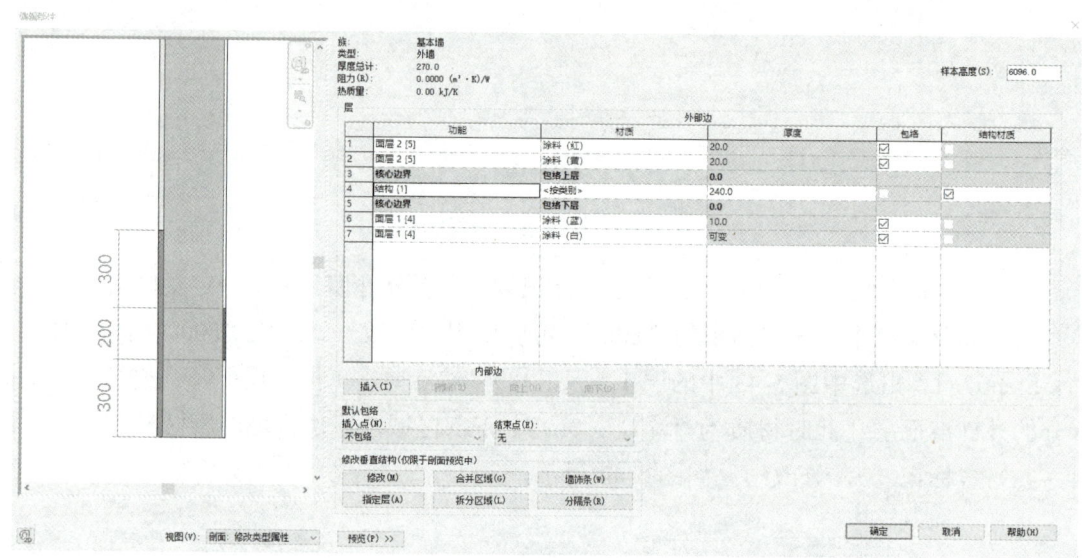

图 5-46　外墙设置完成

Step10　把视图调整至"标高 1"平面视图，单击"建筑"选项卡下"构建"面板中"墙"下拉菜单里的"墙：建筑"，选用"基本墙：外墙"，在"修改 | 放置 墙"选项栏中依次选择"高度""标高 2""核心面：内部"，如图 5-47 所示。

Step11　如图 5-48 所示，在"修改 | 放置 墙"上下文选项卡中选择圆形绘制工具，单击选择屏幕上任意一点作为圆心，然后向外拖曳，输入距离"5000"，就会形成墙体。如果墙的内外部反向，如图 5-49 所示，需要完全选中上、下两部分墙体（注意不要单选其中一部分墙体），然后单击按钮 ↕，即可实现墙体内外部的翻转，如图 5-50 所示。

Step12　墙体翻转后尺寸发生了变化，此时需要单击图 5-50 中的"5500"，将其修改为"5000"。

项目 5 墙 体

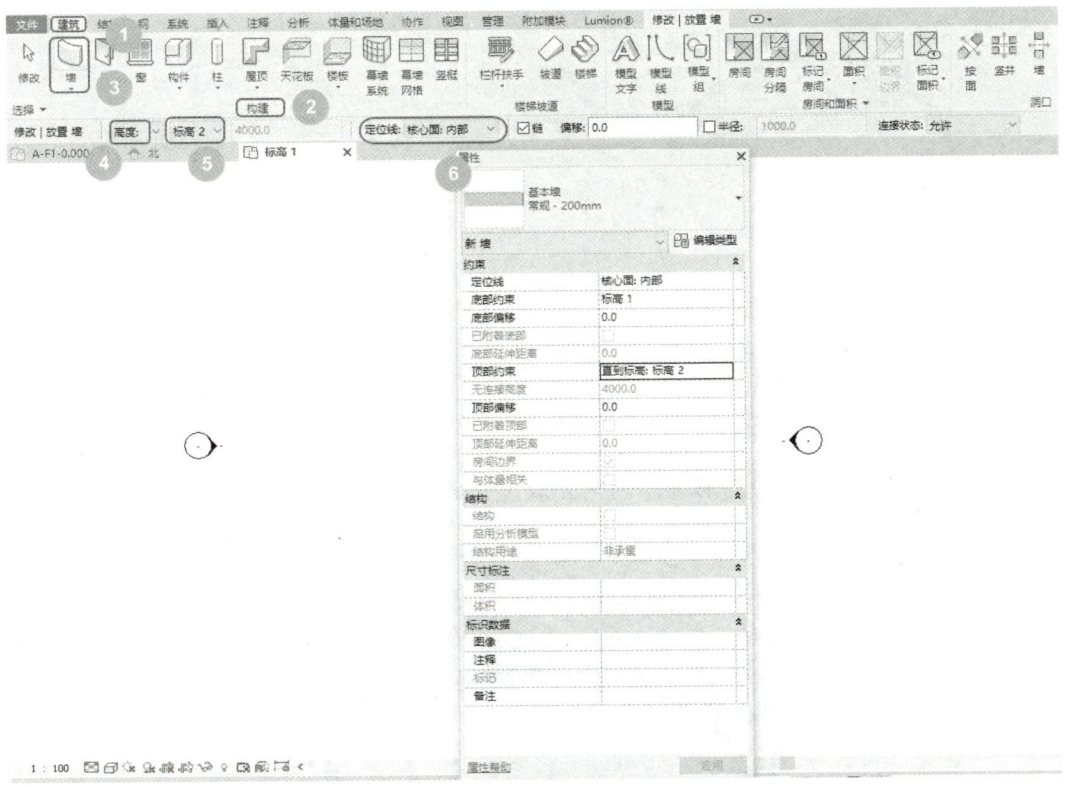

图 5-47 "墙：建筑"命令的启动及设置

图 5-48 调用圆形绘制工具

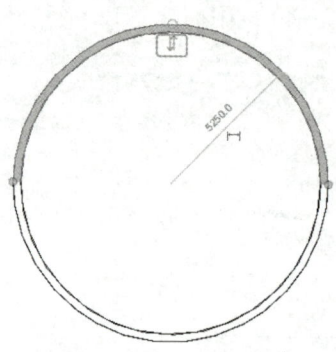
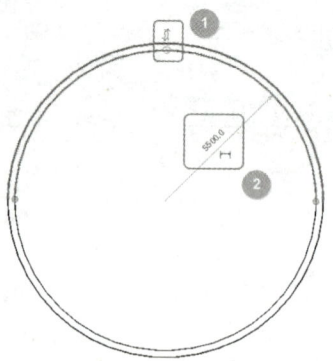

图 5-49　墙体内外部反向　　　　　　图 5-50　内外部翻转后的墙体

至此，符合题目要求的圆形墙体创建完成，完成后的三维视图如图 5-51 所示。

图 5-51　圆形墙体完成后的三维视图

项目6　门　与　窗

思维导图

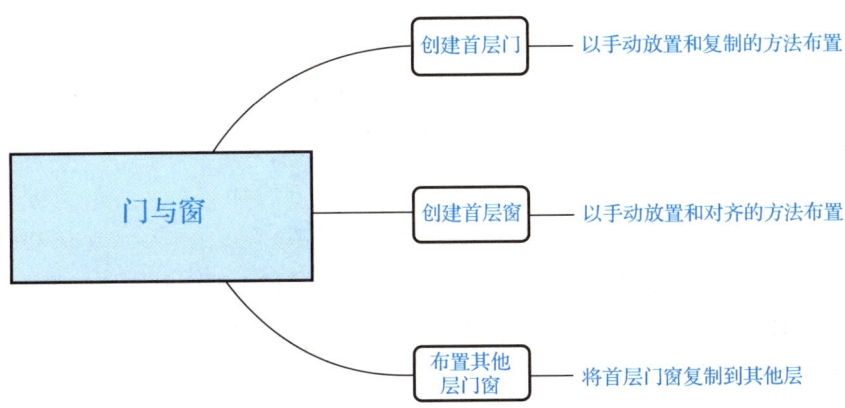

6.1 创建首层门

本节以食堂建筑模型的"A-F1-0.000"楼层平面中,位于轴线 S-A 上、轴线 S-10 轴左侧的编号为"M2124"的门为例讲解创建门的方法。

Step01　切换至"A-F1-0.000"楼层平面视图,如图 6-1 所示。

门工具的使用
方法 1

门工具的使用
方法 2

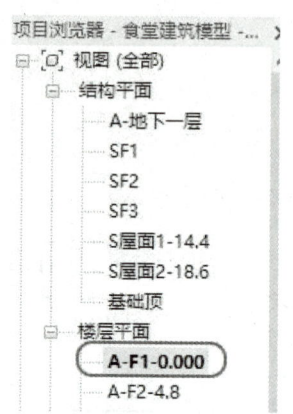

图 6-1　打开首层平面视图

Step02　单击"建筑"选项卡下"构建"面板中的"门"(或输入快捷键 DR),进入"修改 | 放置 门"上下文选项卡,如图 6-2 所示。注意先在"属性"选项板的类型选择器中载入合适的门族,本节需载入"双扇普通门"。

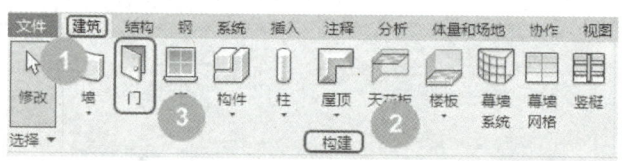

图 6-2　调用"门"命令

在类型选择器中选择要放置的门的类型,单击"编辑类型"按钮,在弹出的"类型属性"对话框中单击"复制"并输入新名称"M2124",创建新类型的门,如图 6-3 所示。

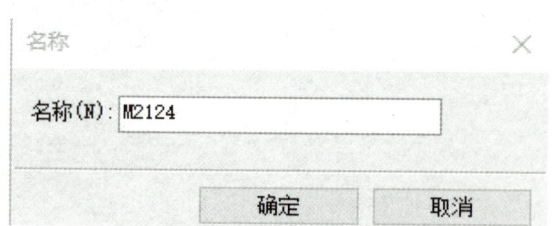

图 6-3　输入新类型门的名称

Step03　按图 6-4 所示修改"参数"中的"宽度"值为"2100.0","高度"值为"2400.0",并将"标识数据"中的"类型标记"设为"M2124"。设置完成后,单击"确定"按钮退出"类型属性"对话框。

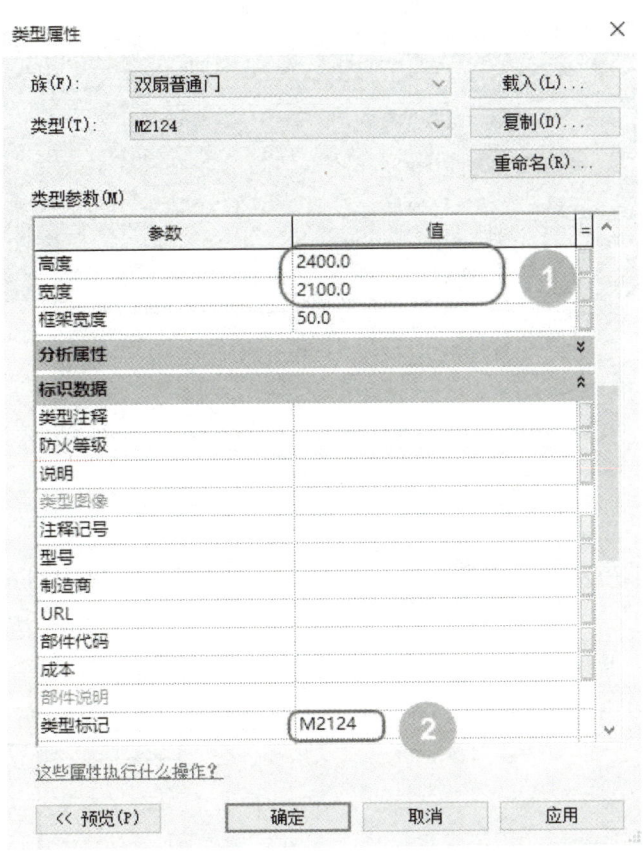

图 6-4　门参数的设置

Revit 中的门有左右、内外方向(双扇门的左右方向在绘图界面中不是很明显,单扇门的更清晰),单击图 6-5 中的翻转控制按钮可以看到门安装方向的改变。先标移动到要创建门的位置,此时显示放置门预览,在轴线 S-A 上、轴线 S-9 与轴线 S-10 之间单击放置门"M2124"。

Step04　单击门洞边缘与轴线 S-10 的临时尺寸标注值,修改临时尺寸标注值为"1600.0",按 Enter 键确认,移动门至指定位置,如图 6-5 所示。

如果有重复的门,可以通过单击"修改"面板中的"复制"工具,根据实际情况来确定是否勾选"修改 | 放置 门"选项栏中的"约束"和"多个"选项。捕捉平面上任意一点(最好是此门上的一个点)并单击,将该点作为复制基点,依次复制生成相同的门。

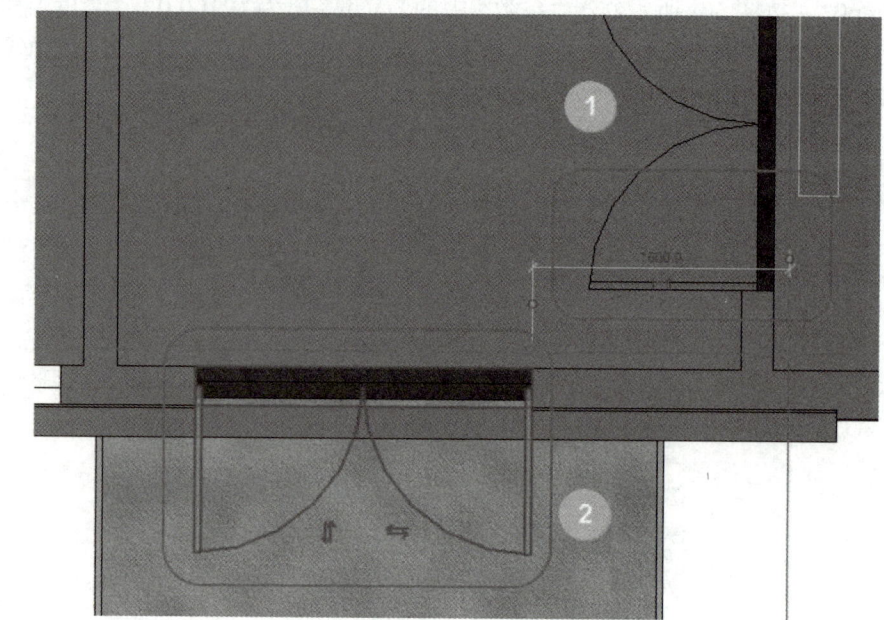

添加特殊雨棚

图 6-5 调整门的方向和位置

根据本节学习的方法，完成首层全部类型的门的创建，结果如图 6-6 所示。

图 6-6 首层门创建完成

6.2 创建首层窗

Revit 中，插入窗的方法与插入门的方法几乎一致，稍有不同的是，在插入窗时需要考虑窗台的高度。现以位于轴线 S-A 下方、轴线 S-1 右侧编号为"C24295"的窗为例，在视图平面"A-F1-0.000"中创建窗。

Step01　单击"建筑"选项卡中"构建"面板中的"窗"（或输入快捷键 WN），如图 6-7 所示。在"类型属性"对话框中单击"载入"按钮，按路径依次打开"建筑\窗\普通窗\组合窗"文件夹，载入族"组合窗-双层三列（平开+固定+平开）-上部三扇固定"。

窗族

窗族的创建 1

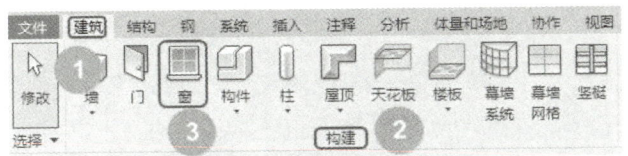

图 6-7　调用"窗"命令

窗族的创建 2

Step02　将"类型参数"中的"粗略宽度"设置为"2400.0"，"粗略高度"设置为"2950.0"，"类型标记"设置为"C24295"。完成后单击"确定"按钮退出"类型属性"对话框，如图 6-8 所示。

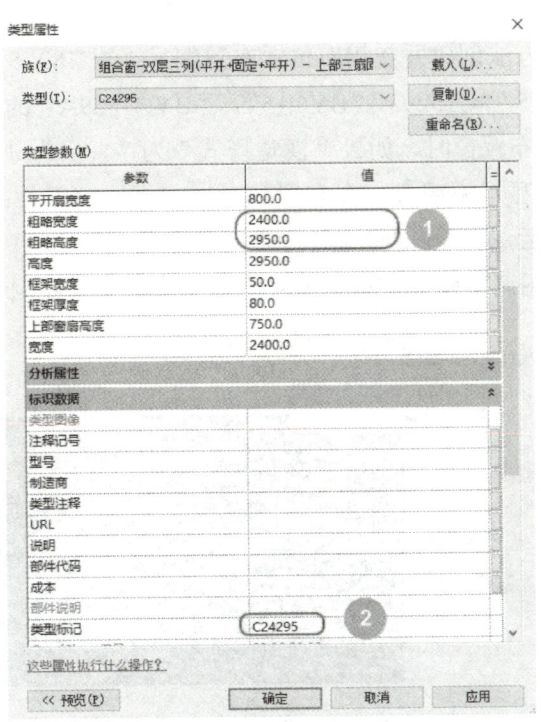

图 6-8　"类型属性"设置

081

Step03　单击墙上任意一点放置窗，注意窗内外翻转按钮应位于墙外侧。连按 Esc 键两次退出放置窗模式。

Step04　使用"对齐"编辑工具，将"修改 | 放置 窗"选项栏中的"首选"位置设为"参照墙面"，不勾选"多重对齐"选项。单击轴线 S-A 上的墙面作为参照对齐位置，再单击窗"C24295"使其左侧洞口边缘与轴线 S-1 距离为"200.0"，完成"C24295"的布置，如图 6-9 所示。

图 6-9　C24295 布置

Step05　采用上述方法创建并在相应位置布置编号为"C18275""C09295A""C09385A""C09385""C15295""BYC1529""BYC1529A"的窗，最后保存项目文件。

在布置窗时，如果"视觉样式"为"真实"，则默认导入的 CAD 图纸中的窗显示不明显，在布置和对齐时会比较困难。这时可以选中 CAD 图纸，然后选择"修改 | 食堂一层平面图.dwg"选项栏中的"前景"（图 6-10），这样就可以把 CAD 底图调整到 Revit 模型的上方，窗就会显示得比较清晰。

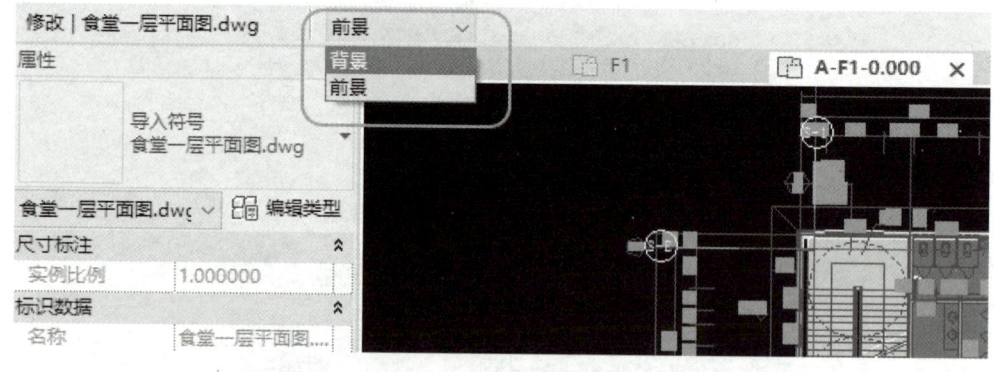

图 6-10　CAD 图纸转换为"前景"

6.3 布置其他层门窗

布置完"A-F1-0.000"楼层平面的门窗后，可以按类似的方式布置其他楼层的门窗。对于与首层完全相同的门窗，可以选择首层门窗图元，"复制到剪贴板"并配合使用"与选定的标高对齐"粘贴的方式复制至其他楼层平面的相同位置；对于部分位置不一致的门窗，根据实际位置进行调整。

现以门为例讲解将首层门复制到二层和三层的方法。

Step01　切换至"A-F1-0.000"楼层平面视图，框选所有构件，Revit 自动切换至"修改 | 选择多个"上下文选项卡，单击"过滤器"按钮（图 6-11），弹出"过滤器"对话框。

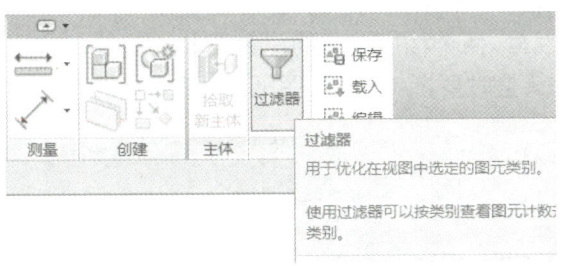

图 6-11　打开"过滤器"

Step02　单击"放弃全部"，然后仅勾选"类别"中的"门"，单击"确定"按钮，即可仅保留选择集中的门图元类别，如图 6-12 所示。

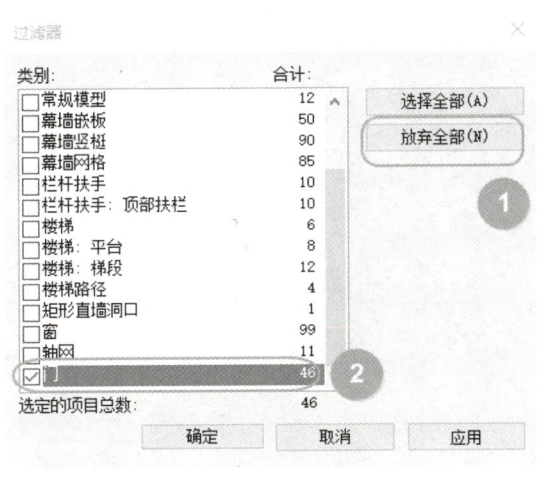

图 6-12　选择"门"

门窗标记

关键字明细表

立面施工图

Step03　Revit 自动切换至"修改 | 门"上下文选项卡，使用"复制到剪贴板"和"粘贴"下拉菜单里的"与选定的标高对齐"工具，将门复制到"A-F2-4.8""A-F3-9.6"楼层平面，如图 6-13 所示。

创建部件

创建零件

创建组

临时尺寸标注
相关知识

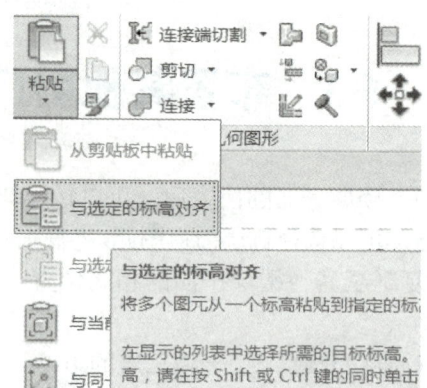

图 6-13　复制到其他标高

Step04　使用相同的方式复制窗及其他构件。对于"A-F2-4.8""A-F3-9.6"两个楼层平面的门窗及其他构件与首层不一致的，可进行局部调整，调整时要参考 CAD 图纸。

项目 7　楼　　板

思维导图

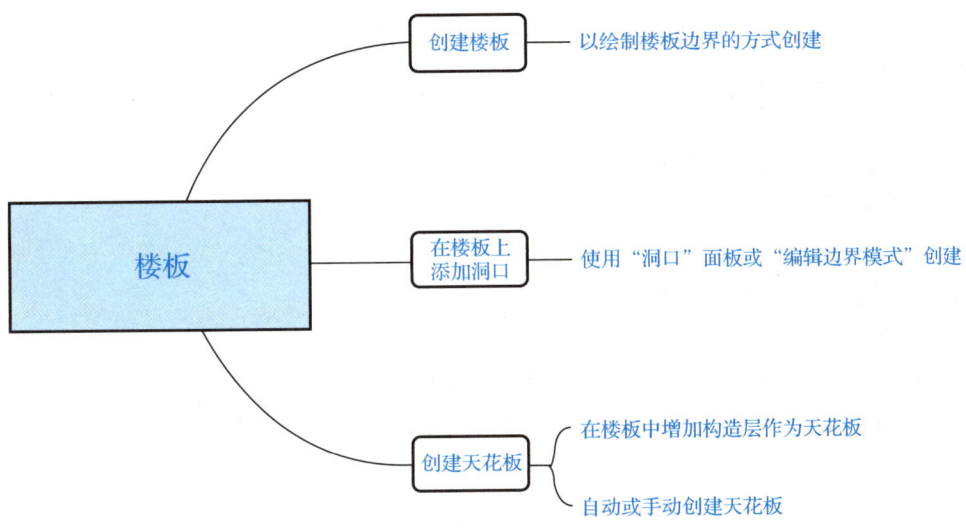

楼板作为建筑中不可缺少的部分，起着重要的结构承重和装饰功能作用。Revit 中提供了创建 3 种基础"楼板"的命令，分别是"建筑：楼板""结构：楼板"和"面楼板"。此外，还提供了创建楼板附属构造的"楼板：楼板边"命令，这个命令在实际的绘制中用途很多，如结构的圈梁、厨房或卫生间的反坎等。下面介绍一下楼板的实例属性和类型属性。

1. 楼板实例属性参数

（1）标高：将楼板约束至的标高。
（2）自标高的高度偏移：楼板顶部相对于当前标高参数的高程。
（3）房间边界：表明楼板是否作为房间边界图元。
（4）与体量相关：表明此图元是否是从体量图元创建的，该参数为只读类型。
（5）结构：确定当前图元是否属于结构图元，并参与结构计算。
（6）启用分析模型：在图元中包含模型 1 号进行结构分析。
（7）坡度：将坡度定义线修改为指定值，且无须编辑草图。
（8）周长：设置楼板的周长。
（9）面积：设置楼板的面积。
（10）厚度：设置楼板的厚度。

2. 楼板类型属性参数

（1）结构：创建复合楼板层集。
（2）默认的厚度：显示楼板类型的厚度。
（3）功能：指示楼板（建筑楼板）是内部的还是外部的。
（4）粗略比例填充样式：粗略比例视图中楼板的填充样式。
（5）粗略比例填充颜色：粗略比例视图中的楼板填充样式应用颜色。

7.1 创建楼板

Step01 打开"食堂建筑模型"RVT 文件，切换至"A-F2-4.8"楼层平面视图。单击"建筑"选项卡下"构建"面板中"楼板"下拉菜单里的"楼板：建筑"，Revit 自动切换至"修改丨创建楼层边界"上下文选项卡，如图 7-1 所示。

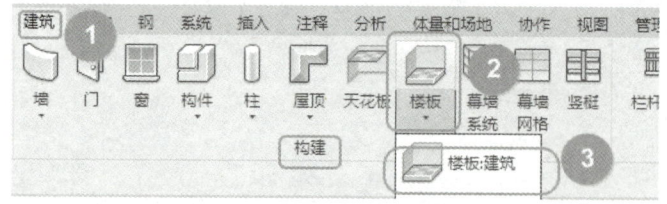

图 7-1 调用楼板路径

Step02 在"属性"选项板的类型选择器中选择楼板类型为"常规-150mm"，单击"编辑类型"按钮打开"类型属性"对话框，如图 7-2 所示。

项目 7 楼 板

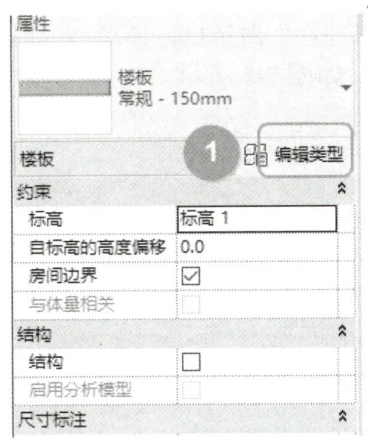

图 7-2 打开"类型属性"对话框

Step03 通过复制创建出名称为"A-楼1-陶瓷地砖楼面"的楼板类型，如图 7-3 和图 7-4 所示。

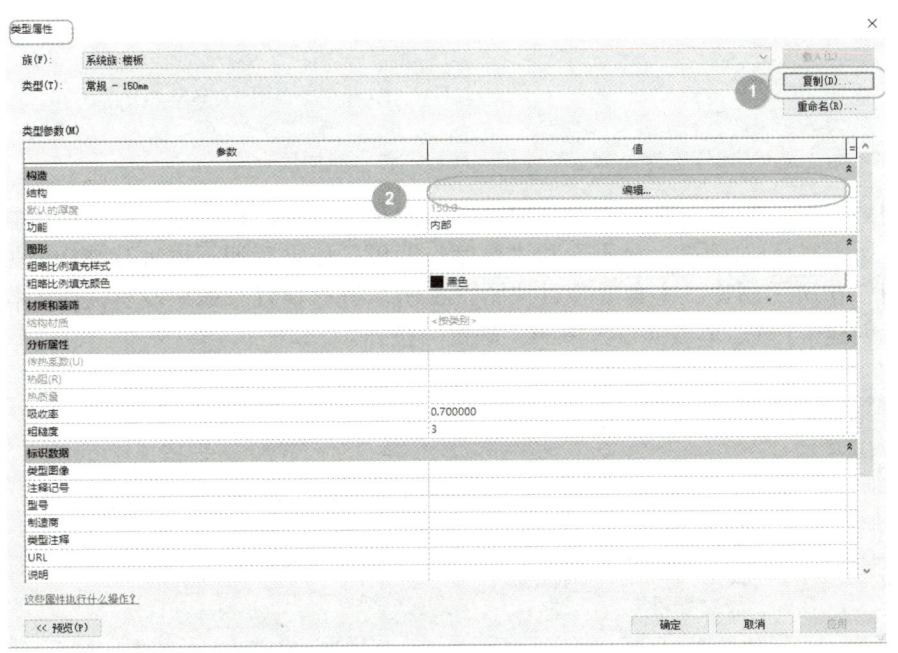

图 7-3 楼板"类型属性"对话框

添加室内楼板

添加室外楼板

综合楼屋顶

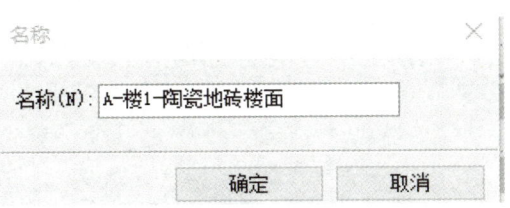

图 7-4 复制创建楼板类型

拉伸屋顶

Step04 单击"类型参数"列表中"结构"参数的"编辑…"按钮，如图 7-3 所示。

087

Step05 弹出楼板的"编辑部件"对话框,该对话框内容与墙的相似。对"A-楼 1-陶瓷地砖楼面"的构造进行编辑,如图 7-5 所示。

图 7-5 "编辑部件"对话框设置(楼板不包含结构层)

对于楼板中的结构层,如果后期要创建结构模型中的结构楼板,则在建筑模型中无须创建,按照图 7-5 所示衬底[2]设置"材质"和"厚度"即可;如果后期不再进行结构模型的创建,需要按图 7-6 所示创建。本食堂项目按图 7-5 所示进行设置(如果没有需要的材质,则应重新进行创建),然后单击图 7-5 中的"确定"按钮。

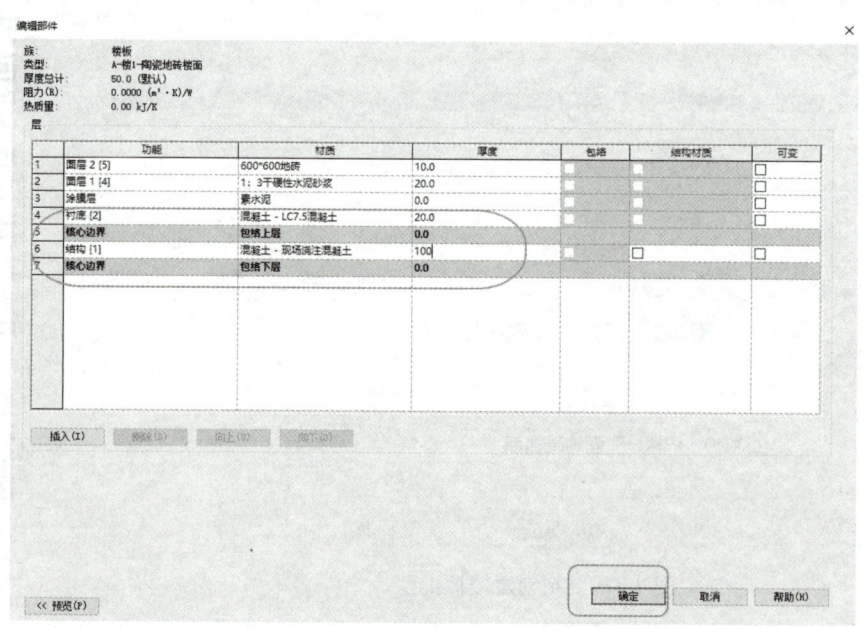

图 7-6 "编辑部件"对话框设置(楼板包含结构层)

Step06 用相同的方法创建"A-楼 2-陶瓷地砖防水楼面""A-楼 3-陶瓷地砖防水楼面"和"A-楼 4-水泥砂浆楼面"。楼板做法见表 7-1。

表 7-1 楼板做法　　　　　　　　　　　　　　　　　　　　　　　　　单位：mm

楼板名称	材料及层次	适用范围
A-楼 1-陶瓷地砖楼面	1. 8～10 厚 600×600 地砖铺实拍平，稀水泥浆擦缝 2. 20 厚 1∶3 干硬性水泥砂浆 3. 素水泥浆一道 4. 20 厚 LC7.5 轻骨料混凝土垫层 5. 现浇钢筋混凝土楼板	餐厅
A-楼 2-陶瓷地砖防水楼面	1. 8～10 厚防滑地砖铺实拍平，稀水泥浆擦缝 2. 30 厚 1∶3 干硬性水泥砂浆 3. 1.5 厚合成高分子防水涂料，四周沿墙上翻 300 4. 刷基层处理剂一道 5. 50 厚 C20 细石混凝土找平垫层，最薄 20 厚 6. 素水泥浆一道 7. 现浇钢筋混凝土楼板	更衣室、卫生间及盥洗室，售饭窗口，强弱电间，主副食库
A-楼 3-陶瓷地砖防水楼面	1. 8～10 厚防滑地砖铺实拍平，稀水泥浆擦缝 2. 30 厚 1∶3 干硬性水泥砂浆 3. 1.5 厚合成高分子防水涂料，四周沿墙上翻 300 4. 20 厚 1∶3 水泥砂浆找平 5. 410 厚（840 厚）LC7.5 轻骨料混凝土填充层找坡，坡向地漏 6. 0.7 厚聚乙烯丙纶防水卷材用 1.3 厚专用粘接料满粘 7. 现浇钢筋混凝土楼板	操作间、洗消间
A-楼 4-水泥砂浆楼面	1. 20 厚 1∶2 水泥砂浆抹面压光 2. 刷水泥砂浆一道（内掺建筑胶） 3. LC7.5 轻骨料混凝土垫层 4. 现浇钢筋混凝土楼板	设备管井、电梯机房、风机房

Step07 绘制楼板边界。如图 7-7 所示，要确认此时选中的楼板类型为"A-楼 1-陶瓷地砖楼面"，以及"绘制"面板中的绘制状态为"边界线"，绘制方式为"拾取墙"（当然，我们也可以采用"拾取线"的方式绘制楼板边界，或者其他绘制方式，如"直线""矩形"等）。设置选项栏中的"偏移"值为"0.0"，勾选"延伸到墙中（至核心层）"选项。

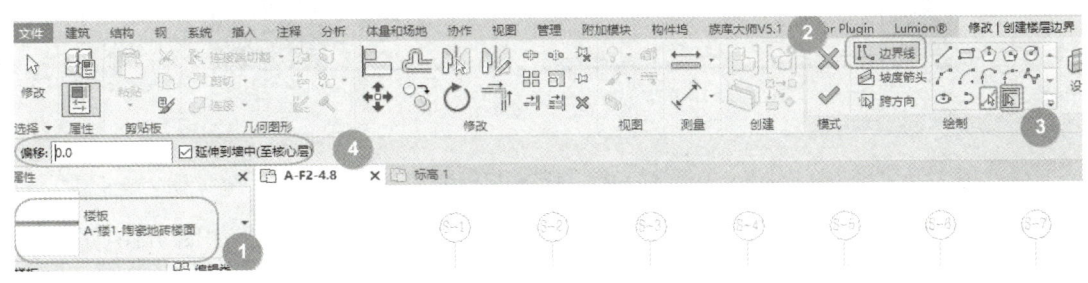

图 7-7　绘制楼板设置

Step08　沿食堂餐厅墙核心层外表面绘制，逐个选取墙，生成楼板轮廓线，Revit 会自动保持线首尾相连，绘制完成的楼板如图 7-8 所示。确认"属性"选项板中的"标高"为"A-F2-4.8"，"自标高的高度偏移"为"0.0"。单击"模式"面板中的完成编辑模式按钮，完成楼层边界绘制，生成的餐厅楼板模型如图 7-9 所示（为了显示清晰，图中楼板显示模式为"着色样式"，读者自行操作时创建出相应的楼板即可）。

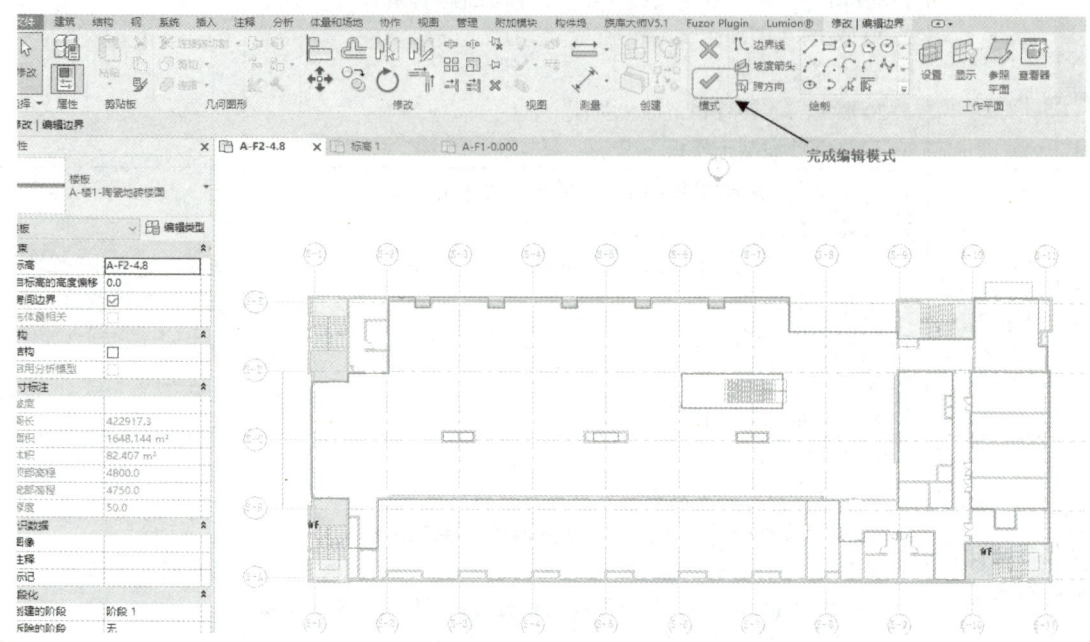

图 7-8　餐厅楼板轮廓线

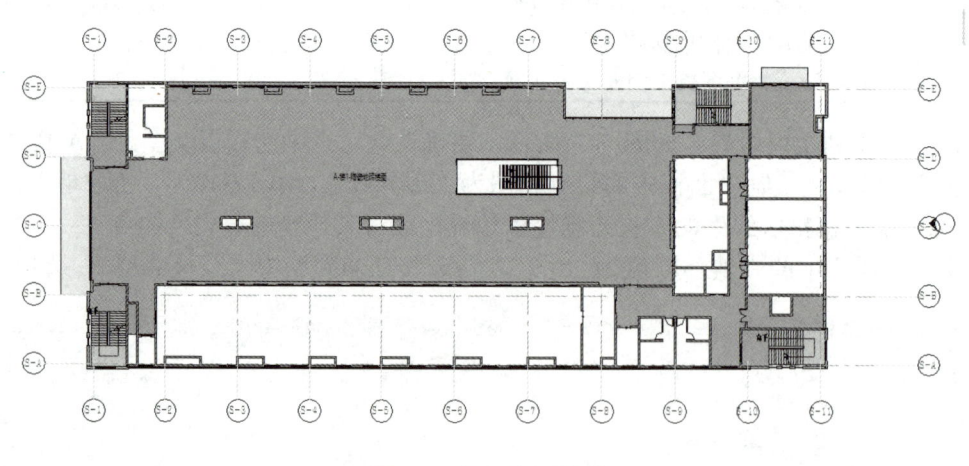

图 7-9　餐厅楼板模型

Step09　按照上述步骤创建其他 3 种类型的楼板，创建完成的效果如图 7-10 所示。

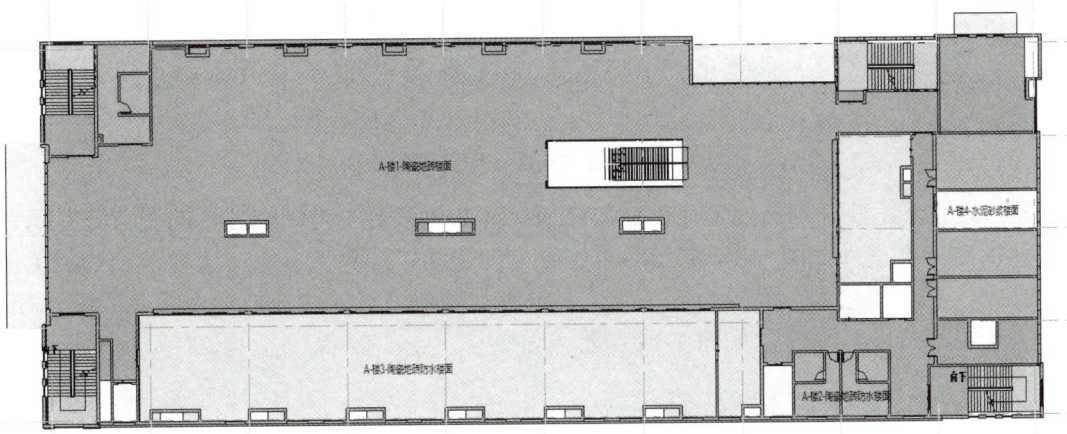

图 7-10 "A-F2-4.8"所有楼板创建完成效果

各类型楼板颜色图例如图 7-11 所示（同餐厅楼板一样，显示模式的设置是为了区分楼板，读者仅创建相应楼板即可）。

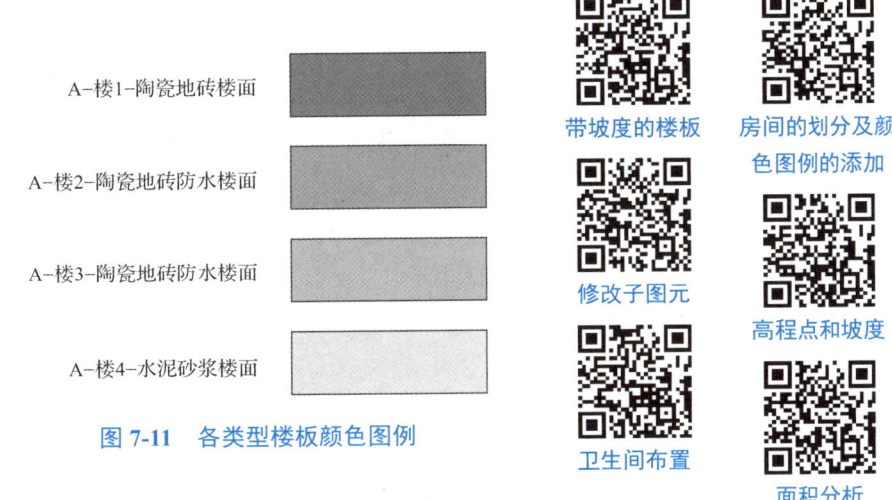

图 7-11 各类型楼板颜色图例

7.2 在楼板上添加洞口

在楼板上添加洞口的常用方式有两种：一种是使用"建筑"或"结构"选项卡下"洞口"面板中的"按面""竖井""垂直"3 种工具，3 种工具都可以为楼板开洞；另一种是选中楼板后单击"编辑边界"模式创建洞口。

1. 使用"洞口"面板创建洞口

Step01 切换至"A-F2-4.8"楼层平面视图。单击"建筑"或"结构"选项卡下"洞口"面板中的"按面"（其按钮的图标表示：使用此命令开的洞口垂直于所选择的面），如图 7-12 所示。

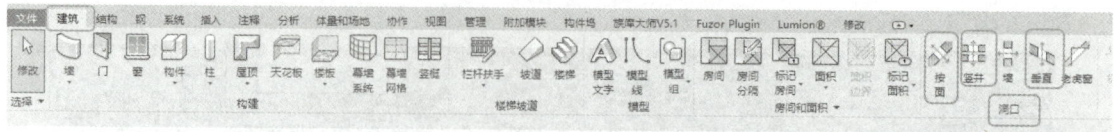

图 7-12　调用"按面"创建洞口命令

Step02　单击要开洞口的餐厅部分的楼板，其在轴线 S-3 与轴线 S-C 的交点处有洞口。单击楼板后，会进入如图 7-13 所示的"修改|创建洞口边界"上下文选项卡，按照 CAD 底图图案，利用"绘制"面板中的相应工具绘制封闭洞口，绘制完成后单击完成编辑模式按钮，即可完成洞口创建，如图 7-14 所示。

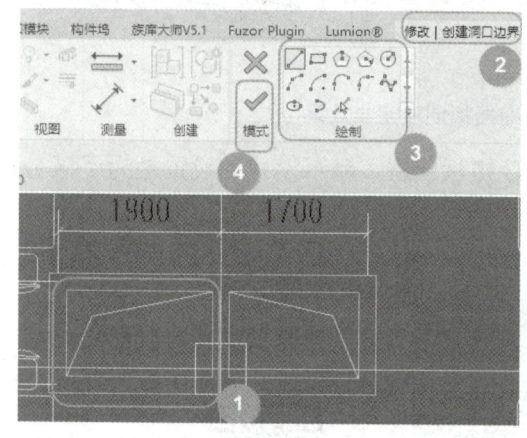

图 7-13　绘制洞口边界

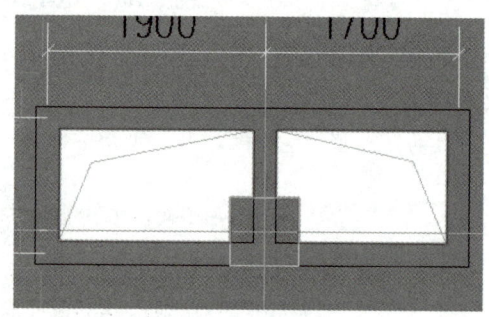

图 7-14　创建完成的洞口

2．使用"编辑边界"模式创建洞口

Step01　单击需要创建电梯洞口的楼板，进入如图 7-15 所示的"修改|楼板"上下文选项卡。

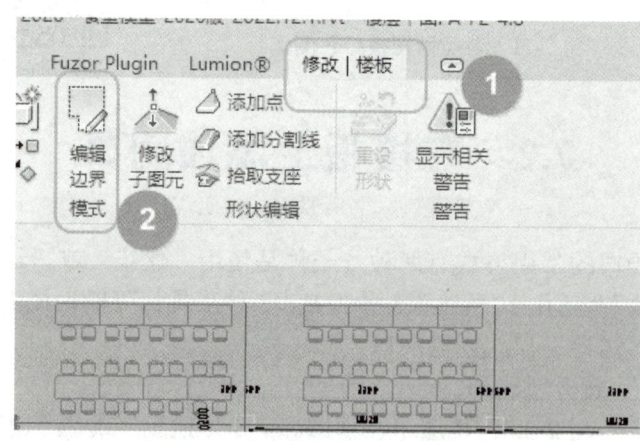

图 7-15　编辑楼板边界

Step02　单击图 7-15 中的"编辑边界"，进入如图 7-16 所示的绘制楼板边界模式，根据 CAD 图纸中的尺寸，利用"绘制"面板中的相应工具绘制洞口，然后单击完成编辑模式按钮。

其他形式的洞口

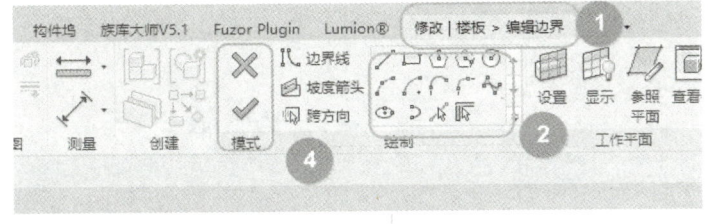

图 7-16 "编辑边界"模式绘制楼板电梯洞口

知识链接

坡面屋顶及老虎窗的创建

Step01　通过构造样板新建一个项目文件，复制生成标高 7，如图 7-17 所示。单击"视图"选项卡下"创建"面板中"平面视图"下拉菜单里的"楼层平面"，新建楼层平面"标高 7"。

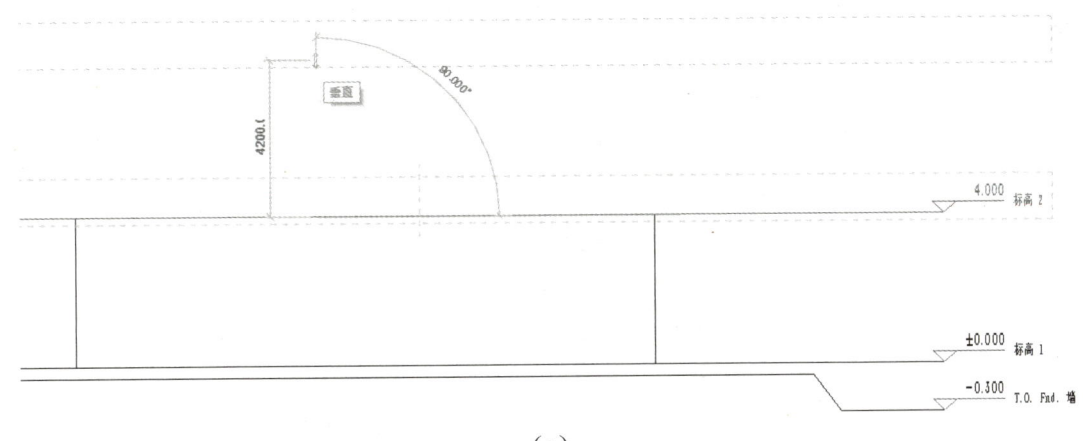

（a）

图 7-17　生成新的标高 7 及其楼层平面

093

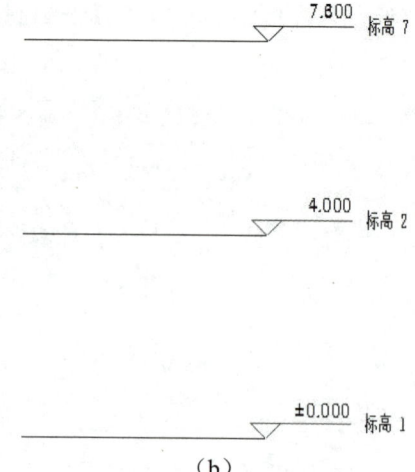

(b)

图 7-17　生成新的标高 7 及其楼层平面（续）

Step02　创建 4 面墙体，如图 7-18 所示（"底部约束"为"标高 1"，"顶部约束"为"标高 2"）。

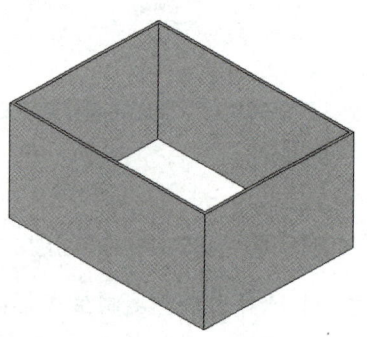

图 7-18　创建墙体

Step03　利用"迹线屋顶"命令，在标高 2 处创建一个坡度为 30°的屋顶 1，如图 7-19 所示。

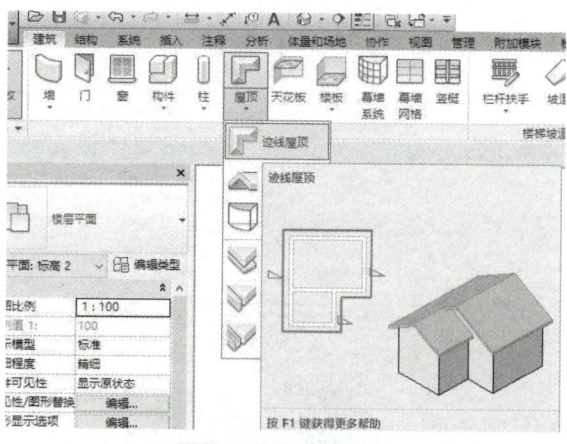

图 7-19　创建屋顶 1

Step04　在标高 1 处创建老虎窗的 3 面墙体（"底部约束"为"标高 1"，"顶部约束"为"标高 7"）。然后使用"迹线屋顶"命令给老虎窗所在墙创建屋顶 2，如图 7-20 所示。

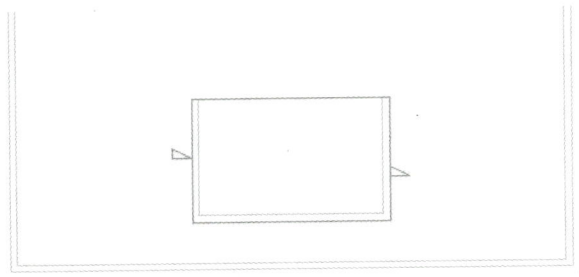

图 7-20　创建屋顶 2

Step05　将老虎窗的 3 面墙体上部附着到屋顶 2，下部附着到屋顶 1，然后使屋顶 1 和屋顶 2 连接，如图 7-21 所示。

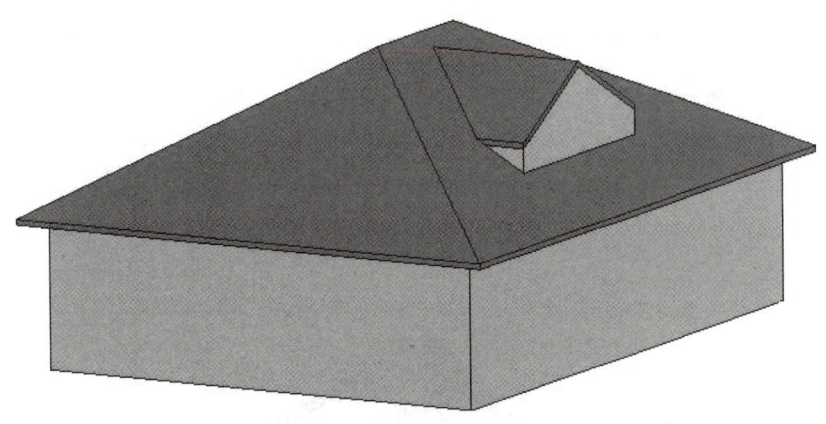

图 7-21　墙体的附着

Step06　使用"老虎窗"命令截取出屋顶 1 的老虎窗部分，注意截取时把显示模式调整为"线框"模式，如图 7-22 所示。

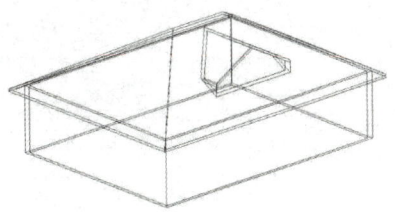

图 7-22　"线框"模式

需要注意的是，选择线时选择的是两个屋顶交界的内边界和 3 面墙体与屋顶 2 交界的内边界，如图 7-23 所示。

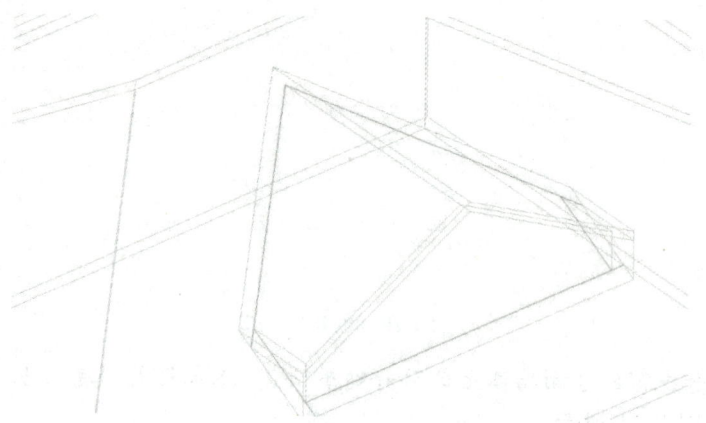

图 7-23　交界线的选择

Step07　单击完成编辑模式按钮，完成老虎窗的创建，如图 7-24 所示。

图 7-24　创建完成的老虎窗

Step08　如有需要，可以在突出屋面的墙上加一个窗（图 7-25），还可以把屋面的材质更改为瓦屋面（图 7-26），此处不再一一赘述。

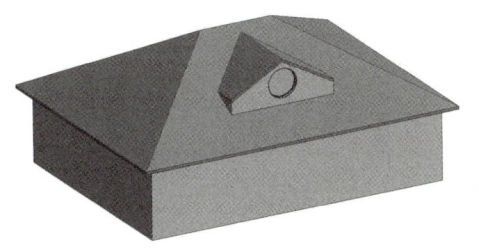

图 7-25　加窗效果三维视图

图 7-26　改为瓦屋面效果三维视图

7.3　创建天花板

天花板（本项目依据的食堂建筑 CAD 图纸中标注为顶棚）作为建筑室内装饰不可或缺的部分，起着重要的装饰作用，可以把设备或管线隐藏起来。通常在室内设计中，天花板习惯称为吊顶。其造型各异，在不同场所当中所用的材料也不相同。Revit 中创建的天花板，比较适用于平顶或叠级顶；如果是异型的，则无法使用天花板工具实现，需要使用其他工具来完成。

7.3.1　在楼板中增加构造层

观察 CAD 图纸中顶棚 3 和顶棚 4 的做法，我们会发现，这两个顶棚的基层骨架就是楼板。这种情况下我们无须单独绘制天花板，只需要把顶棚的材质直接赋予到楼板的构造层里。现以设备管井中的顶棚 3 为例来进行说明，顶棚 3 的做法如表 7-2 所示。

表 7-2　顶棚 3 的做法

天花板名称	材料及层次	说明
顶棚 3	1. 3mm 厚 1：0.5：3 水泥石灰砂浆抹平 2. 5mm 厚 1：1：4 水泥石灰砂浆打底 3. 基层钢筋混凝土板底面清理干净	1. 混合砂浆顶棚（燃烧等级 A） 2. 参见《工程用料做法》（12YJ1），第 92 页，顶 5 3. 适用于设备管井、电梯机房、热表间、风机房

顶棚 3 为在轴线 S-8 和轴线 S-9 之间、靠近轴线 S-A 的"风机房"的天花板。在前面创建的楼板基础上修改楼板的"类型属性"，如图 7-27 和图 7-28 所示，对楼板进行重命名，并增加顶棚 3 构造层。

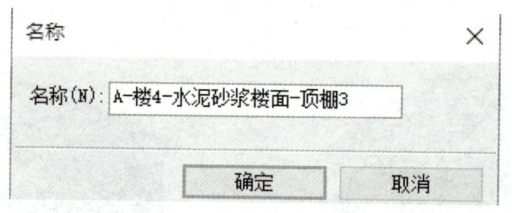

图 7-27 楼板重命名

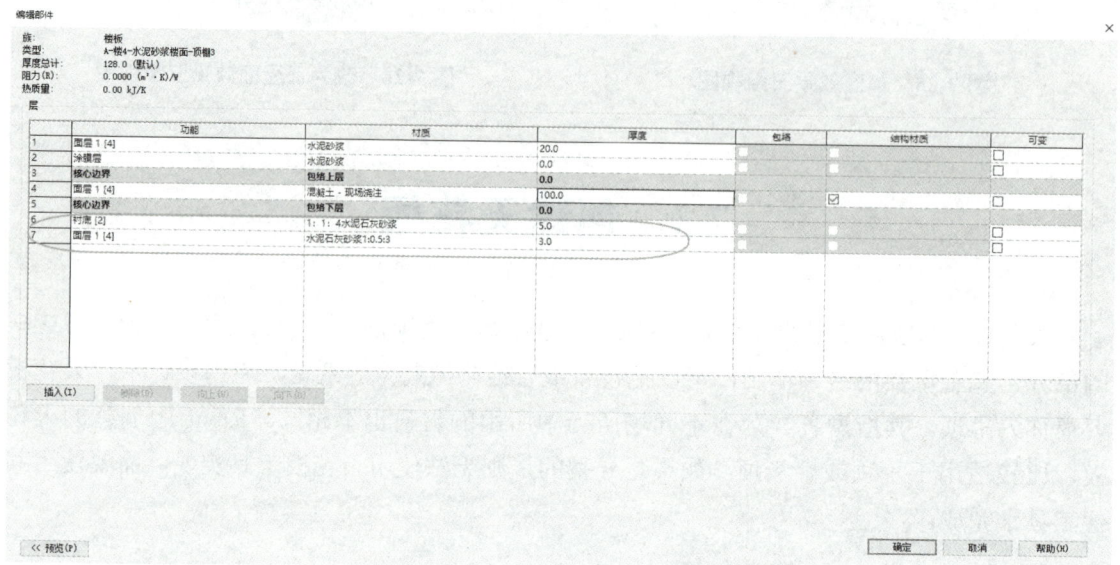

图 7-28 增加顶棚 3 构造层

7.3.2 创建天花板

Revit 中提供了两种创建天花板的方法，分别是自动绘制与手动绘制。

1. 自动绘制天花板

自动绘制天花板是指当光标指针放置于一个封闭的空间（如房间）时，系统会自动根据房间边界生成天花板。这种方法比较适用于教室、办公室及卫生间等房间类型。因为一般此类房间会采用平顶设计，使用自动绘制方式是最方便快捷的。

现以顶棚 2 为例来进行天花板的绘制，在这里只介绍首层"女更衣"房间的 9mm 厚的扣板面层绘制。对于其中的轻钢龙骨，需要单独建族来进行布置。

Step01 在项目浏览器中，打开"天花板平面"下的"A-F1-0.000"平面视图。单击"建筑"选项卡下"构建"面板中的"天花板"命令，如图 7-29 所示。

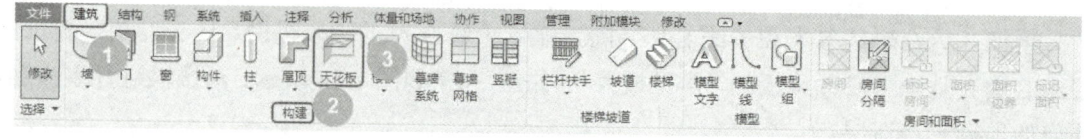

图 7-29 调用"天花板"命令

Step02 在"属性"选项板里把实例属性中的"自标高的高度偏移"值改为"3200.0",如图 7-30 所示。

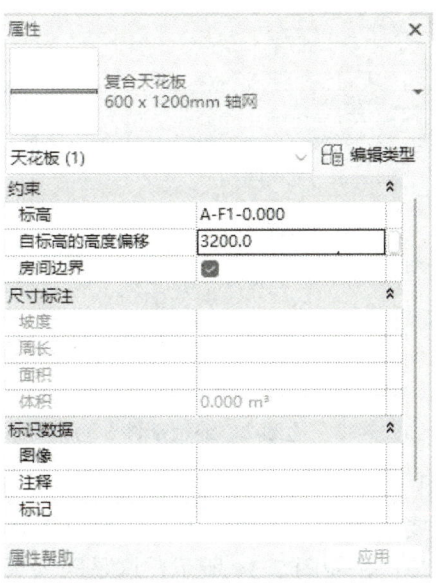

图 7-30 指定"自标高的高度偏移"值

Step03 单击图 7-30 中的"编辑类型",在弹出的"类型属性"对话框中修改其类型参数。复制出一个新的天花板类型,名称为"顶棚 2",如图 7-31 所示。

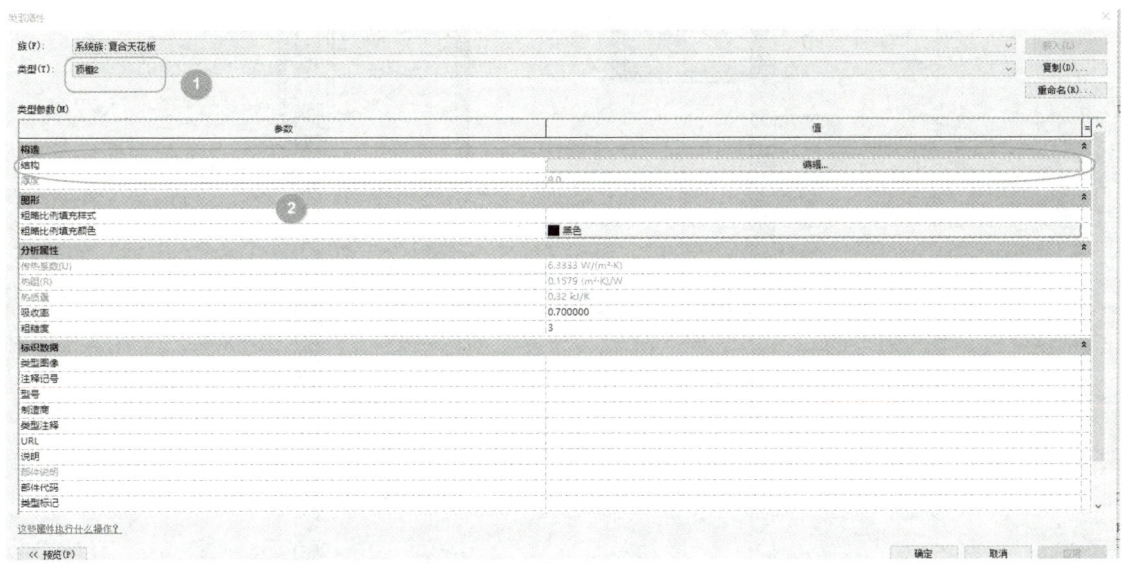

图 7-31 顶棚 2 的"类型属性"对话框

Step04 单击图 7-31 中的"编辑..."按钮,然后按照图 7-32 所示的构造层参数设置"顶棚 2"。

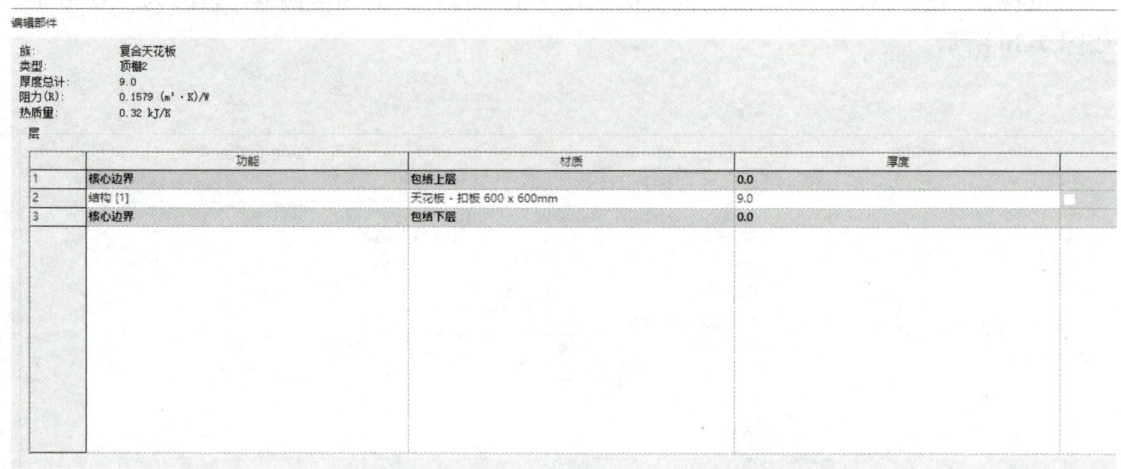

图 7-32 顶棚 2 "编辑部件" 对话框

Step05 设置完成"顶棚 2"后,将光标放在"女更衣"的空间区域内时,Revit 界面中就会出现浅红色的线,即要创建天花板的范围,然后单击就可以创建天花板,如图 7-33 所示。此时可能会弹出一个警告,如图 7-34 所示,这是因为天花板的高度高于当前的剖切面,虽然当前视图不显示,但实际上天花板已经创建完成,可以通过设置视图范围查看建模结果。

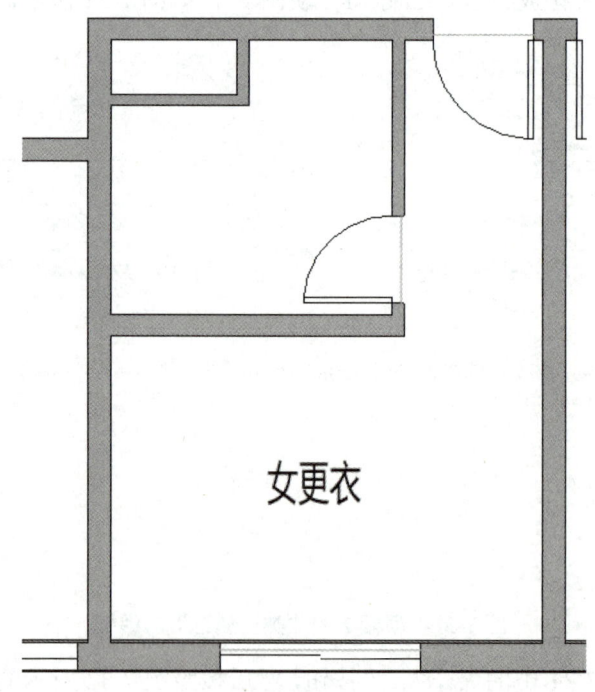

图 7-33 "女更衣"房间天花板空间

项目 **7** 楼 板

图 7-34　天花板视图警告

2．手动绘制天花板

手动绘制天花板的方式，与自动绘制天花板类似，一般应用于一些有特殊要求或特殊造型的建筑物天花板创建。采用此种方式时，天花板的属性设置方法与自动绘制相同，具体绘制方法参考楼板的绘制方法，此处不再赘述。

天花板

项目 8　楼梯与坡道

思维导图

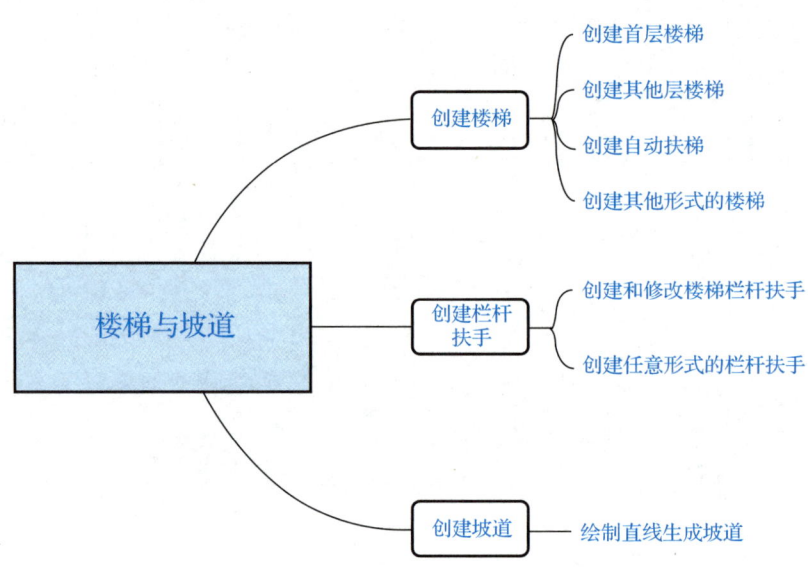

8.1 创建楼梯

8.1.1 创建首层楼梯

创建首层楼梯具体步骤如下。

Step01 切换至"A-F1-0.000"楼层平面视图,适当缩放视图至轴线 S-A～轴线 S-B 与轴线 S-1～轴线 S-2 所围成的楼梯间区域。

Step02 绘制参照平面。单击"建筑"选项卡下"工作平面"面板中的"参照平面"工具。分别沿垂直方向在距离轴线 S-1 为 675mm 和 2825mm(2825=675+2150)的位置绘制参照平面,并将参照平面命名为"LT1""LT2",在沿水平方向在距离轴线 S-B 为 1930mm 的位置绘制参照平面,并将参照平面命名为"LT3",如图 8-1 所示。

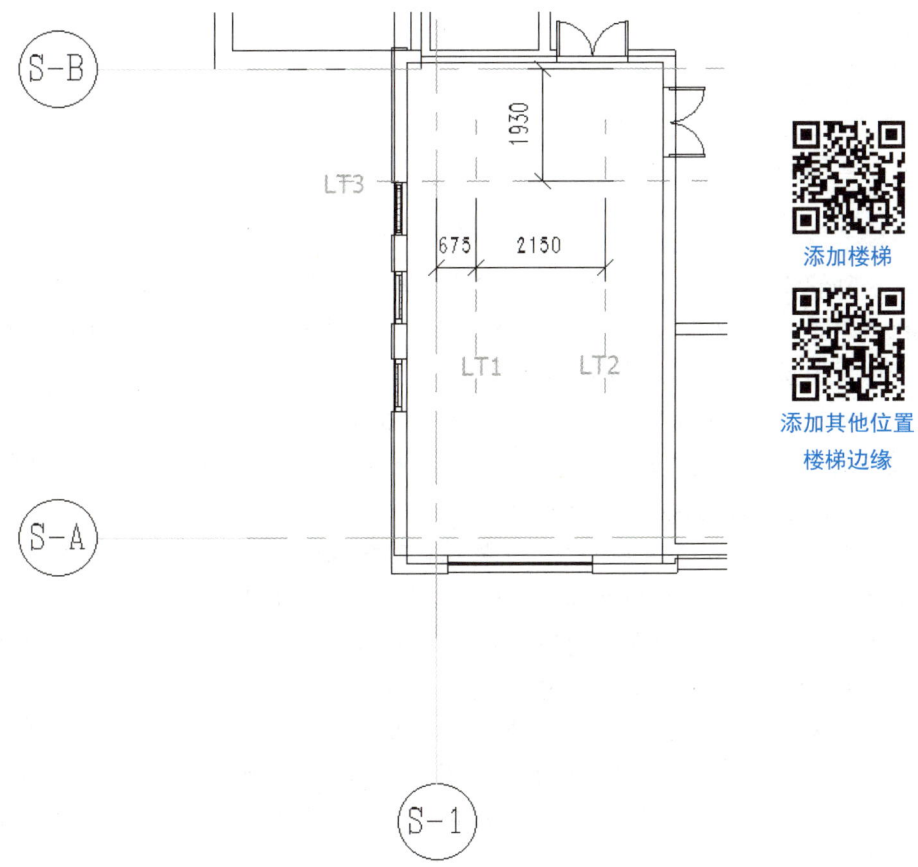

图 8-1 首层楼梯参照平面定位尺寸

Step03　单击"建筑"选项卡下"楼梯坡道"面板中的"楼梯"命令,如图 8-2 所示,Revit 将自动切换至"修改 | 创建楼梯"上下文选项卡,如图 8-3 所示。

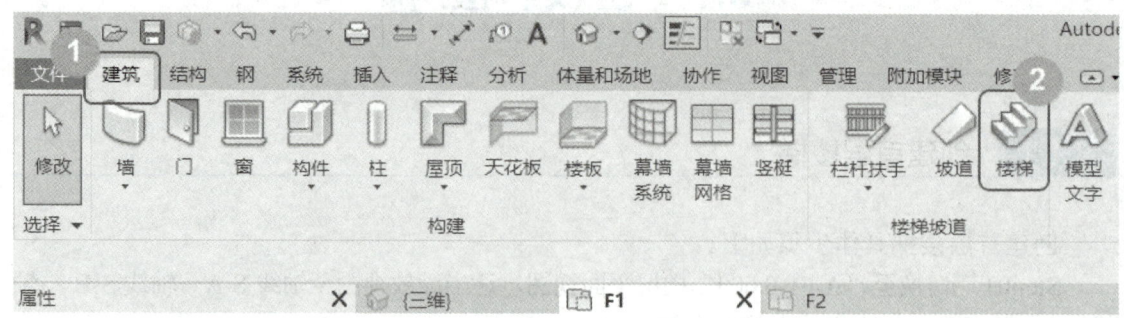

图 8-2　调用"楼梯"命令

图 8-3　"修改 | 创建楼梯"上下文选项卡

Step04　单击"属性"选项板中的"编辑类型"按钮,打开楼梯"类型属性"对话框。在"类型属性"对话框中,选择楼梯"族"为"系统族:现场浇注楼梯",复制出名称为"3# 楼梯"的新楼梯类型,如图 8-4 所示。

Step05　如图 8-4 所示,修改"最大踢面高度"为"180.0",该参数决定楼梯所需要的最少踏步数;修改"最小踏板深度"为"280.0",该参数决定楼梯所需要的最短梯段长度;修改"最小梯段宽度"为"1000.0"。

单击"梯段类型"后的"…"按钮,弹出梯段"类型属性"对话框,如图 8-5 所示。选择梯段"类型"为"100mm 结构深度",设置"下侧表面"为"平滑式","结构深度"为"100.0",选择"整体式材质"为"混凝土-现场浇注",单击"确定"按钮,返回到楼梯"类型属性"对话框,再次单击"确定"按钮。

如果楼梯设计有支撑,则按照图 8-6 所示设置左、中、右的支撑方式,"右侧支撑"和"左侧支撑"选择"踏步梁(开放)","中部支撑"不勾选。单击"右侧支撑类型"后的"…"按钮,弹出踏步梁的"类型属性"对话框,如图 8-7 所示,然后根据设计图纸设置踏步梁的属性。

项目 8 楼梯与坡道

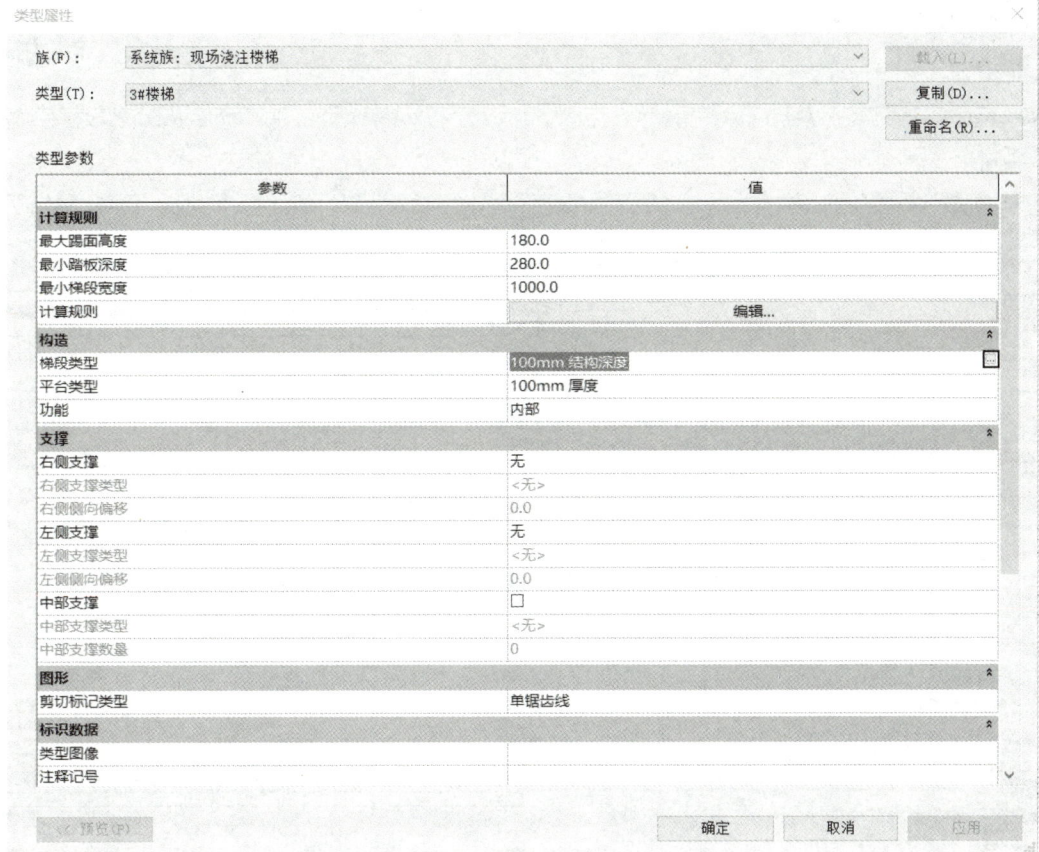

图 8-4 在楼梯"类型属性"对话框中设置梯段

图 8-5 梯段"类型属性"对话框

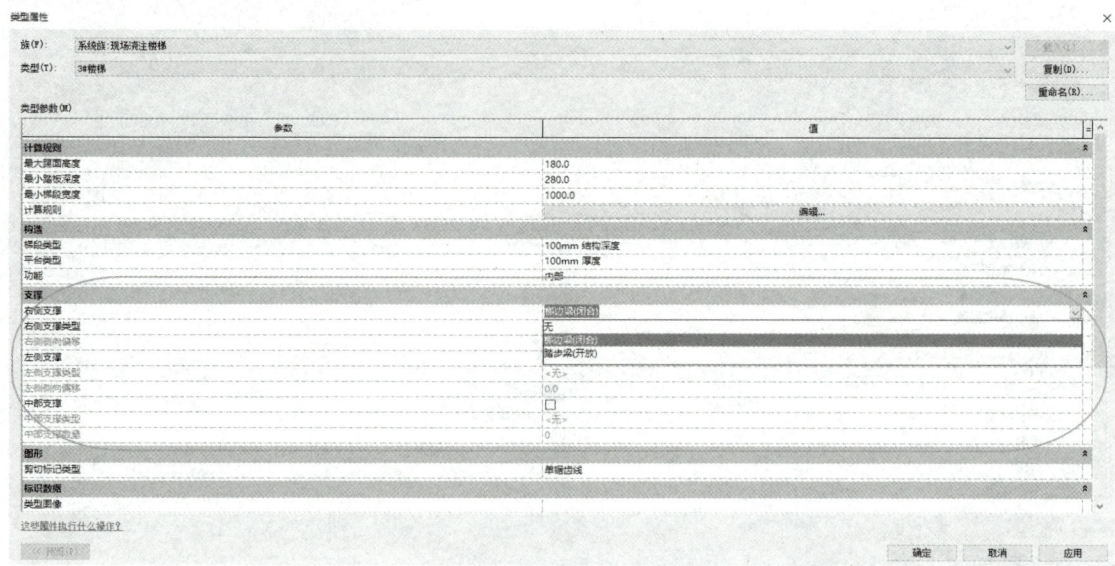

图 8-6 在楼梯"类型属性"对话框中设置支撑

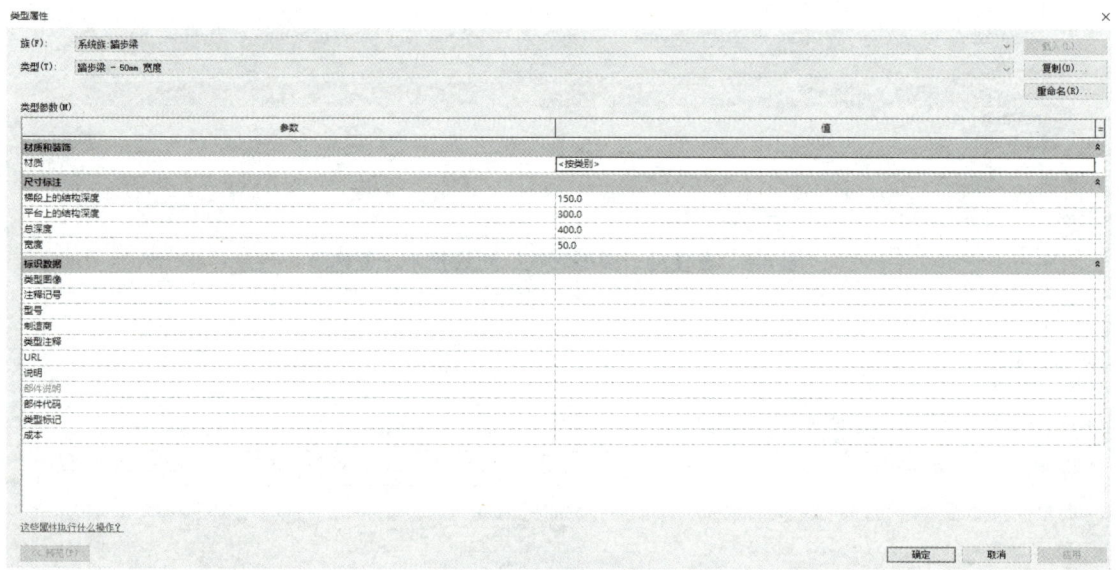

图 8-7 踏步梁"类型属性"对话框

Step06 如图 8-8 所示,修改"定位线"为"梯段:中心","偏移量"为"0.0","实际梯段宽度"为"1950.0",勾选"自动平台"。

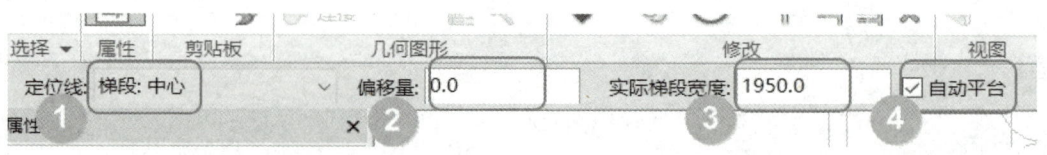

图 8-8 楼梯梯段参数设置

Step07　在"属性"选项板中,选择"现场浇注楼梯 3#楼梯",修改"底部标高"为"A-F1-0.000","底部偏移"为"0.0","顶部标高"为"A-F2-4.8","顶部偏移"为"0.0";设置"所需踢面数"为"30",此时"实际踢面高度"系统会自动修改,单击"应用"按钮,如图 8-9 所示。

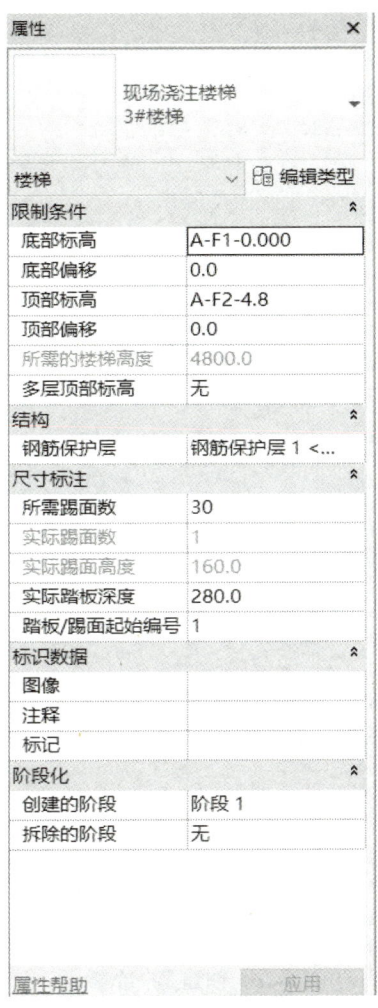

图 8-9　楼梯"属性"选项板

Step08　单击"修改 | 创建楼梯"上下文选项卡中"构件"面板下的"梯段"工具,梯段形式选择直梯,如图 8-10 所示。

图 8-10　创建楼梯

Step09 移动光标至参照平面 LT2 和 LT3 交点（A 点）位置单击，确定该点为梯段起点。沿垂直方向向下移动光标，随着光标下移，创建的楼梯的踢面数会不断变化，当显示"创建了 15 个踢面，剩余 15 个"时，单击光标所在位置（B 点），完成第一个梯段的创建，如图 8-11 所示。

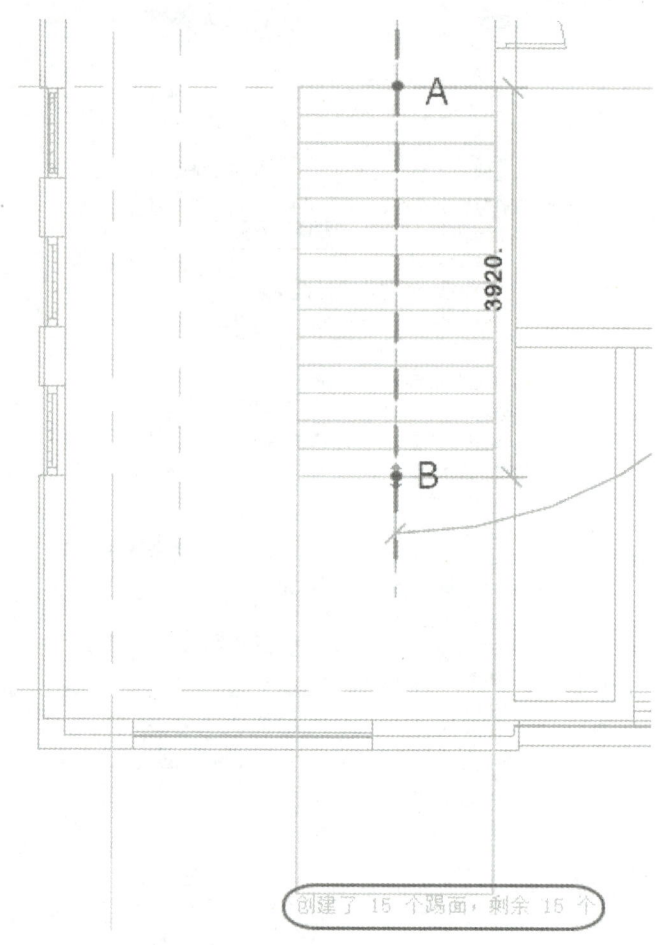

图 8-11　创建第一个梯段

Step10 水平向左移动光标至参照平面 LT1，当捕捉到参照平面 LT1 与过 B 点的水平线的交点 C 时单击，确定该点为第二个梯段起点。沿垂直方向向上移动光标，直到提示"创建了 15 个踢面，剩余 0 个"时，单击光标所在位置（D 点），完成第二个梯段的创建，如图 8-12 所示。

Step11 将光标移动至休息平台位置，单击选择休息平台，然后单击"修改"面板中的"对齐"按钮，如图 8-13 所示。将选项栏中的"首选"设置为"参照墙面"，单击图中外墙墙面线（标记③），再单击楼梯休息平台边沿线（标记④），将休息平台延伸至墙面。

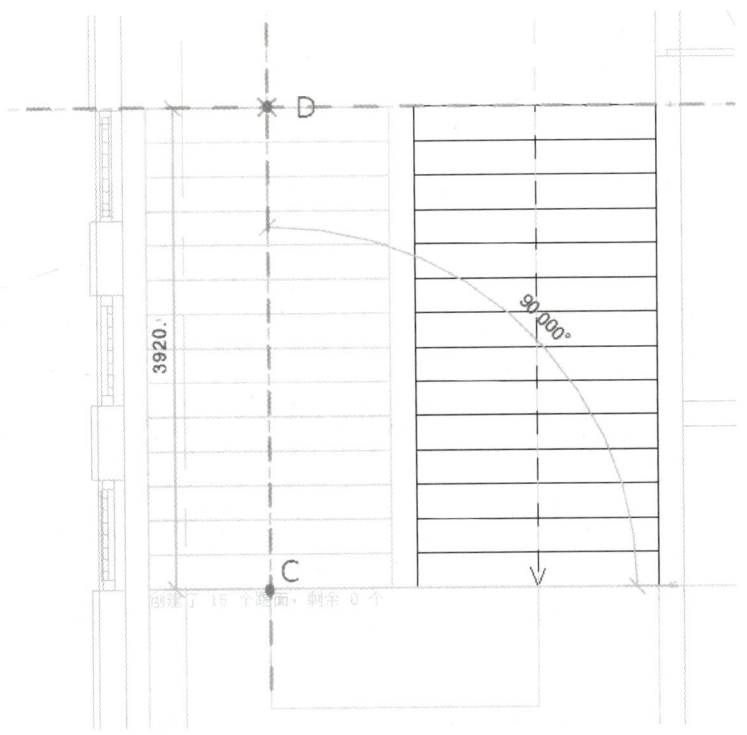

图 8-12 创建第二个梯段

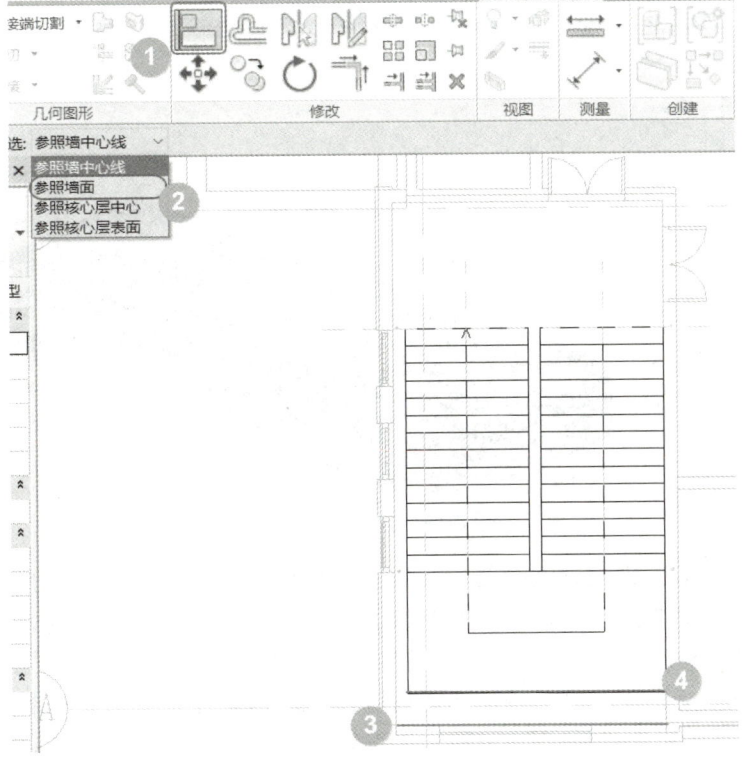

图 8-13 修改休息平台

Step12 单击"模式"面板中的完成编辑模式按钮,完成楼梯的创建。

Step13 Revit 自动会以楼梯边界线为路径生成扶手。打开三维视图,切换到楼梯视角。如图 8-14 所示,楼梯及其栏杆扶手与上方楼板、天花板及部分墙体碰撞,因此需要进行修改。

图 8-14 一层楼梯未修改前

处理剖面信息

Step14 在三维视图中,勾选"属性"选项板中的"剖面框",调整剖面框的上剖面位置至首层平面靠上方位置,如图 8-15 所示。单击视图立方上表面,调整视图位置至 3#楼梯。

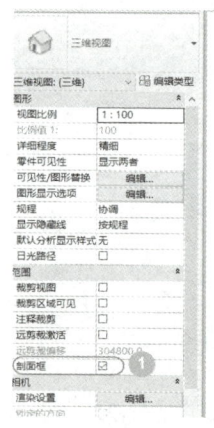
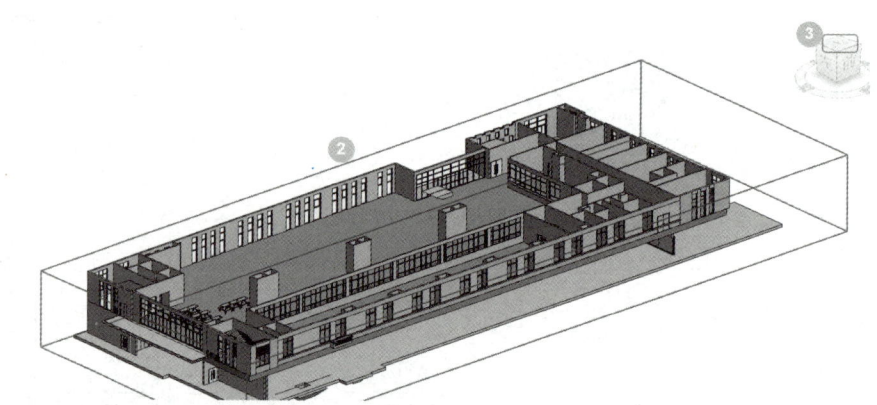

图 8-15 楼梯位置显示

Step15 利用 Tab 键辅助选择与墙体碰撞的栏杆扶手,在自动弹出的"修改|栏杆扶手"上下文选项卡中选择"模式"面板中的"编辑路径"工具,如图 8-16 所示。

Step16 如图 8-17 所示,Revit 自动切换至"修改|栏杆扶手"上下文选项卡,建模区域的栏杆扶手模型变为玫红色线条,选择与墙体碰撞的栏杆扶手路径,单击删除按钮或按 Delete 键将其删除,单击"模式"面板中的完成编辑模式按钮,完成楼梯栏杆扶手的修改,如图 8-18 所示。

项目 8　楼梯与坡道

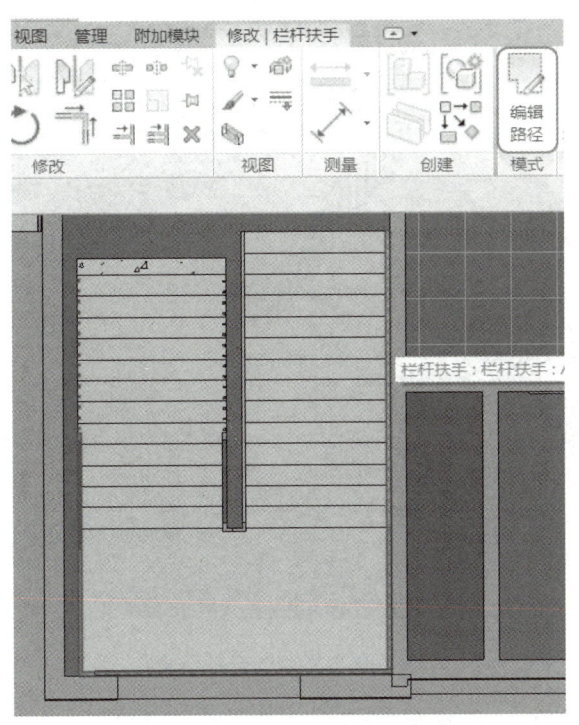

图 8-16　编辑楼梯栏杆扶手路径

扶手

任意样式扶手

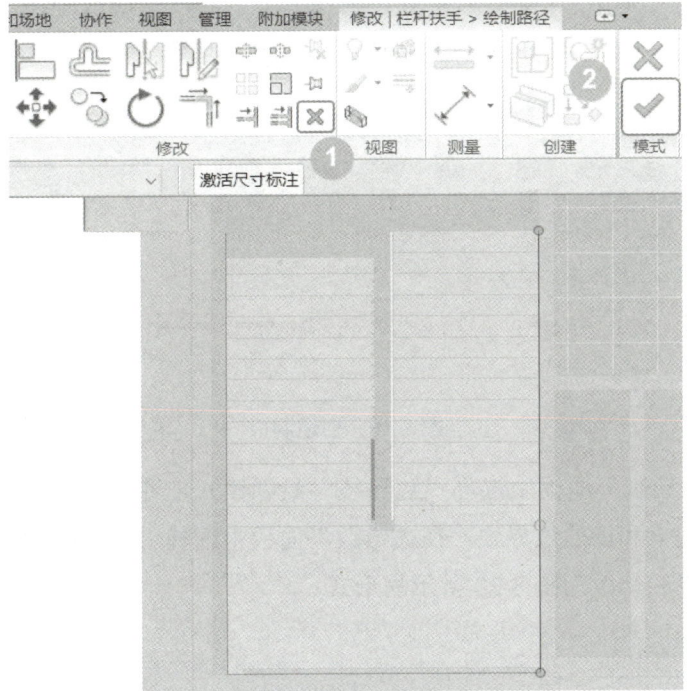

图 8-17　删除楼梯栏杆扶手部分路径

111

室外空调栏杆

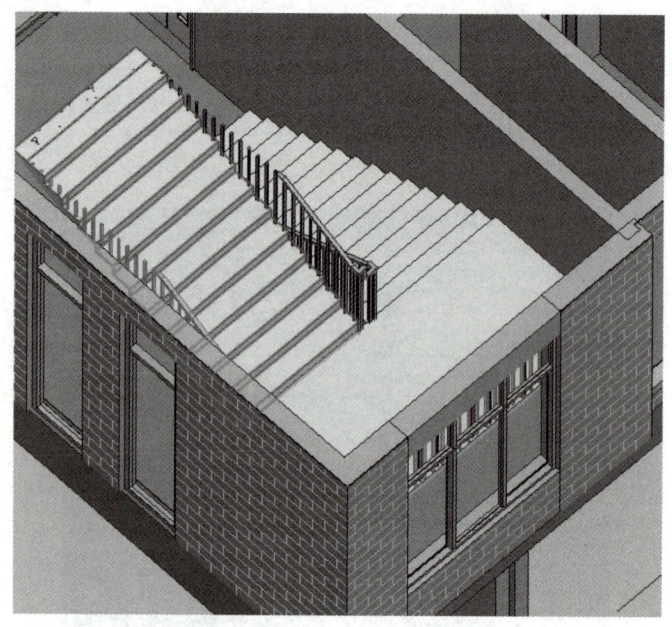

图 8-18　修改后栏杆扶手

创建楼梯间洞口

Step17　切换至"A-F2-4.8"楼层平面视图，适当缩放视图至轴线 S-2～轴线 S-3 与轴线 S-C～轴线 S-E 所围成的楼梯间区域。

Step18　单击"建筑"选项卡下"洞口"面板中的"竖井"工具，如图 8-19 所示。Revit 自动切换至"修改 | 创建竖井洞口草图"上下文选项卡。

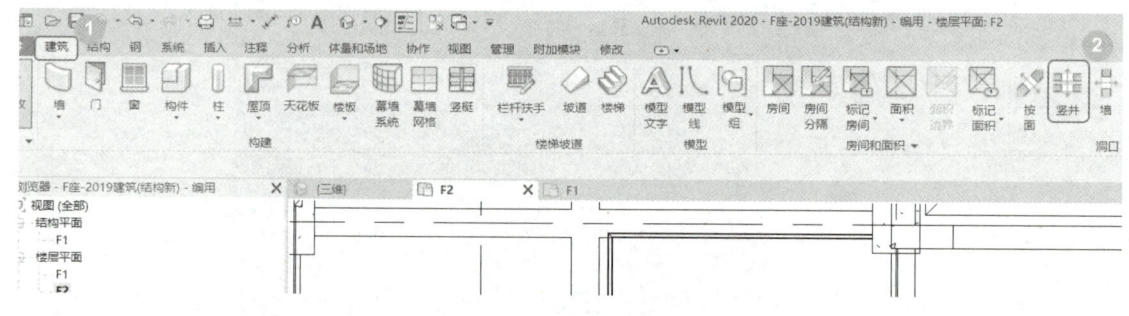

图 8-19　创建洞口

Step19　在"绘制"面板中选择"边界线"绘制模式，通过"拾取线"绘制工具，依次选择楼梯间周边梁和墙的边界线，在"修改"面板中选择"修剪/延伸为角"修改模式，将拾取的洞口边界线修改为图 8-20 所示的形式。

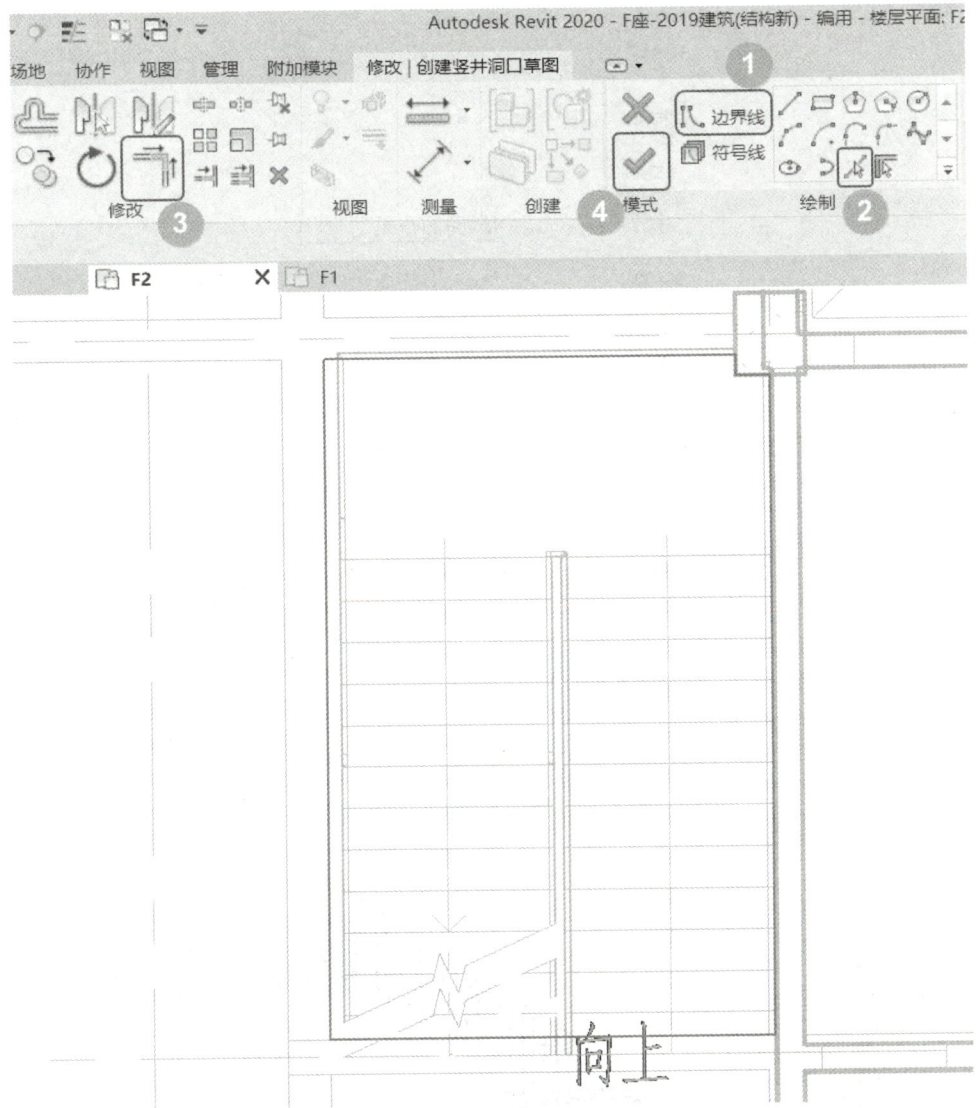

图 8-20　绘制洞口边界线

Step20　如图 8-21 所示，在"属性"选项板中，将"底部约束"修改为"F1"，"底部偏移"设置为"0.0"，"顶部约束"修改为"直到标高：屋顶"，"顶部偏移"设置为"0.0"，单击"应用"按钮。

Step21　单击"模式"面板中的完成编辑模式按钮，完成洞口的创建。

Step22　打开三维视图，切换到楼梯视角，创建完成的首层楼梯如图 8-22 所示。

Step23　单击"保存"按钮，保存项目文件。

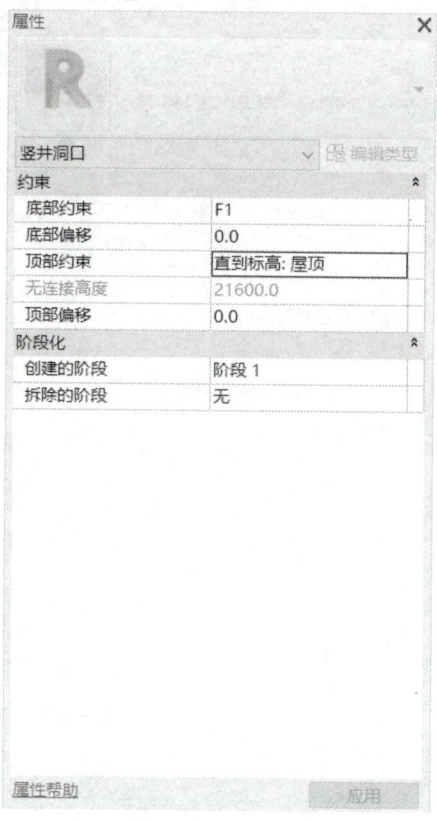

图 8-21 洞口"属性"选项板

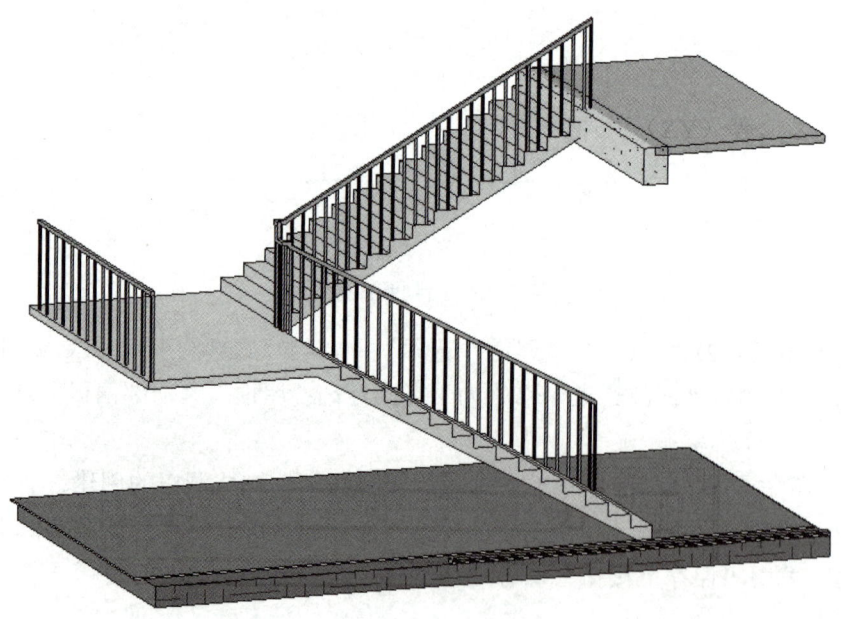

图 8-22 创建完成的首层楼梯

8.1.2 创建其他层楼梯

查看 CAD 图纸可知，3#楼梯在"A-F2-4.8"和"A-F3-9.6"楼层平面与首层相同，因此可以把首层的楼梯复制到这两层，操作步骤如下。

Step01　选中"A-F1-0.000"楼层平面的 3#楼梯及其栏杆扶手，Revit 自动切换至"修改｜选择多个"上下文选项卡。

Step02　在"剪贴板"面板中选择"复制到剪贴板"，然后打开"粘贴"下拉菜单，单击"与选定的标高对齐"（图 8-23），弹出"选择标高"对话框（图 8-24）。按住 Ctrl 键同时选择"A-F2-4.8"和"A-F3-9.6"标高，单击"确定"按钮，即可完成这两层楼梯的创建。

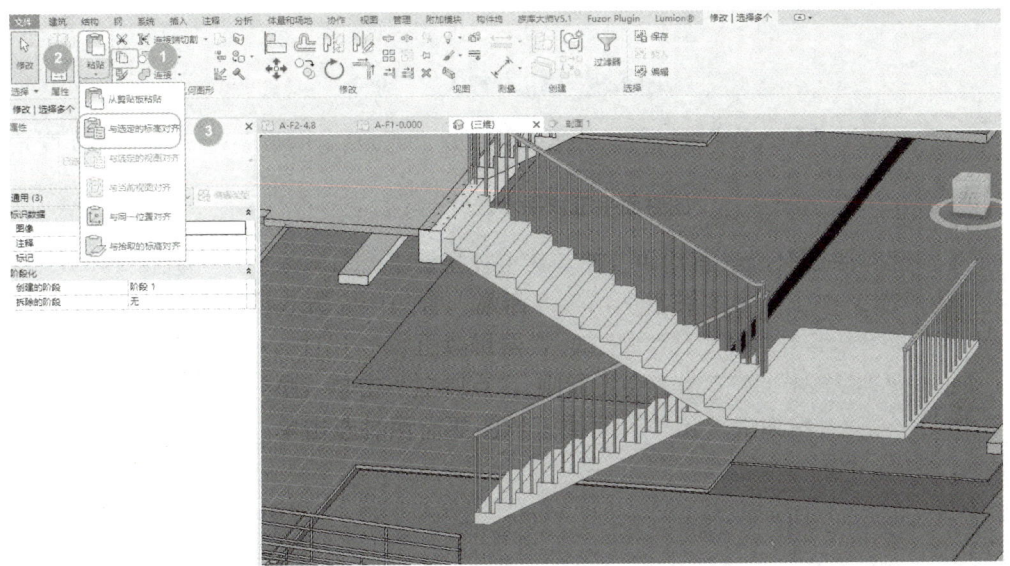

图 8-23　复制"A-F1-0.000"楼层平面中的 3#楼梯

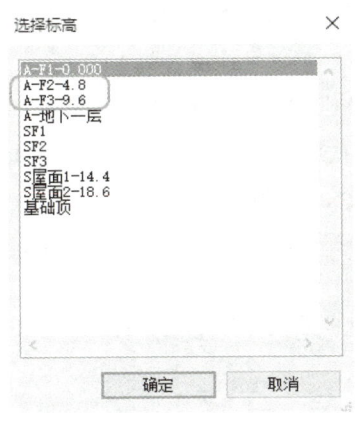

图 8-24　"选择标高"对话框

修改楼梯扶手

添加室内标准层和顶层楼梯

其他普通楼梯的创建方法与 3#楼梯的创建方法相似，只是位置不同，不再一一赘述。

8.1.3 创建自动扶梯

查看 CAD 图纸可知,"A-F1-0.000"和"A-F2-4.8"楼层平面还设置有自动扶梯。

Step01　切换到"A-F1-0.000"楼层平面视图。单击"插入"选项卡下"从库中载入"面板中的"载入族"命令,如图 8-25 所示。

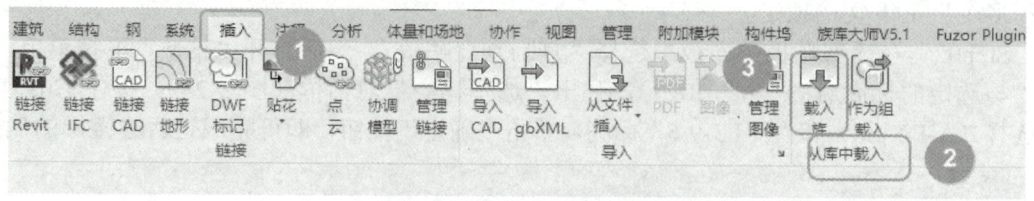

图 8-25　调用"载入族"命令

Step02　进入"载入族"对话框,载入路径为"建筑\专用设备\自动扶梯\30 度角自动扶梯.rfa",单击"打开",如图 8-26 所示。

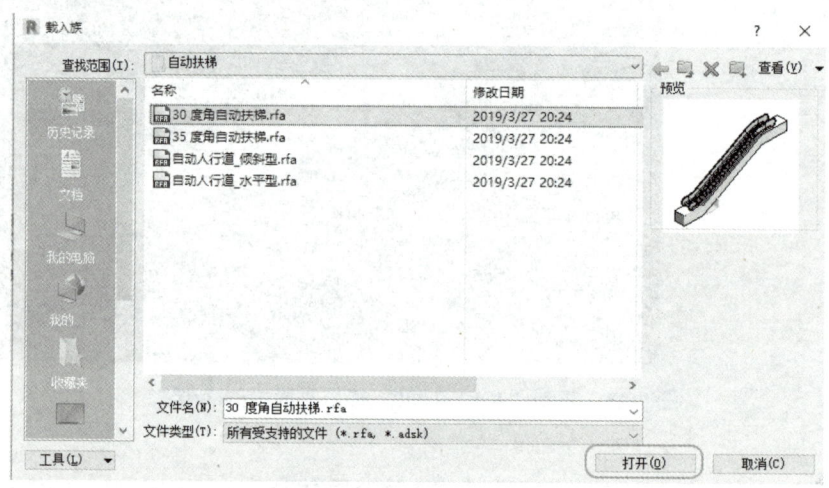

图 8-26　载入自动扶梯族

Step03　在相应位置放置自动扶梯,单击"建筑"选项卡下"构建"面板中"构件"下拉菜单里的"放置构件"命令,如图 8-27 所示。

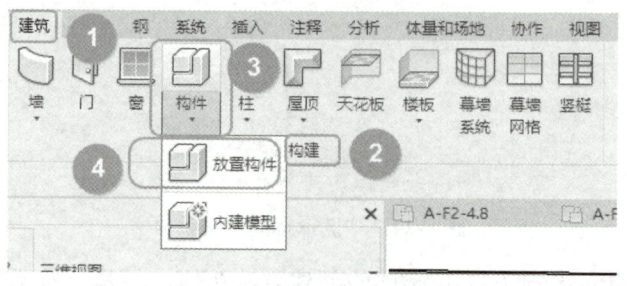

图 8-27　调用"放置构件"命令

项目 **8** 楼梯与坡道

Step04　根据 CAD 图纸所示的自动扶梯在"A-F1-0.000"的位置放置自动扶梯构件。自动扶梯的属性设置方法与普通楼梯相似，如图 8-28 所示，打开"类型属性"对话框根据实际参数调整自动扶梯参数。

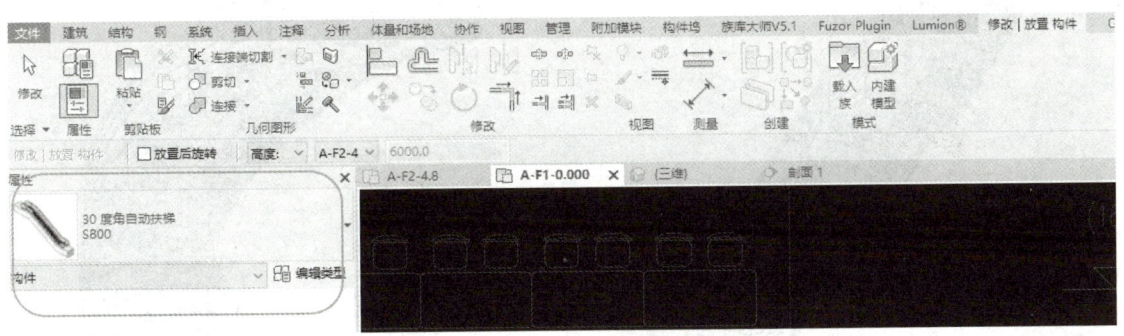

图 8-28　自动扶梯属性设置

将创建完成的首层自动扶梯复制到二层。至此，食堂所有楼梯创建完成，如图 8-29 所示。

图 8-29　创建完成的所有楼梯

8.1.4　创建其他形式的楼梯

Revit 还可以创建直跑楼梯、弧形楼梯、螺旋楼梯、L 形楼梯、U 形楼梯，也可以通过绘制形状来创建自定义楼梯，如图 8-30～图 8-35 所示。

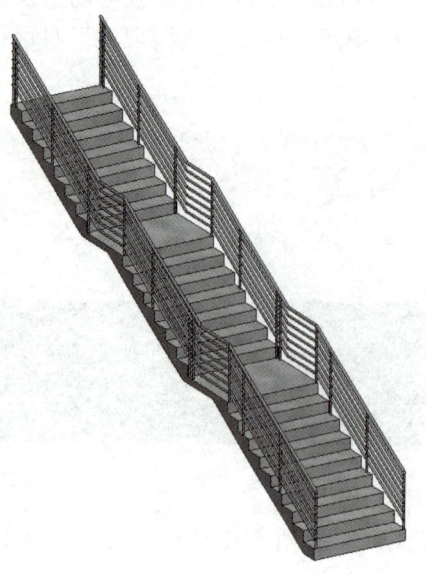

图 8-30　直跑楼梯

图 8-31　弧形楼梯

图 8-32　螺旋楼梯

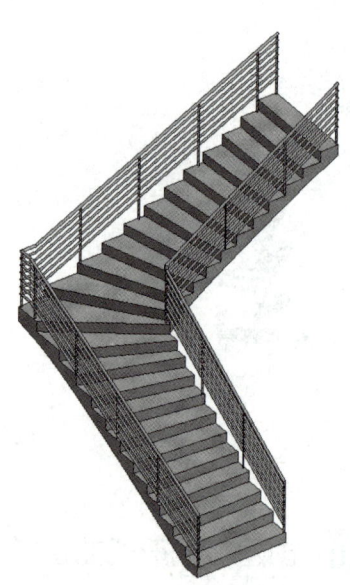

图 8-33　L 形楼梯

项目 **8** 楼梯与坡道

按构件创建楼梯

按草图创建楼梯

图 8-34　U 形楼梯　　　　图 8-35　自定义楼梯

8.2　创建栏杆扶手

8.2.1　创建和修改楼梯栏杆扶手

在食堂 3# 楼梯创建过程中，已经对首层栏杆扶手的修改做了简单介绍。本节进一步对屋顶楼梯的栏杆扶手的创建和修改进行介绍，具体步骤如下。

Step01　切换至三维视图，在"属性"选项板中，勾选"剖面框"，如图 8-36 所示。

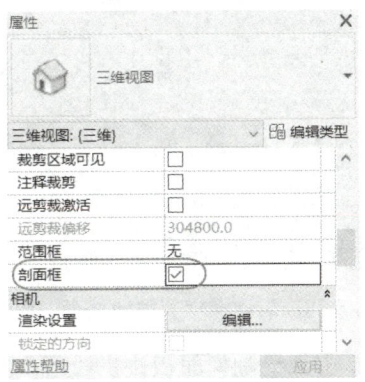

图 8-36　勾选"剖面框"

Step02　单击模型中的剖面框控制按钮，调整剖面框大小，直至显示出屋顶休息平台，调整视图大小，如图 8-37 所示。此处休息平台边缘处无栏杆扶手，需要进行添加。

Step03　切换至"A-F3-9.6"楼层平面视图，适当放大楼梯间位置。

119

图 8-37 屋顶处楼梯无栏杆扶手

Step04 选中楼梯外侧的栏杆扶手，Revit 自动切换至"修改｜栏杆扶手"上下文选项卡，单击"模式"面板中的"编辑路径"命令，进入绘制路径状态，如图 8-38 所示。

图 8-38 启动楼梯"编辑路径"模式

Step05 如图 8-39 所示，单击"绘制"面板中的"线"工具，勾选"链"，设置"偏移"为"50.0"。绘制栏杆扶手草图，利用"修改"面板中的"修剪/延伸为角"和"修剪/延伸单个图元"工具，修改栏杆扶手草图。单击"模式"面板中的完成编辑模式按钮，完成此部分栏杆扶手的修改，修改后的楼梯栏杆扶手如图 8-40 所示。

项目 8 楼梯与坡道

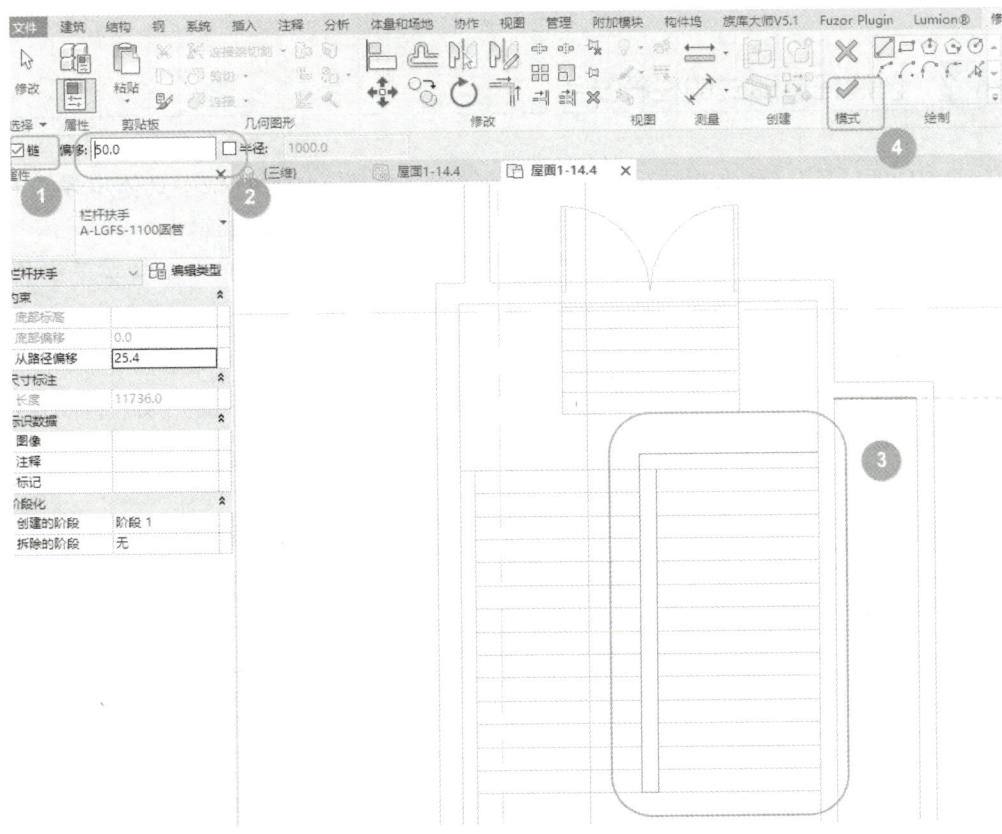

图 8-39 编辑屋顶栏杆扶手

图 8-40 修改后的栏杆扶手

8.2.2 创建任意形式的栏杆扶手

Revit 中也可自定义任意形式的栏杆扶手。创建任意形式的栏杆扶手具体步骤如下。

Step01 新建项目，切换至"标高1"楼层平面视图，适当缩放视图。

Step02 单击"建筑"选项卡下"楼梯坡道"面板中"栏杆扶手"下拉菜单里的"绘制路径"命令，如图 8-41 所示。进入"修改｜创建栏杆扶手路径"上下文选项卡，单击"绘制"面板中的"线"工具，在"属性"选项板中选择"栏杆扶手"的类型为"玻璃嵌板-底部填充"。在建模区域简单绘制栏杆扶手的草图，单击"模式"面板中的完成编辑模式按钮，完成简单的栏杆扶手创建，如图 8-42 所示。创建完成的栏杆扶手如图 8-43 所示。

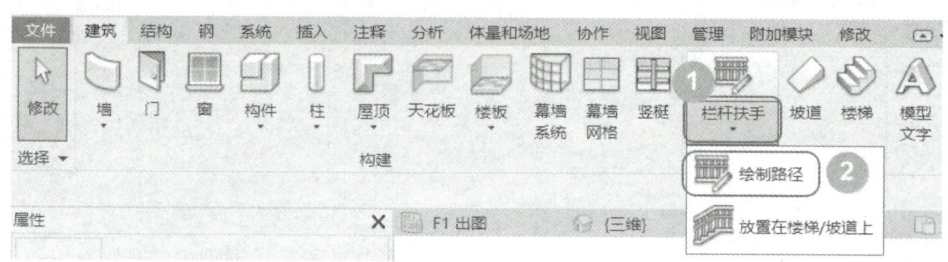

图 8-41　调用栏杆扶手"绘制路径"命令

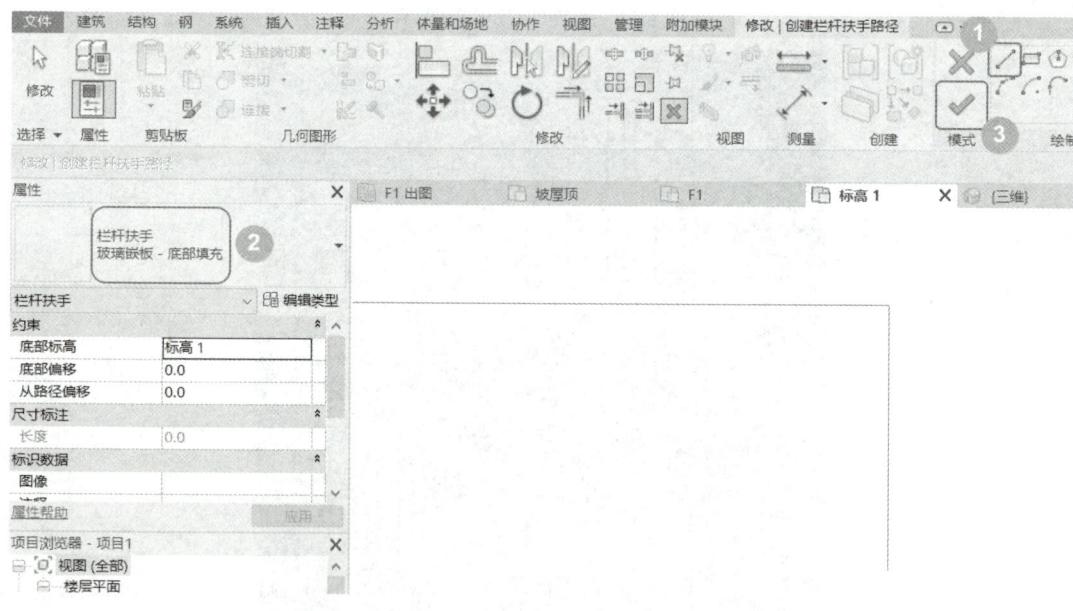

图 8-42　"玻璃嵌板-底部填充"栏杆扶手创建过程

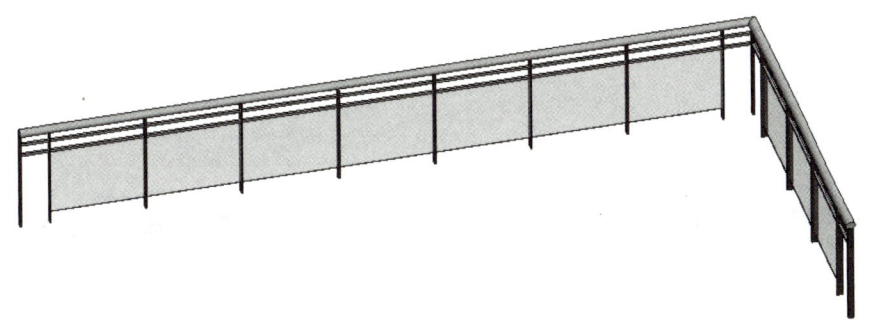

图 8-43 创建完成的栏杆扶手

Step03 单击"插入"选项卡下"从库中载入"面板中的"载入族"工具,打开"载入族"对话框,依次打开文件路径"建筑\栏杆扶手\栏杆\铁栏杆"文件夹,载入"玻璃嵌板"和"支柱-正方形带球"族文件。

Step04 选中图 8-43 所示创建完成的栏杆扶手,打开"类型属性"对话框,复制出名称为"自定义栏杆扶手"的新类型,如图 8-44 所示。单击"扶栏结构(非连续)"后的"编辑…"按钮,打开"编辑扶手(非连续)"对话框。单击"插入"按钮,插入 3 个"新建扶栏",如图 8-45 所示。所有"扶栏"的顺序可以通过"向上"和"向下"按钮进行调整。

Step05 在任意一个"扶栏"的"材质"栏中单击,打开"材质浏览器"对话框,在搜索栏输入"不锈钢",下方显示"不锈钢"相关材质,光标移动至"不锈钢"右击,选择"复制",复制出新的不锈钢材质,如图 8-46 所示。右击新的不锈钢材质,将其重命名为"食堂-不锈钢栏杆"。

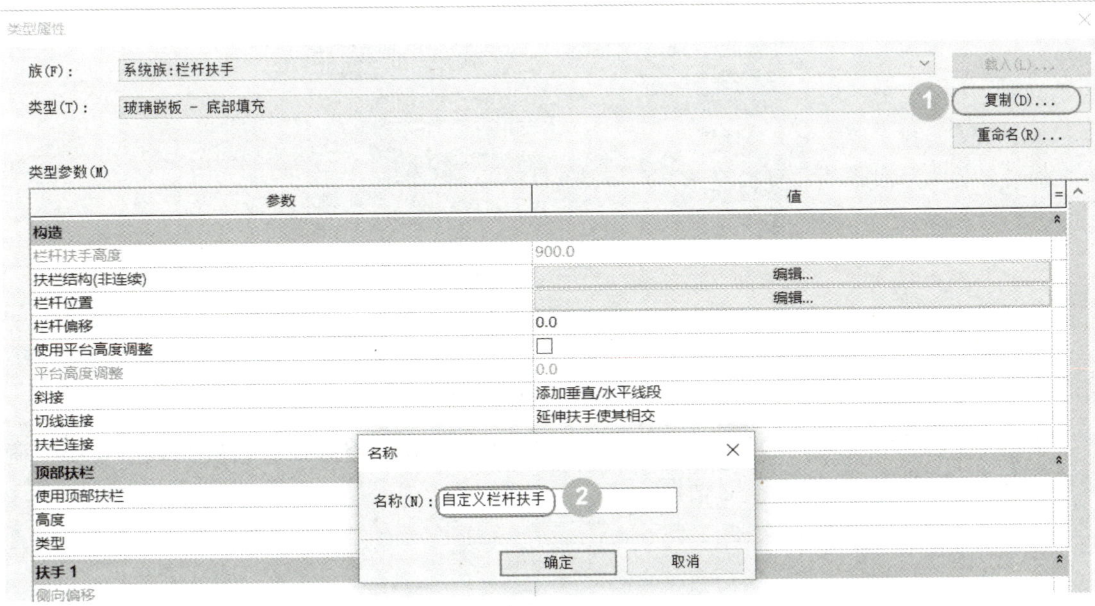

图 8-44 复制出"自定义栏杆扶手"的新类型

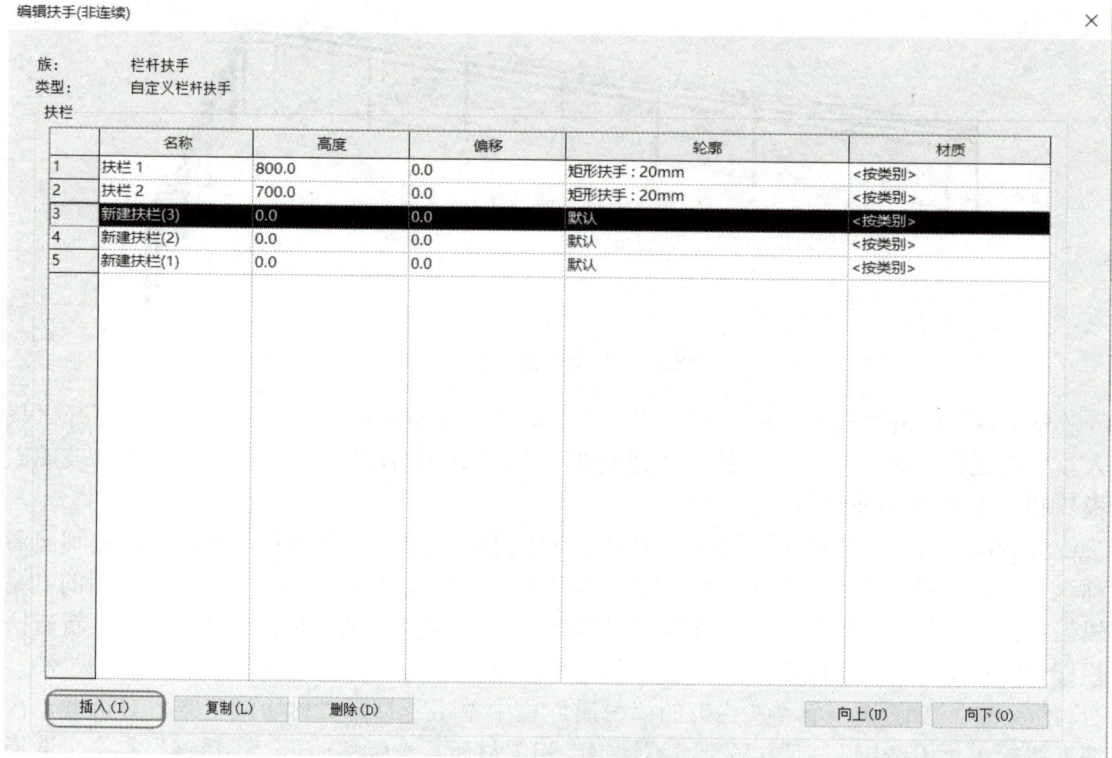

图 8-45 插入"新建扶栏"

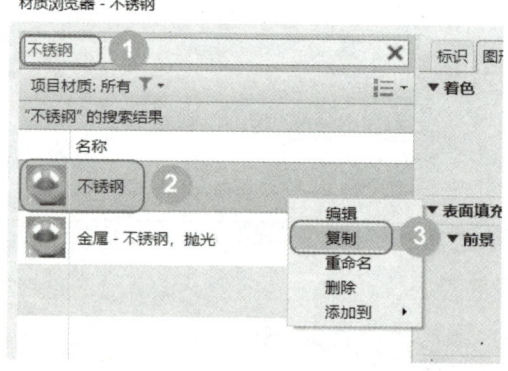

图 8-46 复制出新的不锈钢材质

Step06 按照图 8-47 对所有"扶栏"进行重命名,并调整参数。设置完成后单击"确定"按钮,返回"类型属性"对话框。

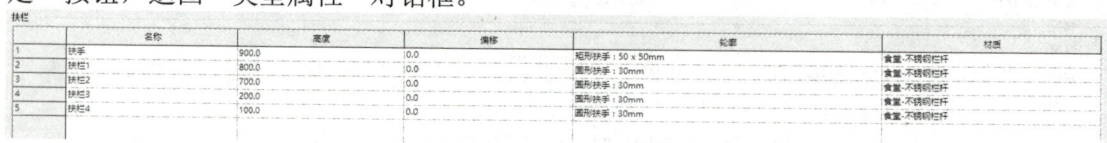

图 8-47 "扶栏"属性设置

Step07 关闭"类型属性"对话框,自定义形式的栏杆扶手创建完成。如有需要,还可以单击"类型属性"对话框中"栏杆位置"后的"编辑…"按钮,打开"编辑栏杆位置"对话框,单独对栏杆扶手的栏杆部分进行设置,此处不再详细介绍。

8.3 创建坡道

Revit 创建坡道的具体步骤如下。

Step01 切换至"A-F1-0.000"楼层平面视图,适当缩放视图至轴线 S-9~轴线 S-10 之间、轴线 S-A 下方范围。

Step02 绘制参照平面。单击"建筑"选项卡下"工作平面"面板中的"参照平面"工具。如图 8-48 所示,沿垂直方向在距离轴线 S-9 为 4100mm 的位置绘制参照平面 PD1,沿垂直方向在距离轴线 S-10 为 800mm 的位置绘制参照平面 PD2,沿水平方向在距轴线 S-A 为 2750mm 的位置绘制参照平面 PD3。

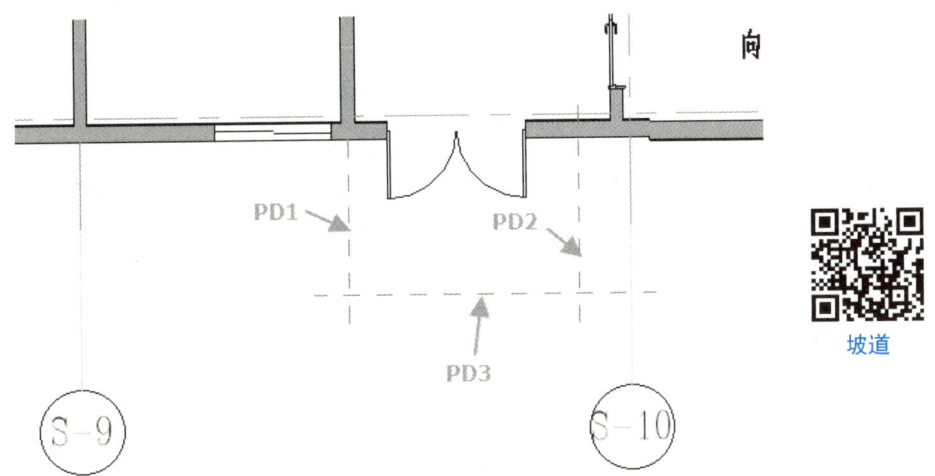

图 8-48 绘制参照平面 PD1、PD2、PD3

Step03 单击"建筑"选项卡下"楼梯坡道"面板中的"坡道"命令,Revit 自动切换至"创建坡道草图"上下文选项卡,如图 8-49 所示。

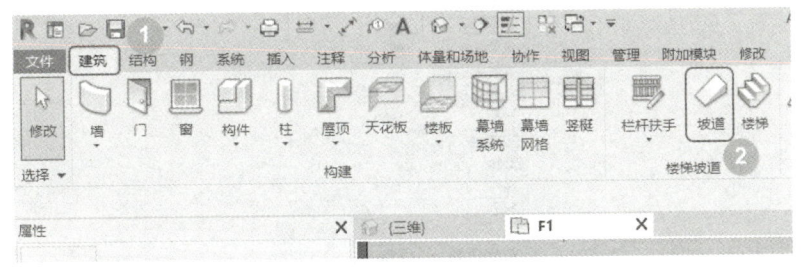

图 8-49 调用"坡道"命令

Step04 单击"属性"选项板中的"编辑类型"按钮,打开坡道"类型属性"对话框,复制出名称为"S-坡道"的新坡道类型。如图 8-50 所示,设置坡道"类型参数"中的"造

型"为"实体","功能"为"外部","坡道材质"为"混凝土-现场浇注","最大斜坡长度"为"2400.0",确认"坡道最大坡度（1/x）"为"12.000000",即坡道最大坡度为1/12。其余参数参照图中设置,设置完成后单击"确定"按钮,退出"类型属性"对话框。

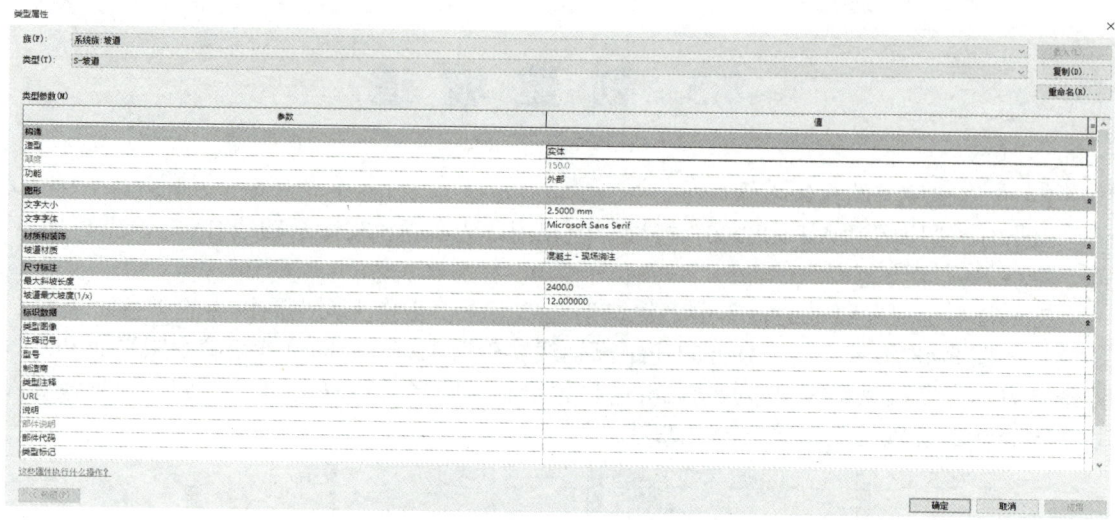

图 8-50 设置坡道"类型属性"对话框

Step05 如图8-51所示,在"属性"选项板中,修改实例参数"底部标高"为"A-F1-0.000","底部偏移"为"-200.0","顶部标高"为"A-F1-0.000","顶部偏移"为"0.0",即该坡道由室外地坪上升至室内地坪标高;修改"宽度"值为"3500.0";其余设置参照图中所示,单击"应用"按钮。

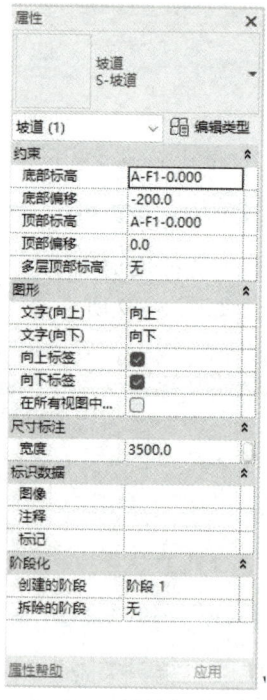

图 8-51 坡道"属性"选项板设置

Step06 单击"修改|创建坡道草图"上下文选项卡下"工具"面板中的"栏杆扶手"命令,如图 8-52 所示。在弹出的"栏杆扶手"对话框中选择扶手类型为"食堂栏杆扶手",然后单击"确定"按钮,退出"栏杆扶手"对话框,如图 8-53 所示。

图 8-52 调用"栏杆扶手"命令

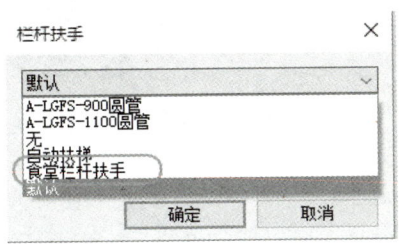

图 8-53 选择"食堂栏杆扶手"

Step07 单击"修改|创建坡道草图"上下文选项卡下"绘制"面板中的"梯段",绘制方式选择"线"。

Step08 如图 8-54 所示,移动光标至 M 点并单击,再将光标向上移动,当坡道预览显示完整时单击,即可完成坡道梯段绘制。绘制方向为坡道上升的方向。

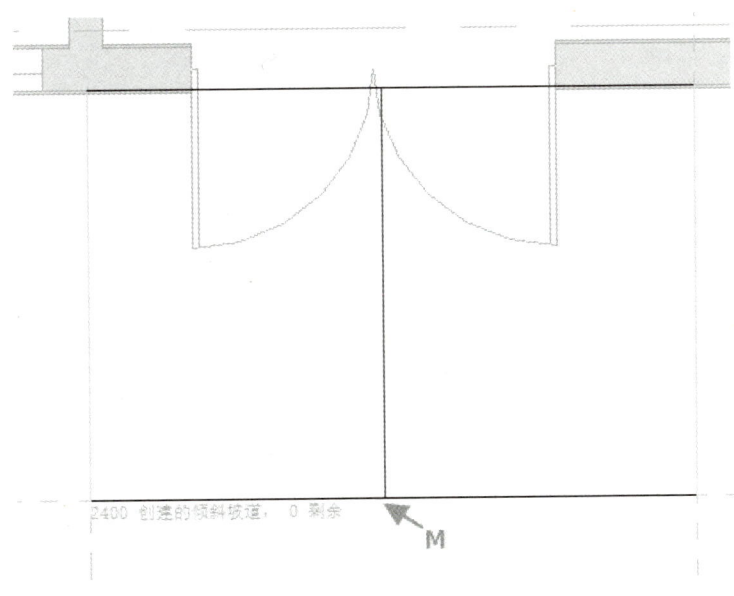

图 8-54 通过绘制线创建坡道

Step09 单击"模式"面板中的完成编辑模式按钮,完成食堂坡道的创建。

Step10 打开三维视图,切换到坡道视角,可看到创建完成的食堂坡道如图 8-55 所示。

Step11 单击"保存"按钮,保存项目文件。

室外台阶

平面尺寸标注

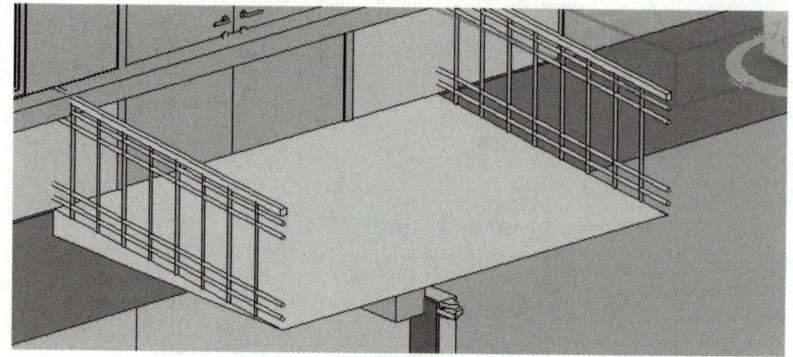

图 8-55　创建完成的食堂坡道

项目 9　场　　地

思维导图

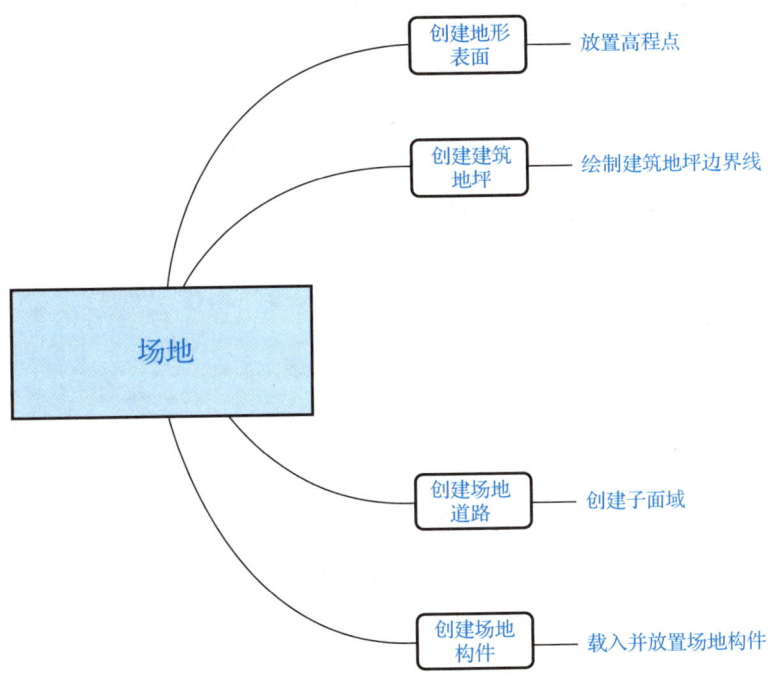

9.1 创建地形表面

Revit 中创建地形表面的具体步骤如下。

Step01 打开"食堂建筑模型"RVT 文件，切换至"场地"楼层平面视图。

Step02 单击"体量和场地"选项卡下"场地建模"面板中的"地形表面"命令，Revit 自动切换至"修改｜编辑表面"上下文选项卡，如图 9-1 所示。

放置点的方式生成地形表面

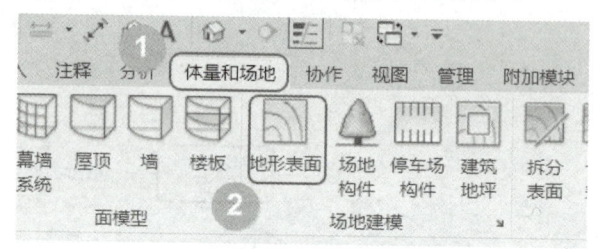

图 9-1 调用"地形表面"命令

Step03 如图 9-2 所示，单击"工具"面板中的"放置点"工具，设置选项栏中的"高程"值为"-450.0"，即将要放置的点的标高为-0.450m。

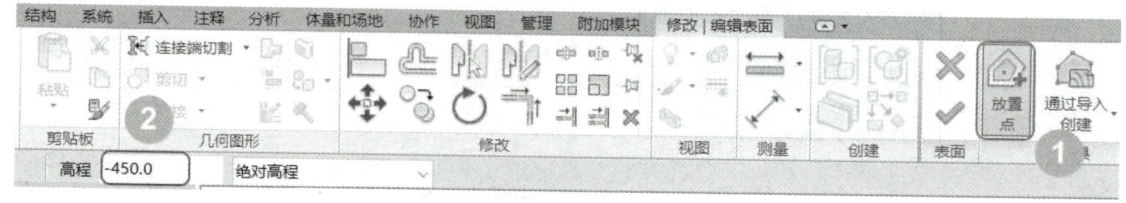

图 9-2 调用"放置点"工具

Step04 在食堂四周单击，放置高程点，Revit 将在地形点范围内创建标高为-0.450m 的地形表面。

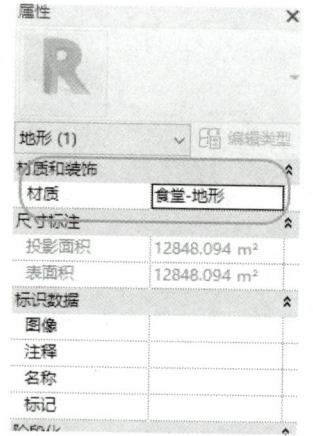

图 9-3 选择地形材质

在实际工程中，一般以导入数据的方式创建地形，本项目以标高为-0.450m 的地形为例，读者可以此为参照创建不同标高的地形。

Step05 单击"属性"选项板中"材质"后的"…"按钮，打开材质浏览器。在材质列表中选择"种植"，并以该材质为基础复制出名称为"食堂-地形"的新材质类型，选择"食堂-地形"作为该场地材质，如图 9-3 所示。

Step06 单击"表面"面板中的"完成表面"按钮，Revit 将按指定高程生成地形表面模型，如图 9-4 所示。

项目 9 场 地

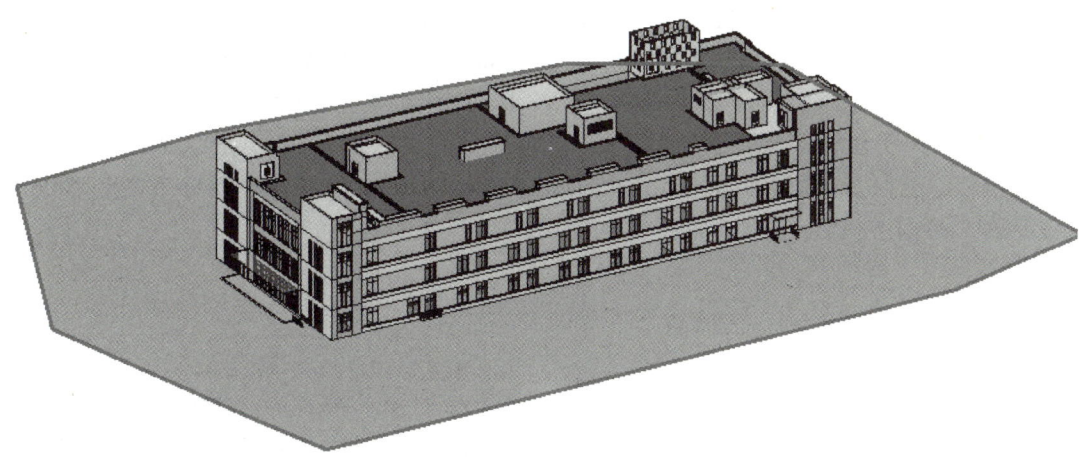

图 9-4 创建完成的地形表面

Revit 除提供了"放置点"这一简单的地形创建方式外,还提供了适用于场地地形比较复杂的"通过导入创建"方式,这种方式不仅可以通过"选择导入实例"创建地形,而且可以通过导入指定的 CSV 或 TXT 格式的点文件来创建地形。

9.2 创建建筑地坪

Revit 中创建建筑地坪的具体步骤如下。

Step01 切换至"A-F1-0.000"楼层平面视图。

Step02 单击"体量和场地"选项卡下"场地建模"面板中的"建筑地坪"命令,如图 9-5 所示。Revit 自动切换至"修改 | 创建建筑地坪边界"上下文选项卡。

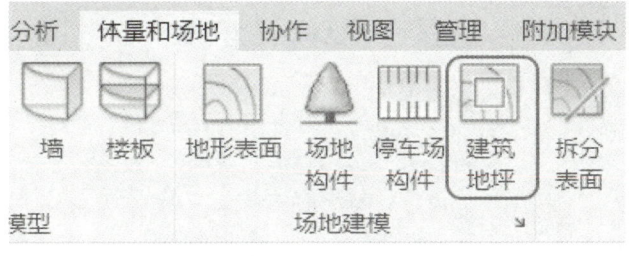

建筑地坪的应用

图 9-5 调用"建筑地坪"命令

Step03 单击"属性"选项板中的"编辑类型"按钮,打开"类型属性"对话框。复制出名称为"食堂-建筑地坪"的新建筑地坪类型,单击"确定"按钮,返回"类型属性"对话框,如图 9-6 所示。

Step04 单击"类型参数"列表中"结构"参数后的"编辑…"按钮,如图 9-6 所示。此时弹出"编辑部件"对话框,如图 9-7 所示,单击"结构[1]"层"材质"后的"…"按

131

钮，打开材质浏览器，复制"场地-碎石"材质，并将复制出的新材质重命名为"食堂-地坪-碎石垫层"，单击"确定"按钮返回"编辑部件"对话框。选择"结构[1]"层材质为"食堂-地坪-碎石垫层"。修改"结构[1]"厚度为"500.0"。设置完成后单击"确定"按钮，返回"类型属性"对话框。再次单击"确定"按钮，退出"类型属性"对话框。

Step05　如图9-8所示，修改"属性"选项板中的"标高"为"A-F1-0.000"，"自标高的高度偏移"值为"-100.0"，即建筑地坪顶面为"A-F1-0.000"楼层平面标高之下100mm，该位置为"A-F1-0.000"楼层平面楼板底部。

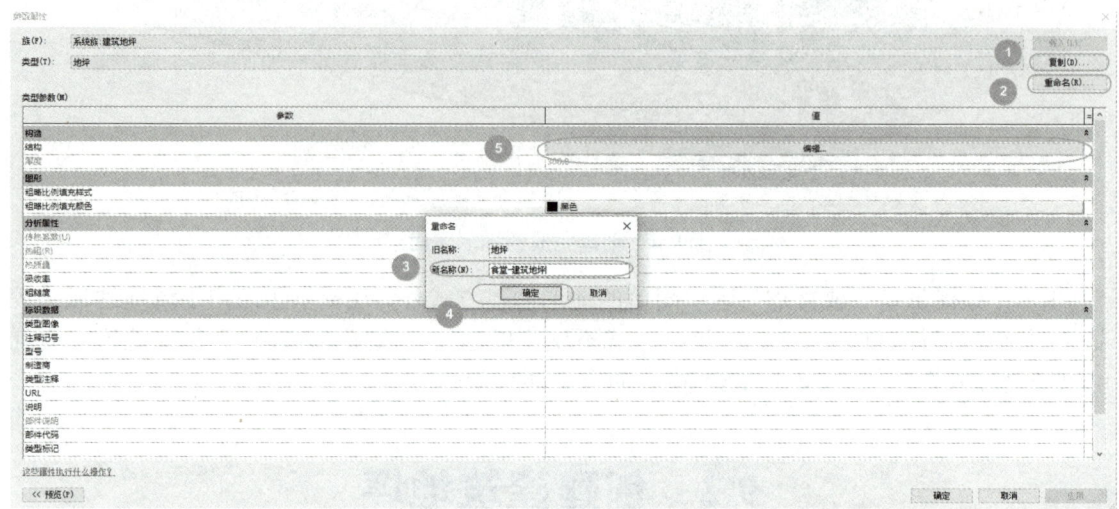

图9-6　新建"食堂-建筑地坪"类型

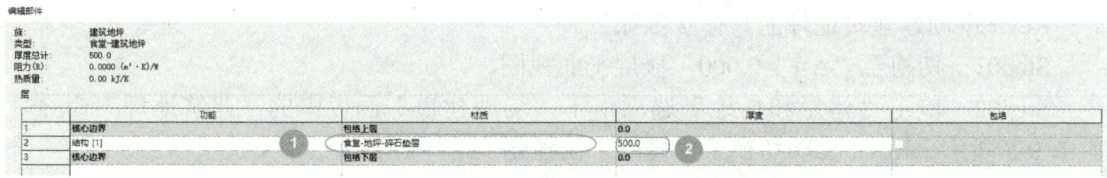

图9-7　"结构[1]"层设置

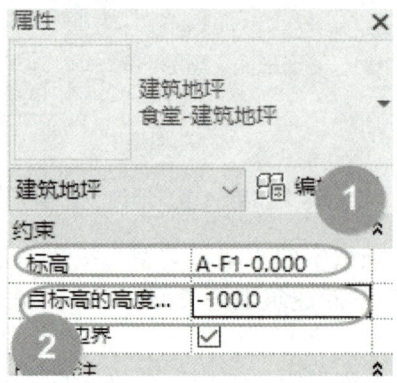

图9-8　"食堂-建筑地坪"的"属性"选项板设置

Step06 确认"绘制"面板中的绘制模式为"边界线",使用"拾取墙"绘制方式;确认选项栏中的"偏移"为"0.0",勾选"延伸到墙中(至核心层)"选项,如图 9-9 所示。使用与绘制楼板边界相似的方式,分别沿食堂外墙内侧核心表面拾取边界线,最终生成建筑地坪轮廓边界线。使用"修改"面板中的"修剪/延伸为角"工具使轮廓线首尾相连。

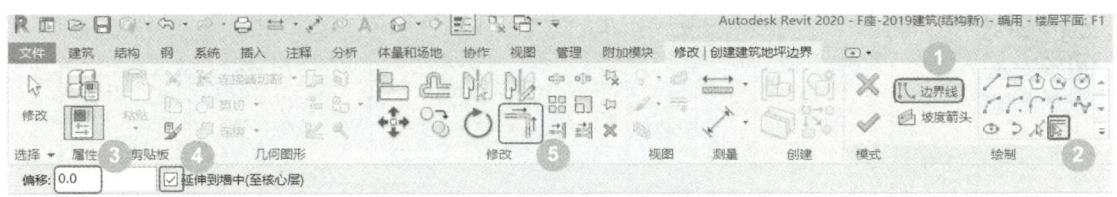

图 9-9 绘制模式的启动与设置

Step07 单击"模式"面板中的完成编辑模式按钮,即可按指定轮廓线创建建筑地坪,完成后建筑地坪为图 9-10 中的线框部分。

图 9-10 创建完成的建筑地坪

9.3 创建场地道路

Revit 中创建场地道路的具体步骤如下。

Step01 切换至"场地"平面视图。

Step02　单击"体量和场地"选项卡下"修改场地"面板中的"子面域"命令，如图 9-11 所示。Revit 自动切换至"修改｜创建子面域边界"上下文选项卡。

创建场地道路

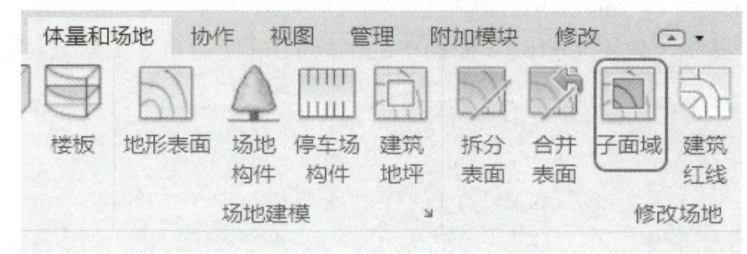

图 9-11　调用"子面域"命令

Step03　在"修改｜创建子面域边界"上下文选项卡中，选择"绘制"面板中的"线""起点、终点、半径弧"等工具，按照图 9-12 所示尺寸绘制子面域边界。配合使用"修改"面板中的"拆分图元""修剪/延伸为角"等工具，使子面域边界轮廓线首尾相连。

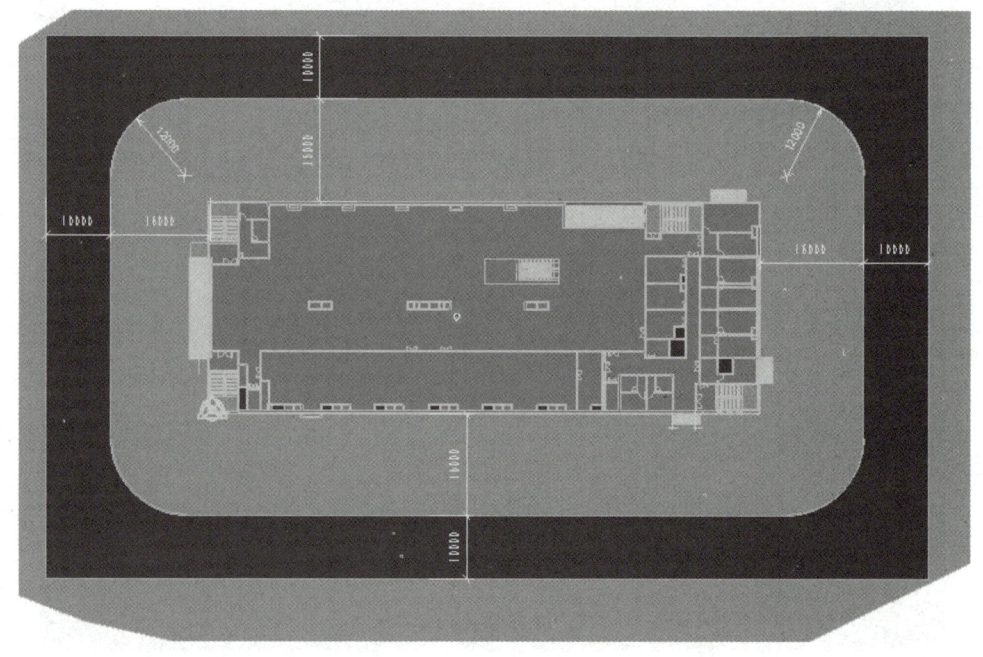

图 9-12　子面域边界尺寸

Step04　单击"属性"选项板中的"材质"后的"…"按钮，弹出材质浏览器，选择"混凝土-现场浇注混凝土"进行复制，并将复制出的新材质重命名为"食堂-混凝土道路"，单击"确定"按钮退出材质浏览器。在"属性"选项板中选择材质"食堂-混凝土道路"，单击"应用"按钮应用该设置。

Step05　单击"模式"面板中的完成编辑模式按钮，完成子面域的创建，如图 9-13 所示。

项目的定位

项目 **9** 场　　地

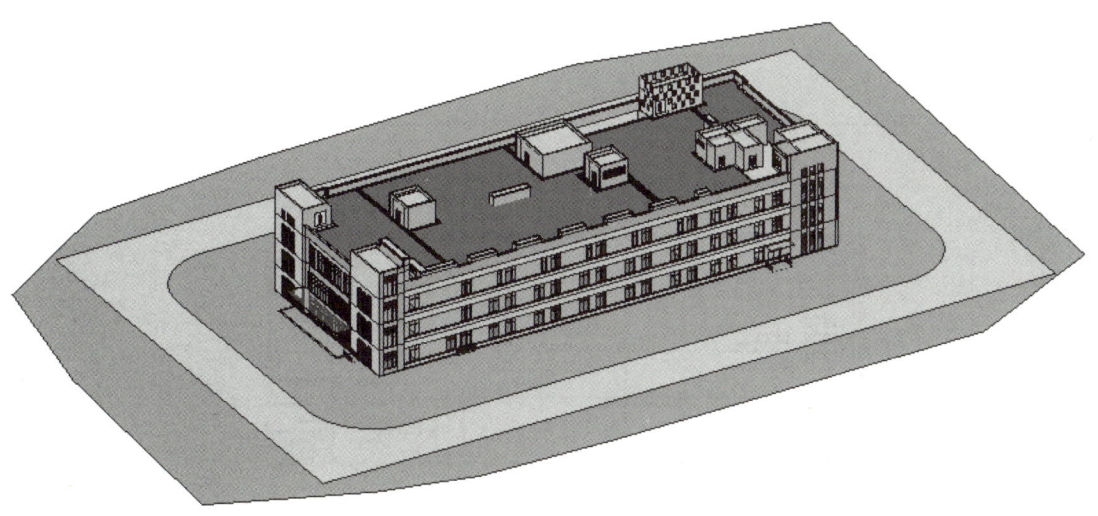

图 9-13　创建完成的场地道路

9.4　创建场地构件

Revit 中创建场地构件的具体步骤如下。

Step01　切换至"场地"平面视图。单击"体量和场地"选项卡下"场地建模"面板中的"场地构件"命令。Revit 自动切换至"修改 | 场地构件"上下文选项卡，此时如果没有相应的族，程序会自动弹出如图 9-14 所示对话框，需要载入场地族。按照文件路径"建筑\植物\3D\乔木\松木 3D"载入族。

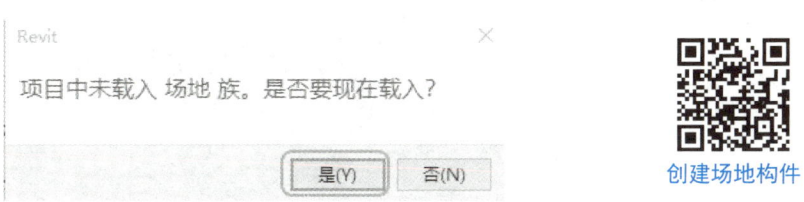

图 9-14　提示载入族的对话框

创建场地构件

Step02　在"属性"选项板中选择当前构件族类型为"松木 3D"，打开"类型属性"对话框，修改其高度为"7000.0"，单击"确定"按钮退出。移动光标在图 9-15 所示位置单击，完成松木的创建。布置完成的三维模型如图 9-16 所示。

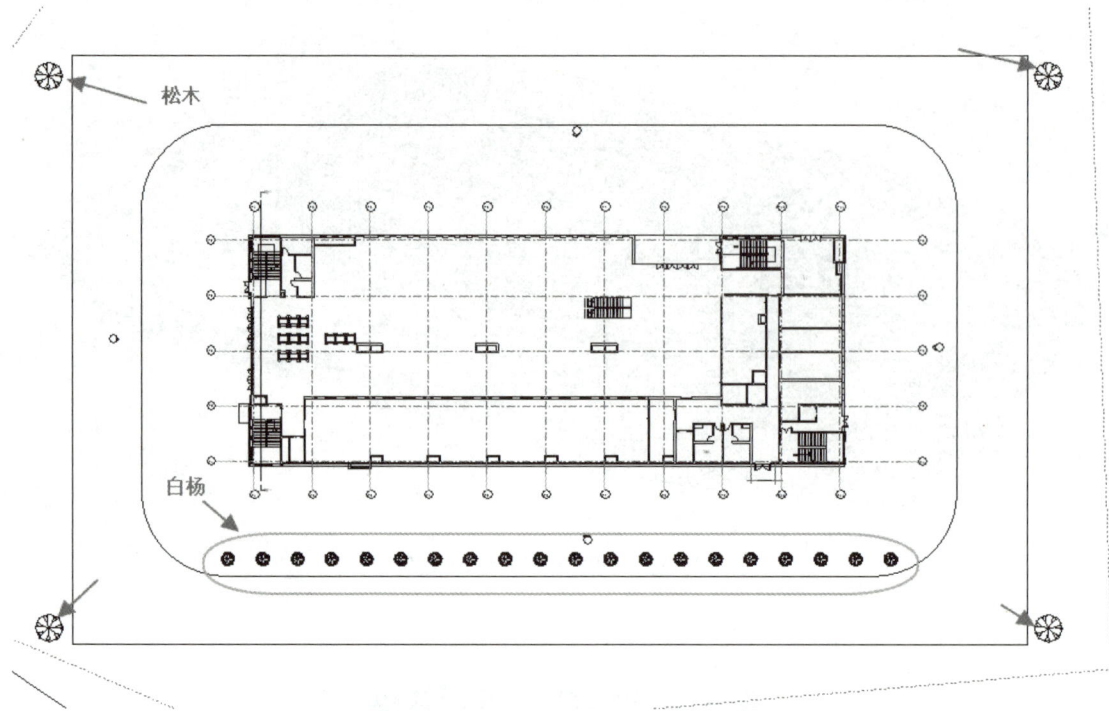

图 9-15 要创建构件"松木 3D"和"白杨 3D"的位置

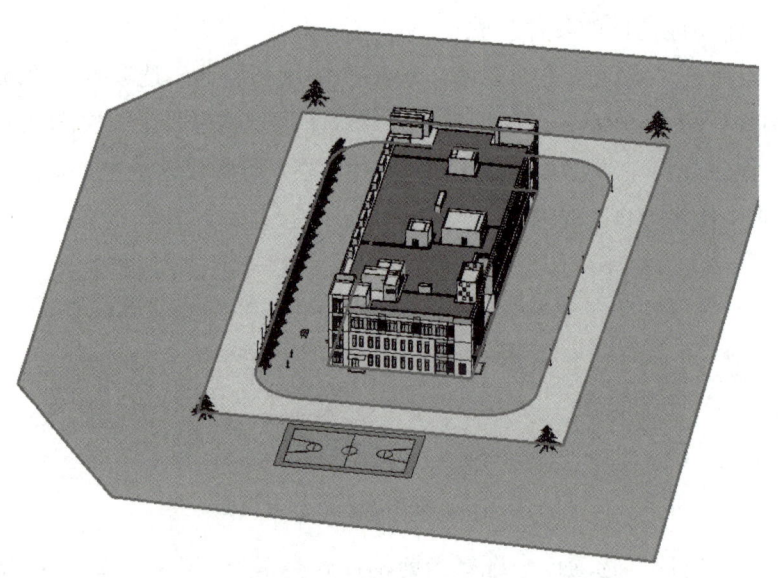

图 9-16 场地构件布置完成的三维模型

Step03 参照上述方法,按照文件路径"建筑\植物\3D\乔木\白杨 3D"载入族,调用"修改"面板的"阵列"工具,沿水平方向均匀放置构件"白杨 3D",如图 9-15 所示。布置完成的三维模型如图 9-16 所示。

Step04　参照前述方法，按照文件路径"建筑\场地\体育设施\体育场\篮球场"载入族，并放置场地构件"篮球场"，如图 9-16 所示。

Step05　参照前述方法，按照文件路径"建筑\配景\RPC 女性"载入族，并放置场地构件"RPC 女性"，如图 9-16 所示。

Step06　单击"建筑"选项卡下"构建"面板中"构件"下拉菜里的"放置构件"命令。Revit 自动切换到"修改 | 放置 构件"上下文选项卡，单击"模式"面板中的"载入族"，按照文件路径"建筑\照明设备\室外照明\街灯 1"载入族，并放置场地构件"街灯 1　250 瓦卤素灯"，如图 9-16 所示。

Revit 漫游

相机视图的创建

阴影及日光路径的研究

室内渲染

室外渲染

项目 10　给排水系统

思维导图

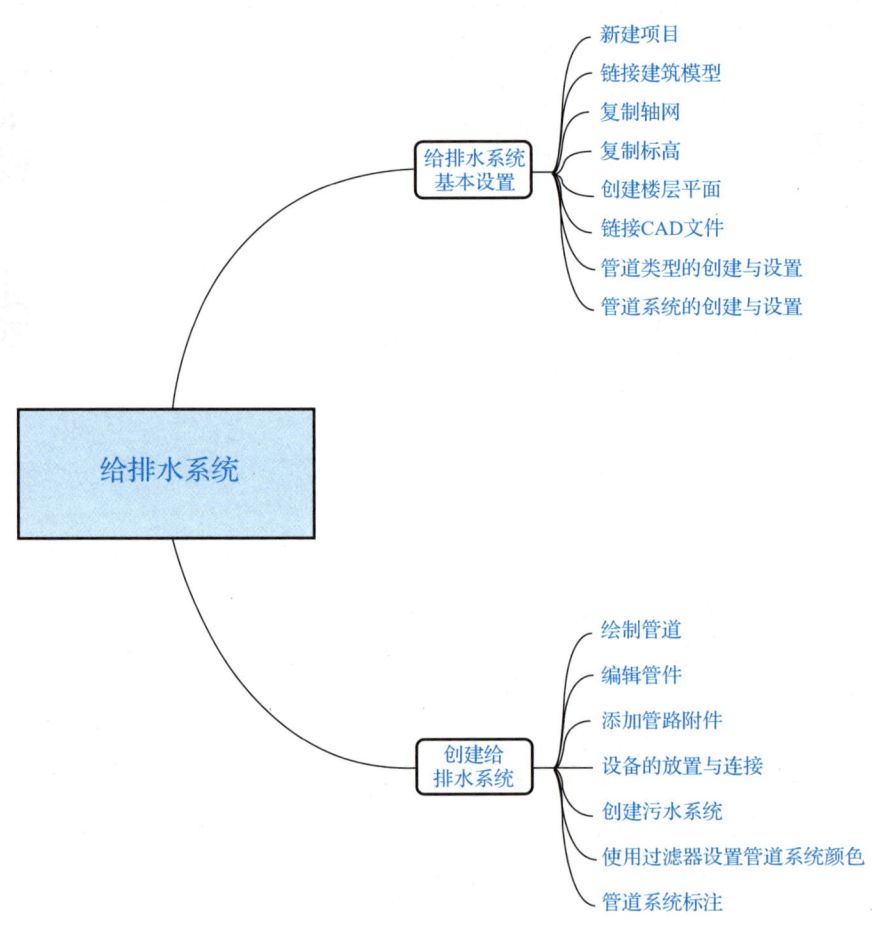

项目 **10** 给排水系统

建筑专业的模型完成后，接下来进行给排水专业的建模。本项目案例为某学校食堂的给排水系统。

10.1　给排水系统基本设置

10.1.1　新建项目

打开 Revit 软件，单击"新建"，在弹出的"新建项目"对话框中单击"浏览…"按钮，选择文件中的"食堂样板_机电.rte"，单击"确定"按钮，如图 10-1 所示。

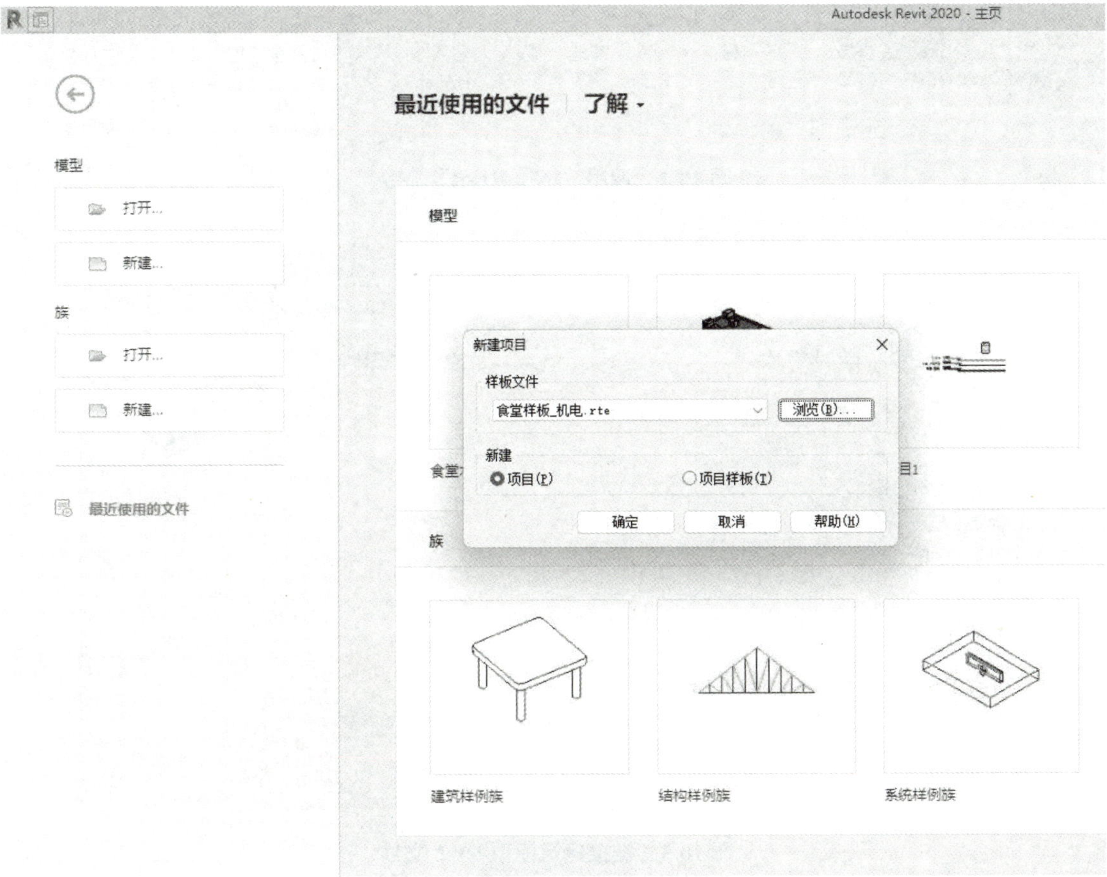

图 10-1　新建项目

样板文件

建筑工程 BIM 技术应用

10.1.2　链接建筑模型

机电建模需要根据建筑模型进行,所以建模前需要将建筑模型文件链接进来。

Step01　单击"插入"选项卡下"链接"面板中的"链接 Revit"命令,如图 10-2 所示。弹出"导入/链接 RVT"对话框,选择要链接的模型文件,"文件类型"默认选择"RVT 文件(*.rvt)","定位"选择"自动-原点到原点",然后单击"打开"按钮,如图 10-3 所示。

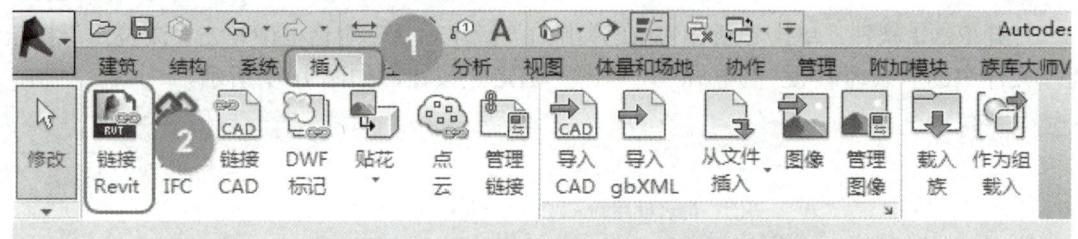

图 10-2　调用"链接 Revit"命令

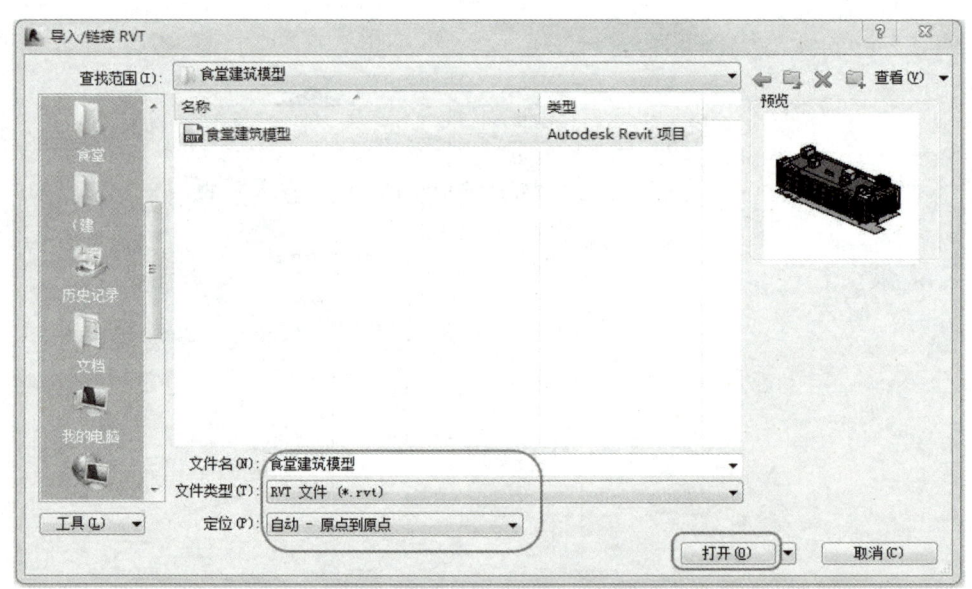

图 10-3　链接建筑模型 RVT 文件

管理链接模型

　　Step02　将建筑模型文件链接进当前项目后,分别将 4 个方位符号移动至模型周围,将模型包围起来,如图 10-4 所示。

项目 **10** 给排水系统

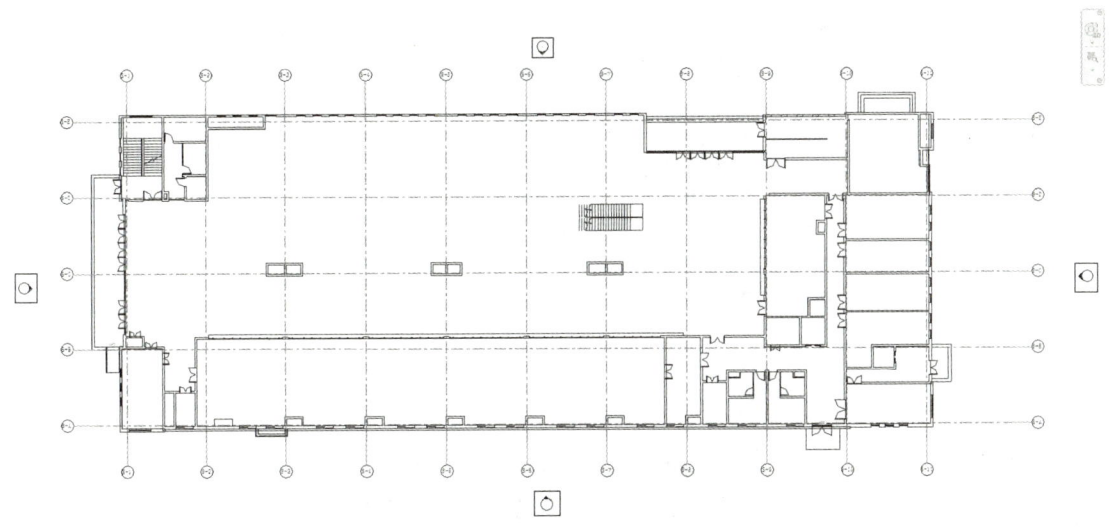

图 10-4 移动方位符号

10.1.3 复制轴网

Step01 单击"协作"选项卡下"坐标"面板中"复制/监视"下拉菜单里的"选择链接"命令,如图 10-5 所示。将光标移至链接的建筑模型后会出现蓝色边框,在此状态下单击建筑模型。

图 10-5 调用"选择链接"命令

Step02 Revit 自动切换到"复制/监视"上下文选项卡,如图 10-6 所示,单击"复制"选项激活选项栏,在选项栏中勾选"多个"后框选整个项目。然后单击选项栏中的过滤器按钮,弹出"过滤器"对话框,只勾选"轴网"复选框,完成后单击"确定"按钮,如图 10-7 所示。此时轴网处于一个被选中的状态,单击选项栏中的"完成"按钮。此时轴网周围出现 符号,说明当前轴网处于"监视"状态,然后在"复制/监视"上下文选项卡中单击"完成"按钮,此时,对轴网"复制/监视"的操作才算真正完成。

141

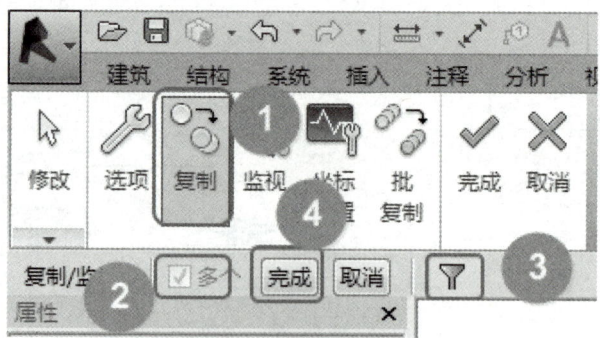

图 10-6 "复制/监视" 轴网

复制与监视

轴网的复制

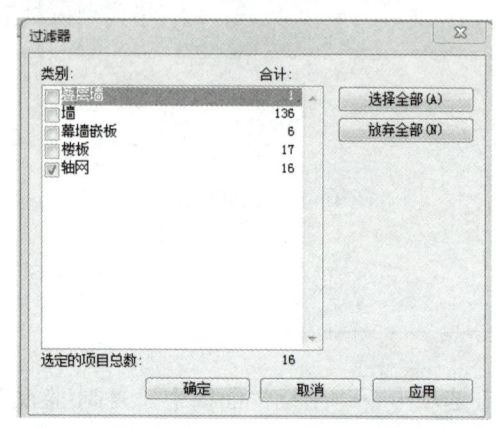

图 10-7 "过滤器" 对话框

10.1.4 复制标高

Step01 选择项目浏览器中"立面(建筑立面)"下拉列表的"南"视图,如图 10-8 所示。进入立面视图后,项目的标高创建方法与轴网相同,采用"复制/监视"建筑模型标高的方法,此处不再赘述。

Step02 标高复制完毕后可以卸载链接的建筑模型,单击"管理"选项卡下"管理项目"面板中的"管理链接",在弹出的对话框中选中"食堂建筑模型.rvt",然后单击"卸载",最后单击"确定"按钮,如图 10-9 所示。

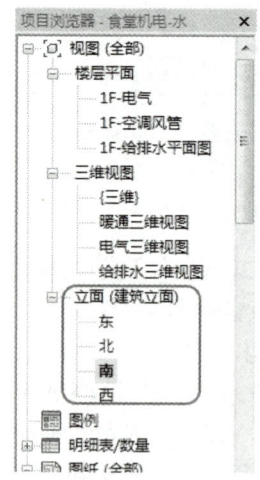

图 10-8 打开立面视图

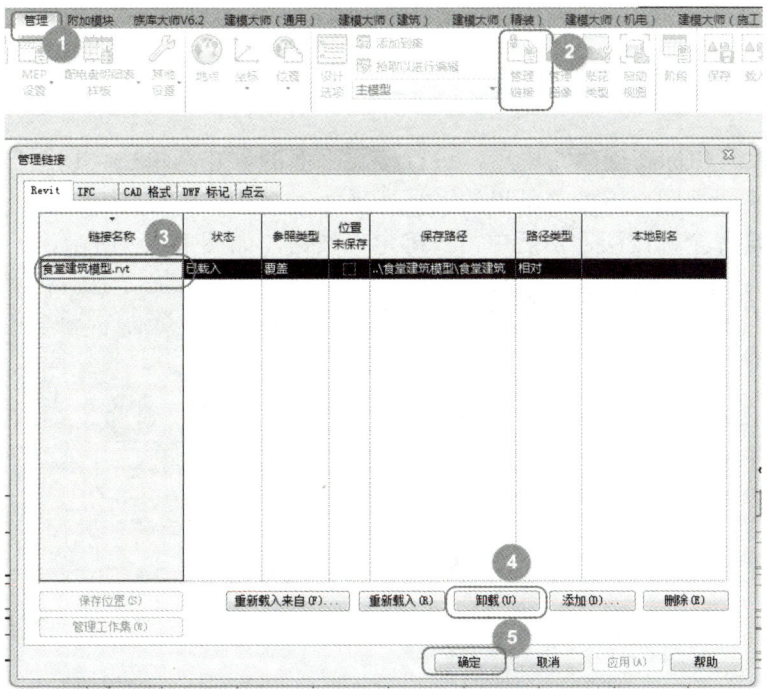

图 10-9　卸载链接的建筑模型

立面视图中创建完成的机电标高如图 10-10 所示。

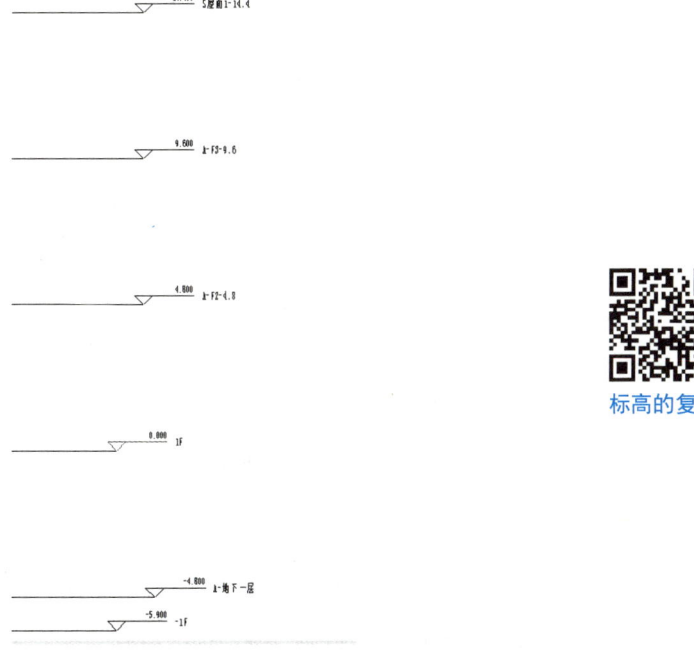

标高的复制

图 10-10　创建完成的机电标高

10.1.5 创建楼层平面

Step01 轴网和标高创建完毕后，进行楼层平面的创建。单击"视图"选项卡下"创建"面板中"平面视图"下拉菜单里的"楼层平面"，如图10-11所示，弹出"新建楼层平面"对话框，选择全部楼层，然后单击"确定"按钮，如图10-12所示。

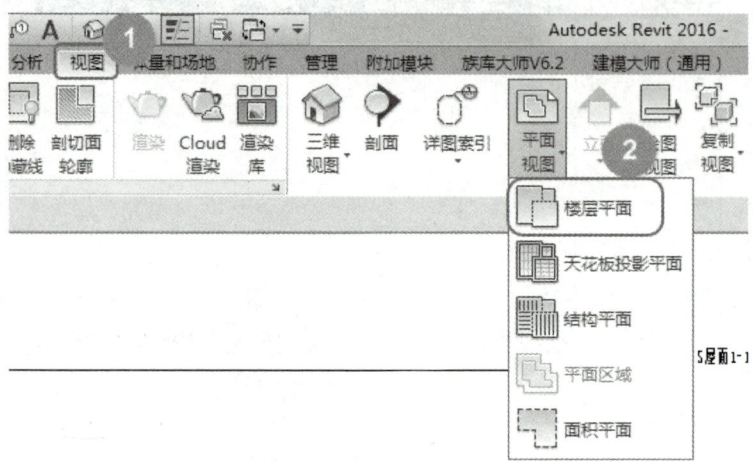

图10-11 创建楼层平面视图

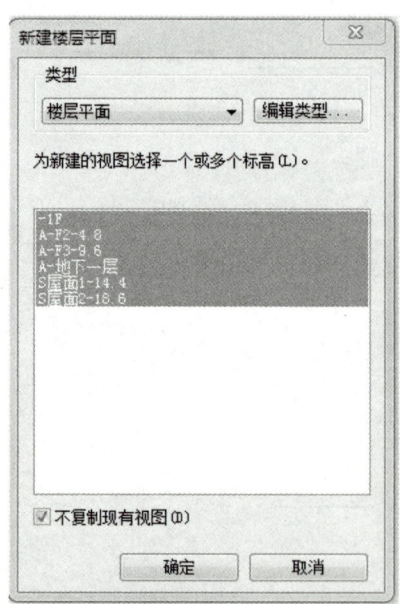

图10-12 选择需要创建平面视图的楼层平面

Step02 对不需要的样板文件自带的"1F-电气""1F-空调风管"楼层平面视图，在项目浏览器中右击"删除"，如图10-13所示。

项目 10 给排水系统

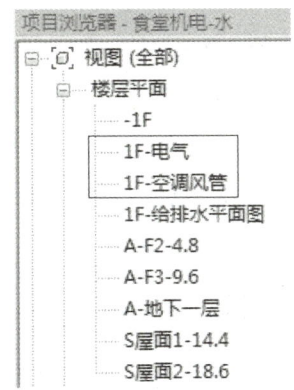

图 10-13 机电楼层平面视图

10.1.6 链接 CAD 文件

在项目浏览器中选择"1F-给排水平面图",单击"插入"选项卡下"链接"面板中的"链接 CAD"选项,弹出"链接 CAD 格式"对话框,选择需要链接的 CAD 图纸文件。其中"文件类型"按默认选择,勾选左下角处"仅当前视图","颜色"选择"保留","导入单位"选择"毫米","定位"选择"自动-原点到原点",设置完成后单击"打开"按钮,如图 10-14 所示。CAD 图纸链接到项目中后,将图纸移动至模型处与其轴网对齐。

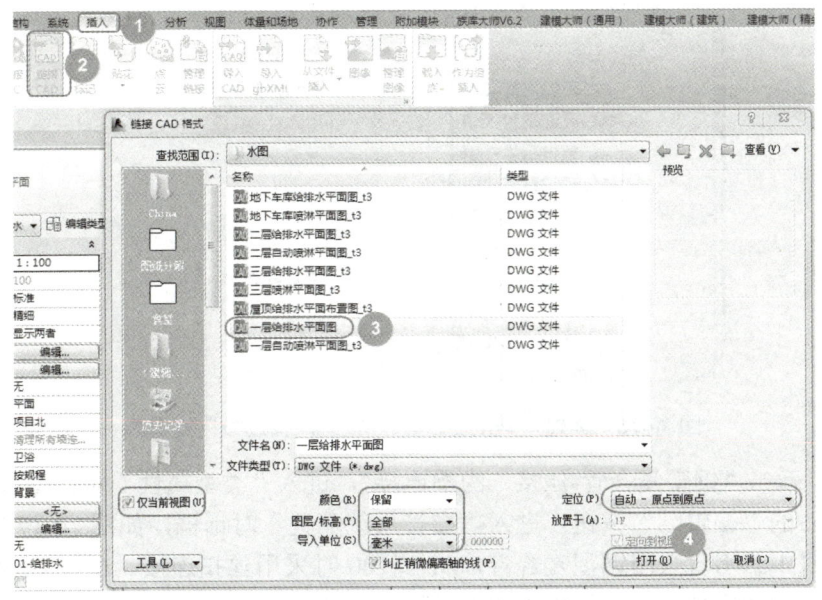

CAD 图纸分隔和导入

图 10-14 链接"一层给排水平面图"

需要注意的是,应先将 CAD 图纸解锁再移动,单击"修改"选项卡下"修改"面板中的"对齐"工具,将链接的 CAD 图纸轴网与"1F-给排水平面图"中的轴网对齐,如图 10-15 所示。

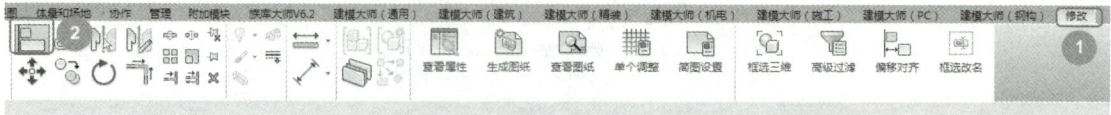

图 10-15 调用"对齐"工具

10.1.7 管道类型的创建与设置

给排水工程中常用的管道类型有给水用的 PP-R 管、PE 管、镀锌钢管、钢塑复合管等，排水用的 PVC-U、铸铁管等。Revit 默认自带两种管道类型，分别是标准和 PVC-U-排水，因此建模时需要创建给排水工程对应的管道类型并对其进行设置，设置内容包括管道材质和规格、管道尺寸、相应管件等。

Step01　在项目浏览器中，依次打开"族""管道""管道类型"下拉列表，系统自带管道类型包括"标准"和"PVC-U-排水"，如图 10-16 所示。右击"标准"族，通过复制创建出"标准 2"，并将其重命名为"钢塑复合管-丝接、沟槽连接"。

系统族的创建

管道类型创建

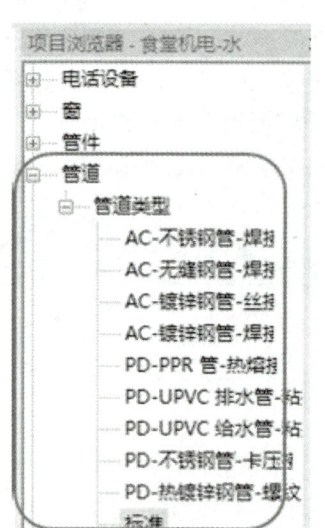
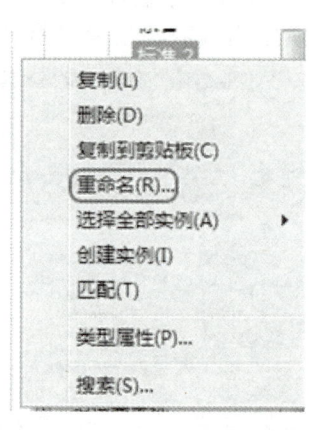

图 10-16 创建"钢塑复合管-丝接、沟槽连接"管道族

Step02　双击"钢塑复合管-丝接、沟槽连接"，进入"类型属性"对话框，单击"布管系统配置"后的"编辑..."按钮。进入"布管系统配置"对话框，如图 10-17 所示。

在本项目中给水管采用钢塑复合管，$DN \leqslant 100$ 时采用丝扣连接，$DN > 100$ 时采用沟槽式卡箍连接。因此需要为给水管道配置两种连接方式，根据管径大小来智能生成不同的连接件。选中"弯头"一栏，单击左侧"+"按钮来新建并载入其他连接弯头，通过"最小尺寸"和"最大尺寸"来控制不同尺寸的管道生成的弯头类型。"布管系统配置"对话框中所有"构件"设置结果如图 10-18 所示。

项目 10　给排水系统

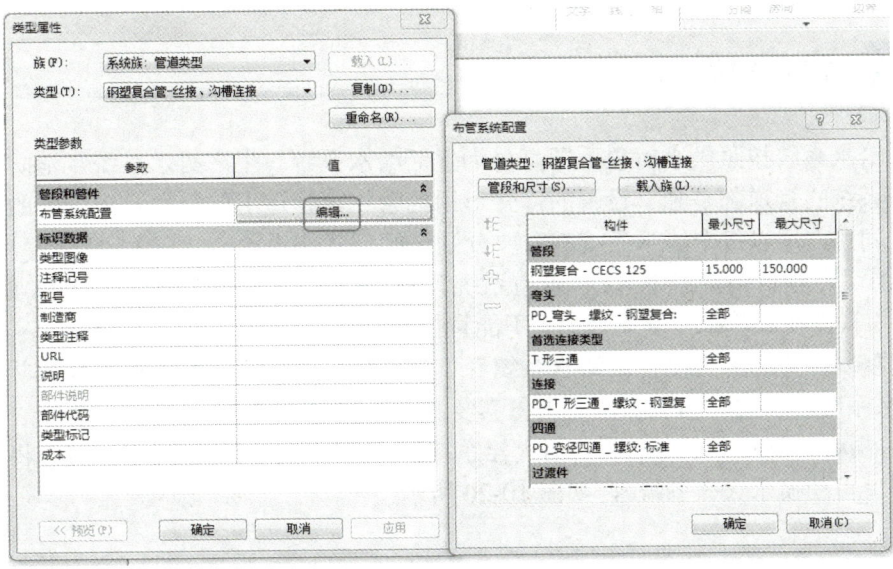

图 10-17　打开"布管系统配置"对话框

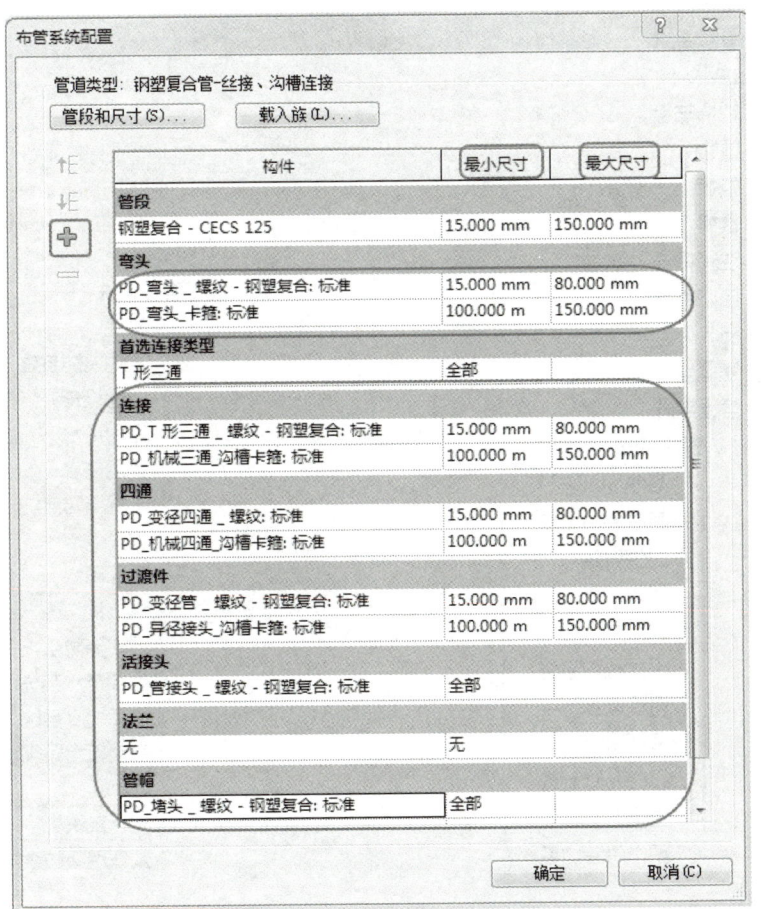

图 10-18　设置完成的"布管系统配置"对话框

10.1.8 管道系统的创建与设置

室内给水系统按照供水对象不同可分为生活给水系统、生产给水系统、消防给水系统等。每个系统的管道都是独立设置的，管道用的管材、管道上的附件及系统中的设备都有可能是不同的，所以每个给水系统都需要分别进行创建和设置。

Step01 在项目浏览器中选择"管道系统"，系统默认自带 11 个管道系统族，如图 10-19 所示。用户只能在此基础上复制修改，不能直接删除其中任一个。例如，选择"家用冷水"，右击将其复制并重命名为"生活给水系统"；选择"卫生设备"，右击将其复制并重命名为"生活污水系统"；选择"其他"，右击将其复制并重命名为"雨水系统"；选择"湿式消防系统"，右击将其复制并重命名为"消火栓系统"；选择"其他消防系统"，右击将其复制并重命名为"自动喷水灭火系统"，如图 10-20 所示。

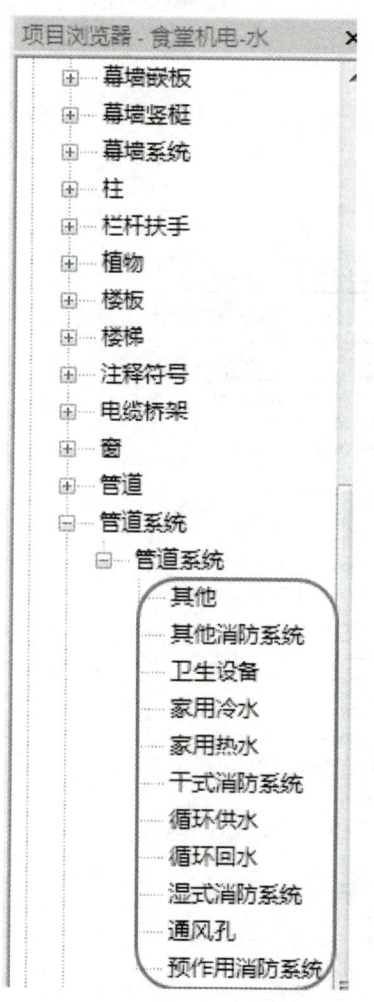

图 10-19 系统默认自带管道系统

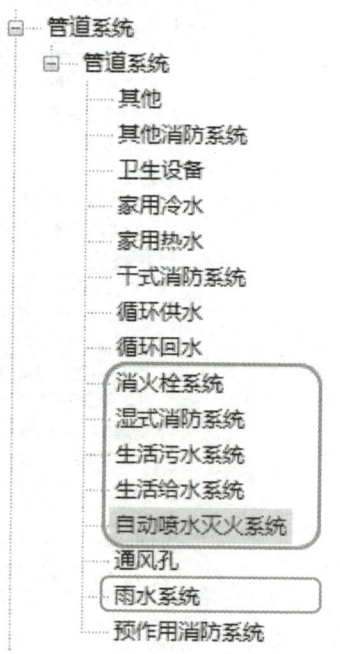

图 10-20 复制创建的管道系统

Step02 双击"生活给水系统",进入"类型属性"对话框,选择"标识数据"中的"缩写"选项,填入"生活给水系统"的缩写代号"J",如图 10-21 所示,然后单击"图形替换"选项后的"编辑…"按钮,进入"线图形"对话框进行线型设置。"宽度"根据出图效果设置,暂时选择"1"号线宽;"颜色"根据管道系统出图标准进行设置,选择"RGB 000-250-000"(绿色);"填充图案"选择"实线",完成后单击"确定"按钮,如图 10-22 所示。其余管道系统采用上述方法,根据管道系统出图标准,对管道系统"缩写"及"图形替换"进行设置。

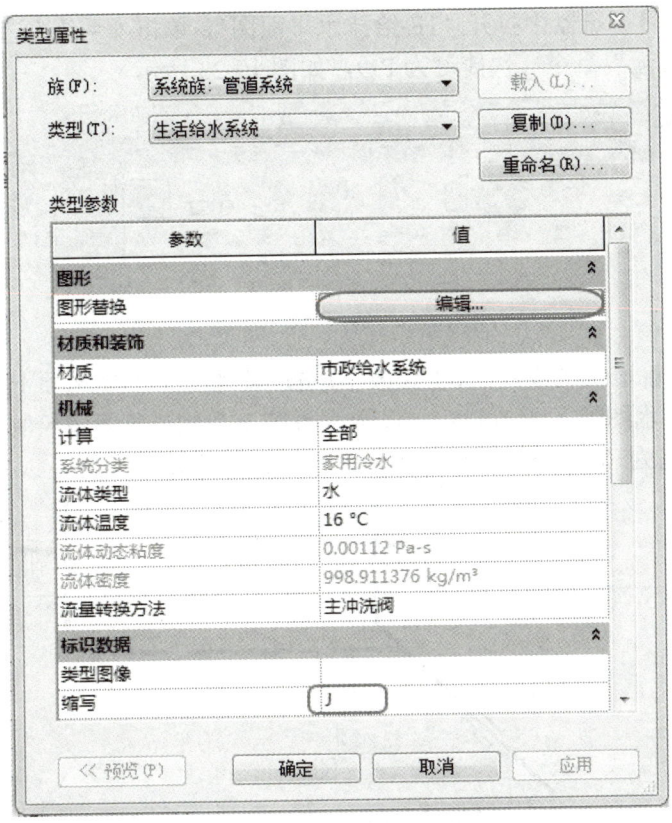

图 10-21 "类型属性"对话框设置

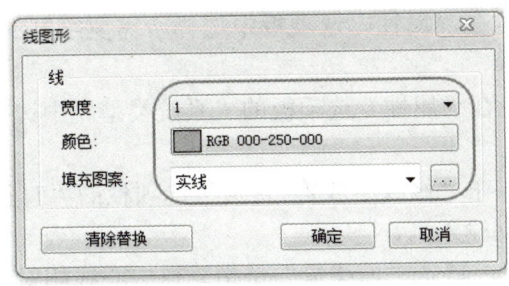

图 10-22 "线图形"对话框设置

10.2 创建给排水系统

10.2.1 绘制管道

Step01　在项目浏览器中打开"1F-给排水平面图",单击"系统"选项卡下"卫浴和管道"面板中的"管道"命令(快捷键为 PI),如图 10-23 所示。

图 10-23　调用"管道"命令

Step02　进入管道绘制模式后,"修改｜放置 管道"上下文选项卡与选项栏同时被激活,根据食堂给排水图纸(图 10-24),以给水系统 2 为例进行管道绘制。已知引入管管径为 DN50mm,标高为-0.750m,管材为钢塑复合管,进行以下设置。

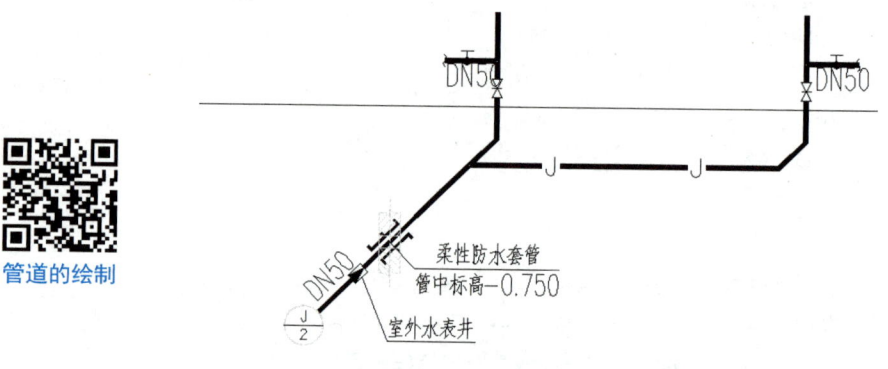

管道的绘制

图 10-24　食堂给排水图纸

(1)选择管道类型。在"属性"选项板中选择所需要绘制的管道类型"钢塑复合管-丝接、沟槽连接"。

(2)选择系统类型。在"属性"选项板的"系统类型"中选择所需要的系统类型"生活给水系统"。

(3)选择管道直径。在"修改｜放置 管道"选项栏的"直径"中选择所需管道直径"50.0mm",也可以"手动输入"。

(4)指定管道偏移量。默认"偏移量"是指管道中心线相对于"属性"选项板中所选"参照标高"的距离。在"偏移量"选项中可以选择项目中已经用到的管道偏移量,也可以直接输入自定义的偏移量数值"-750.0mm"。

（5）如图 10-25 所示完成对即将绘制管道的参数设置，将光标移动至绘图区域，在管道的起点位置单击，移动光标至管道的终点位置再次单击，绘制完成的管段如图 10-26 所示。

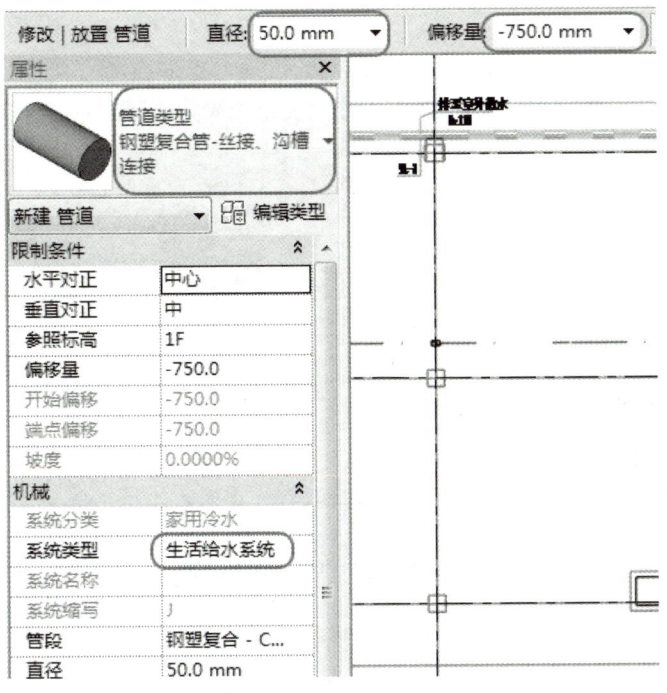

图 10-25　管道参数设置

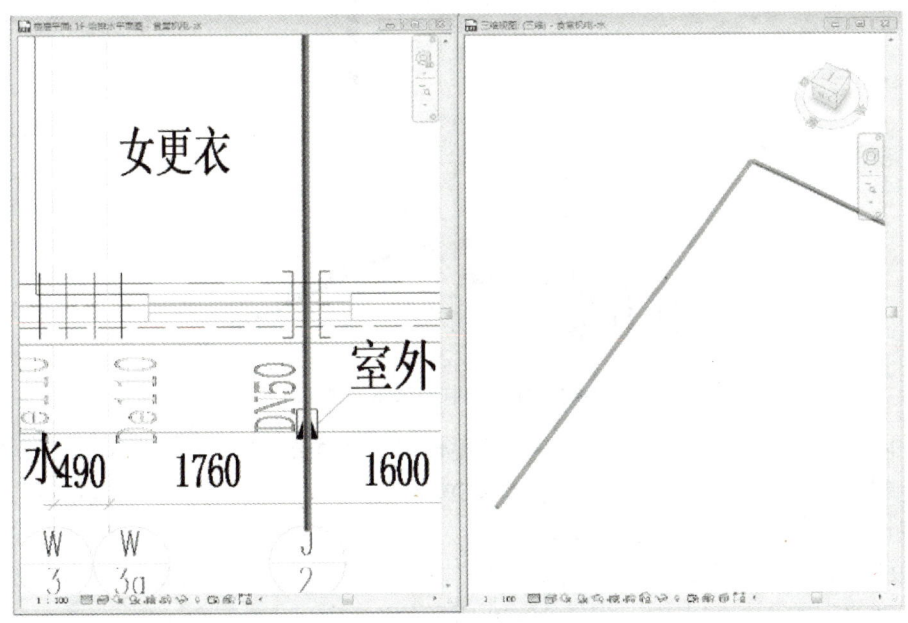

图 10-26　绘制完成的管段

Step03 以项目中的"JL-2"为例介绍立管的绘制方法。按照前述的管道绘制方法，绘制到"JL-2"时，单击管道中心位置，修改立管标高"偏移量"，由管底的"-750.0mm"改为管顶的"13670.0mm"，然后单击"应用"按钮，如图 10-27 所示。Revit 自动生成立管，如图 10-28 所示。

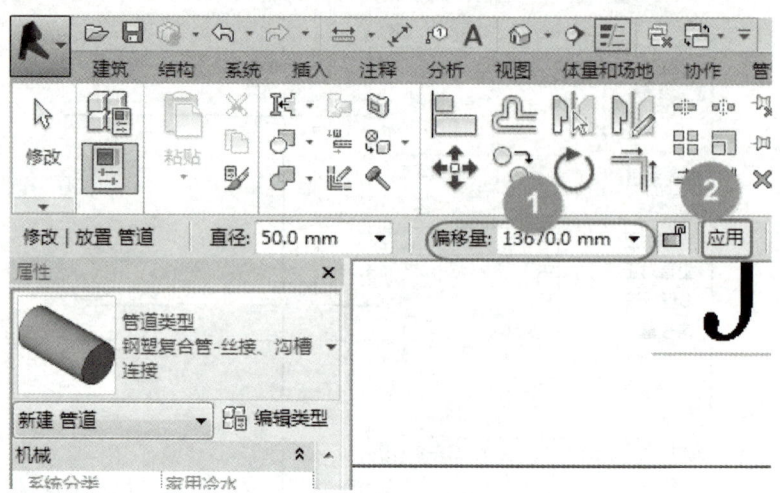

图 10-27　立管绘制参数设置

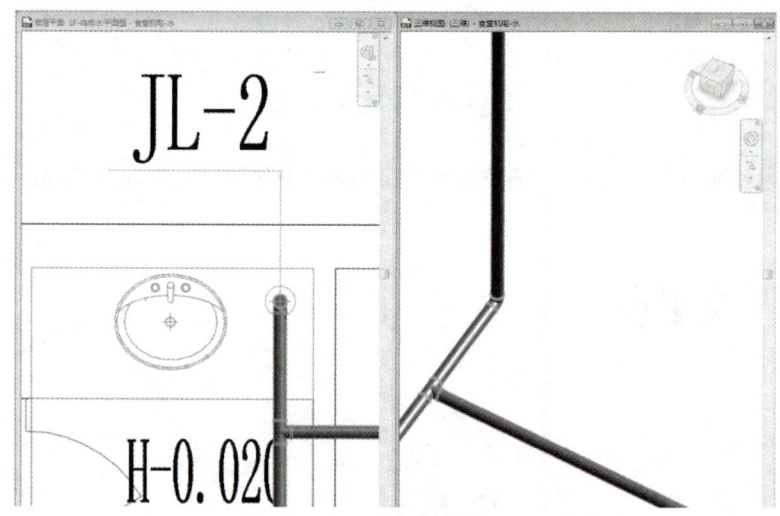

图 10-28　绘制完成的立管

Step04 当绘制的排水管道带坡度时，需要预定义管道坡度值，操作步骤如图 10-29 所示，单击"管理"选项卡下"设置"面板中"MEP 设置"下拉菜单里的"机械设置"，在弹出的"机械设置"对话框中新建需要的坡度值。

在激活"管道"命令且选中"向下坡度"或"向上坡度"的状态下，预定义坡度将出现在"坡度值"的下拉列表中，如图 10-30 所示。

项目 **10** 给排水系统

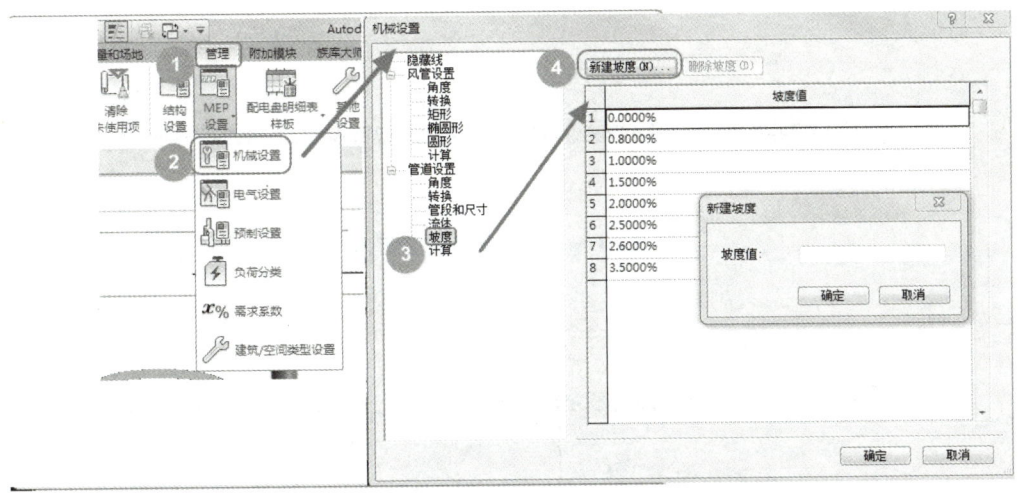

图 10-29　新建坡度的操作步骤

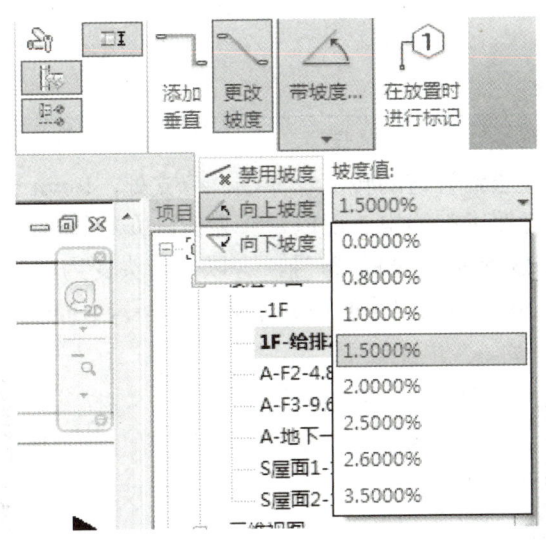

图 10-30　选择预定义坡度

管道的坡度可以在绘制时选择预定义坡度指定，也可以在绘制完成后再对坡度进行编辑。以"污水系统3"为例。

方法一：直接绘制带坡度管道。激活"管道"命令，在"修改｜放置 管道"上下文选项卡中选择"向上坡度"或"向下坡度"（默认状态下为"禁用坡度"）选项后，指定对应的坡度值，如图 10-31 所示。需要注意的是，直接绘制带坡度的管道时，需要确定管道的起点标高；绘制完成一段带坡度管道后，在绘制下一段管道时，也需要注意管道的起点标高。

方法二：先绘制再编辑管道坡度。先绘制一段不带坡度的管段，然后可以选取该管段，修改其起点或终点标高，从而达到使管道带坡度的目的；或者选择管段上出现的坡度符号，修改坡度值，同样可以使管道带坡度，如图 10-32 所示。

153

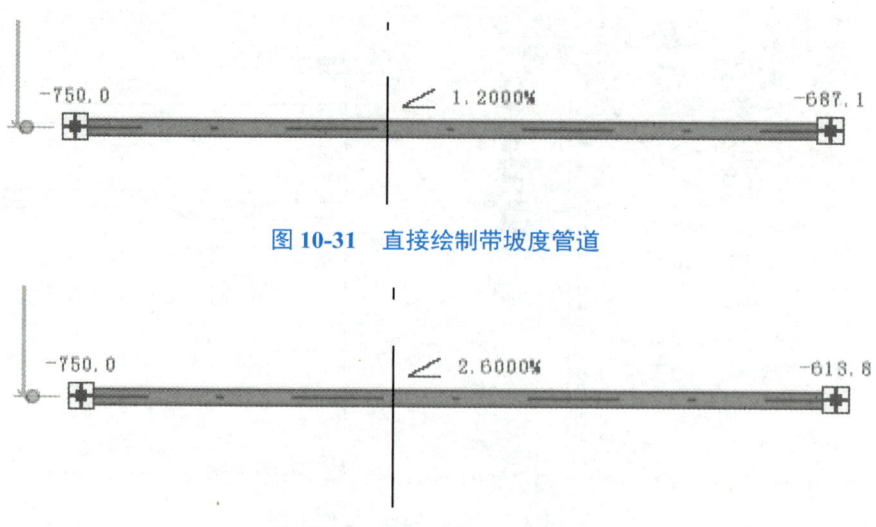

图 10-31　直接绘制带坡度管道

图 10-32　修改管段坡度值

10.2.2　编辑管件

在管道绘制过程中，遇到管道的转弯、变径、分支处，Revit 会自动生成对应的管件，如有需要也可以对某一管件进行编辑。现以弯头为例，介绍管件的编辑方法。

Step01　单击图 10-33 所示的"+"符号，可以使弯头变为 T 形三通。

Step02　单击图 10-34 所示的"⇆"（或"⇅"）符号，可以使弯头水平（或垂直）翻转 180°。

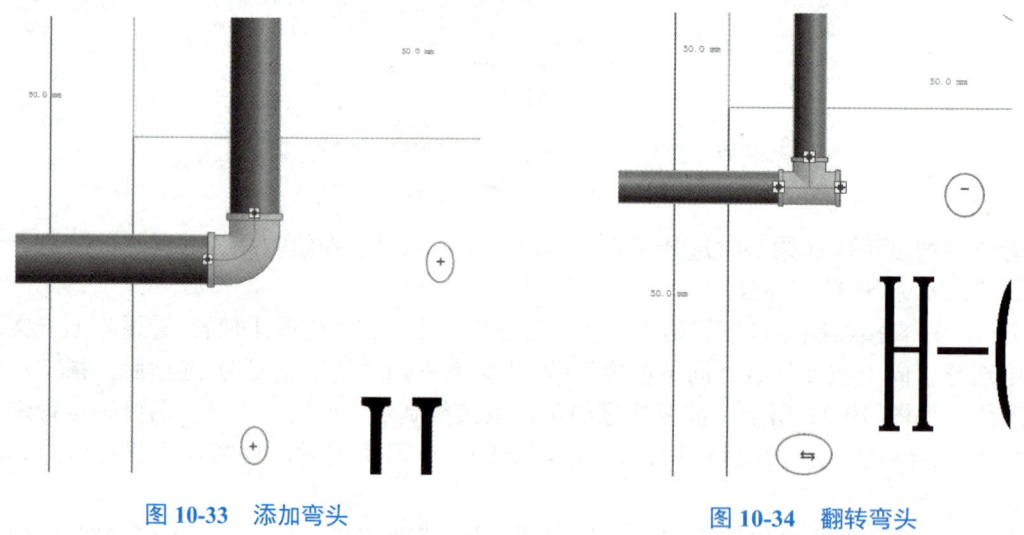

图 10-33　添加弯头　　　　　　　　图 10-34　翻转弯头

Step03　单击图 10-35 所示的"↻"符号，可以旋转弯头（当管件连接管道后，该符号不再出现）。

项目 10 给排水系统

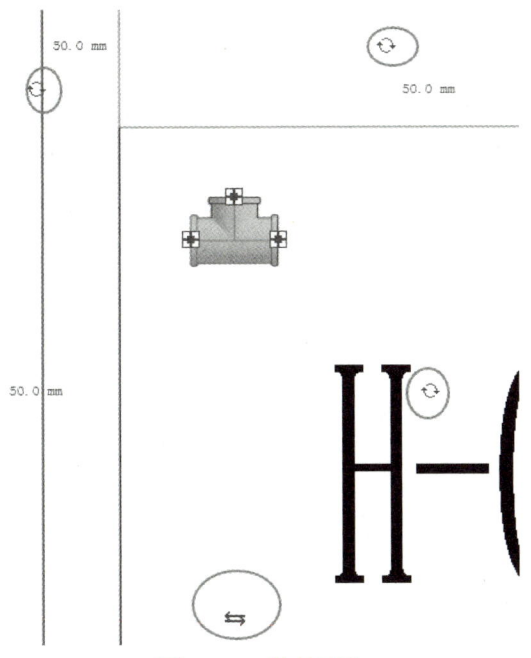

图 10-35　旋转弯头

> **特别提示**
>
> 　　如果管件旁边出现"+"符号，表示可以升级该管件。例如，弯头可以升级为 T 形三通，T 形三通可以升级为四通。
> 　　如果管件的旁边出现"-"符号，表示可以降级该管件。例如，带有未使用连接件的四通可以降级为 T 形三通，带有未使用连接件的 T 形三通可以降级为弯头。如果管件上有多个未使用的连接件，则不会显示"-"符号。

10.2.3　添加管路附件

　　在平面视图、立面视图、剖面视图和三维视图中均可添加管路附件。管路附件需要手动添加，管路附件的放置方法有以下两种。
　　方法一：单击"系统"选项卡下"卫浴和管道"面板中的"管路附件"命令，如图 10-36 所示。在"属性"选项板中选择需要的管路附件类型，放置在绘图区域中的对应位置。

添加系统的阀门

图 10-36　调用"管路附件"命令

155

方法二：在项目浏览器中，选中"管道附件"族，直接以拖曳的方式将管路附件拖到绘图区域进行放置。

假如当前项目中没有所需的管路附件，可以在"属性"选项板中单击"编辑类型"按钮，进入"类型属性"对话框，单击"载入"按钮，载入需要的管路附件，如图10-37所示。

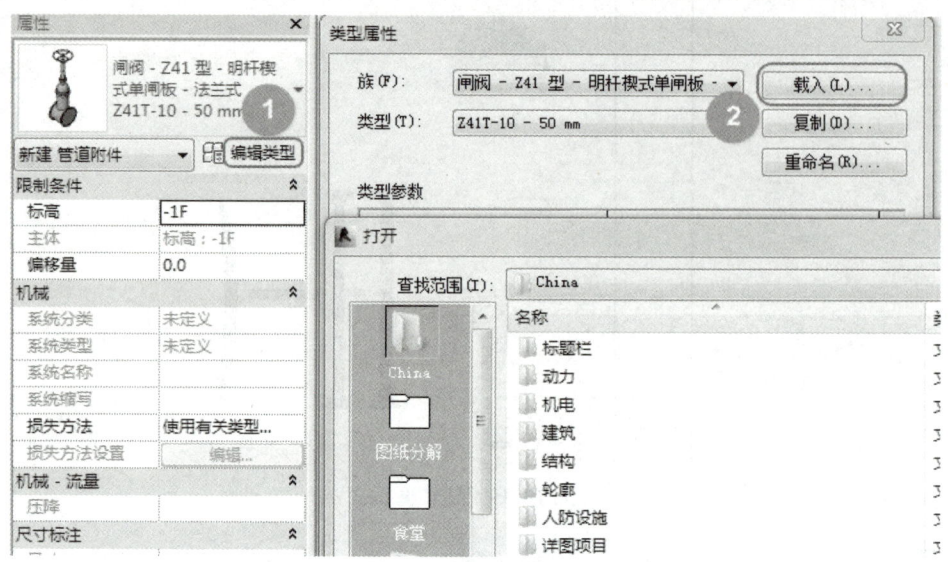

图10-37　载入需要的管路附件

按照上述方法完成项目中"给水系统2"的入户管水表节点管路附件添加，放置完成后如图10-38所示。

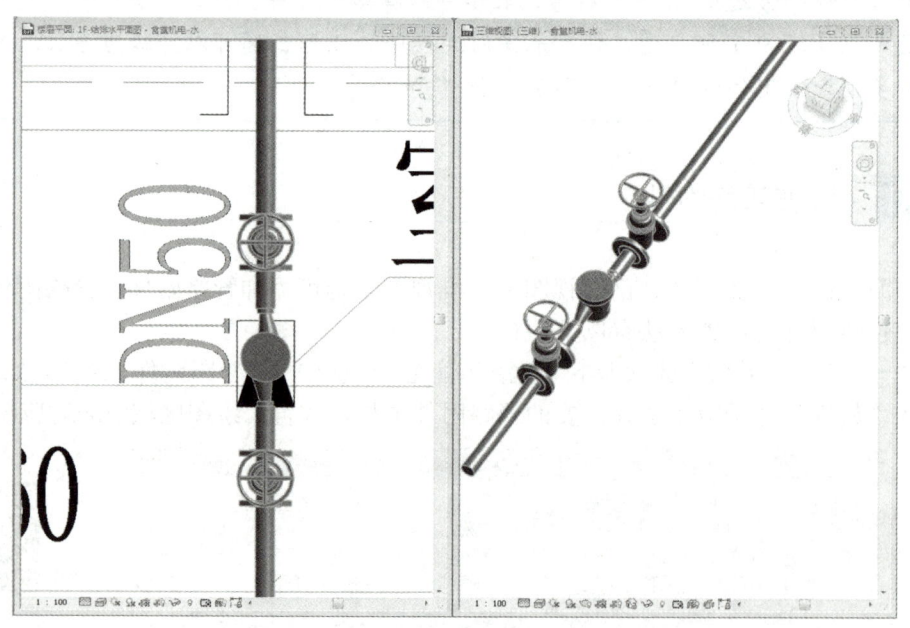

图10-38　放置完成后的管路附件

10.2.4 设备的放置与连接

用户在放置卫浴装置的过程中需要注意，系统自带的卫浴装置大部分需要基于建筑主体放置，建筑主体包括墙、柱及楼板等。

Step01 单击"系统"选项卡下"卫浴和管道"面板中的"卫浴装置"命令，在"属性"选项板中选择需要的卫浴装置后，即可将之在绘图区域所需位置放置，如图10-39所示。

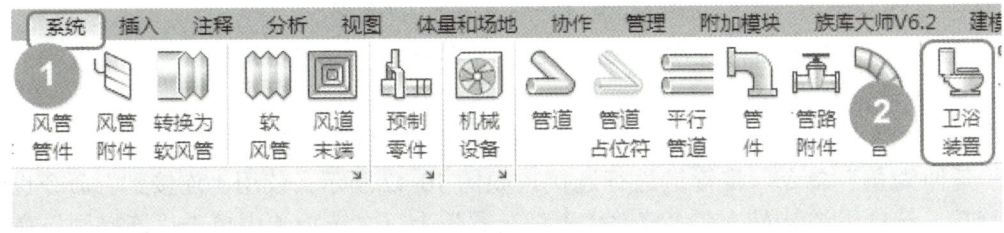

图10-39 调用"卫浴装置"命令

Step02 按照CAD图纸中的卫生间大样图，对卫浴装置进行放置，如图10-40所示。

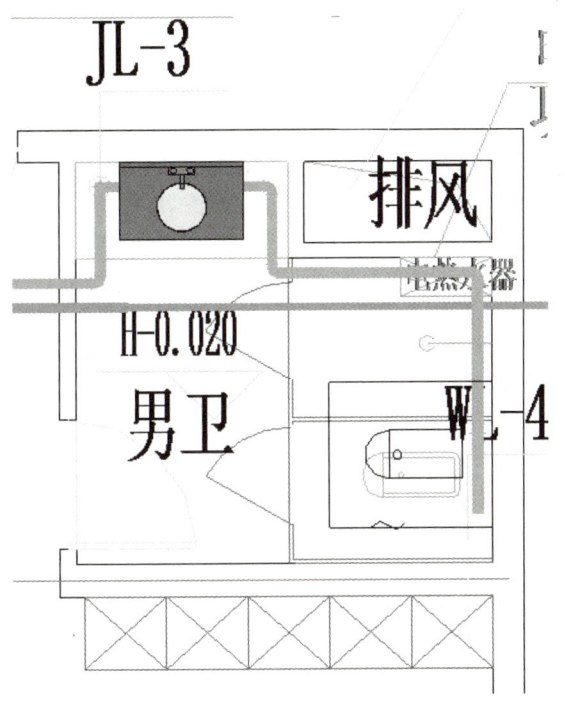

添加管道系统的设备

图10-40 卫生间大样图

Step03 选择卫浴装置，查看其进水点位置。单击"系统"选项卡下"卫浴和管道"面板中的"管道"命令，在"属性"选项板中选择"管道类型"为"钢塑复合管-丝接、沟槽连接"，"系统类型"为"生活给水系统"，"直径"为"25.0mm"，以及"偏移量"为"850.0mm"。将光标移至进水点附近，出现"捕捉"符号时单击，绘制一段管道，如图10-41所示。

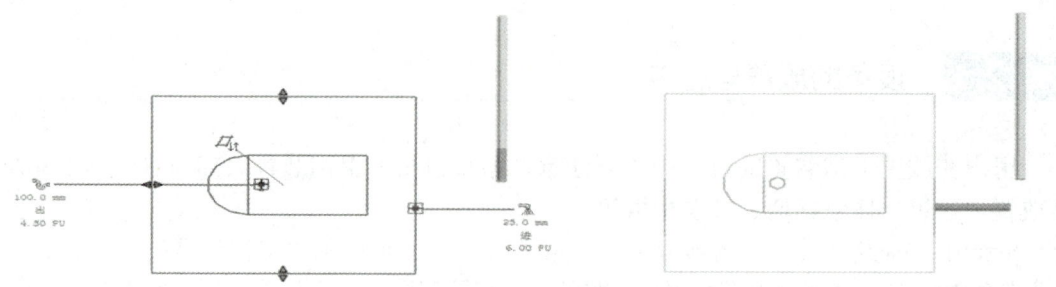

图 10-41　绘制卫浴装置连接管道

注意：在进行项目管道绘制时，需要确定当前视图的"视图样板"是否设置为"无"，"规程"是否设置为"协调"。

Step04　选中卫浴装置，单击"修改｜卫浴装置"上下文选项卡下"修改"面板中的"修剪/延伸为角"命令，将管道进行连接，如图 10-42 所示；使用"连接到"命令也可以进行连接，选中卫浴装置，在"修改｜卫浴装置"上下文选项卡中单击"连接到"命令，如图 10-43 所示，再选择需要连接的管道，管道与卫浴装置即可自动连接，如图 10-44 所示。需要注意的是，使用"连接到"命令时，连接件伸出的管道默认与目标管道的最近端点进行连接。

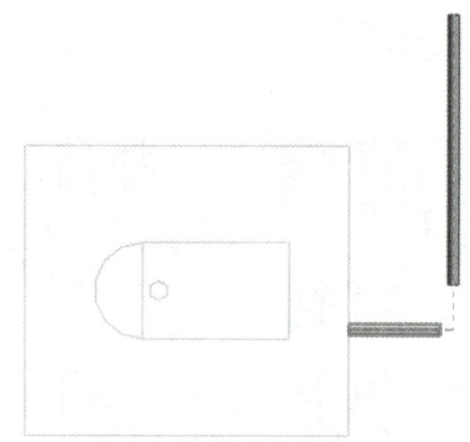

图 10-42　使用"修剪/延伸为角"命令连接管道

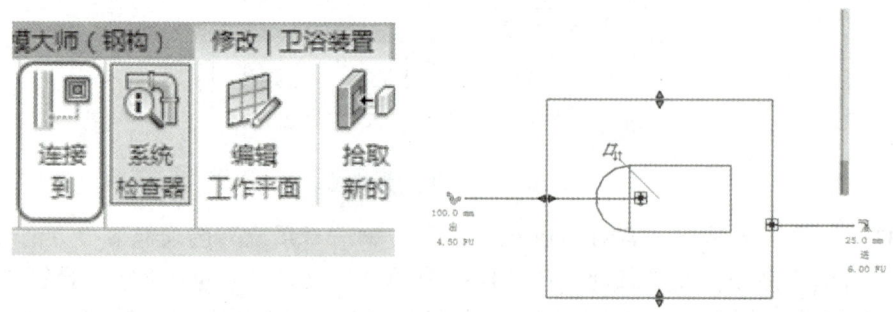

图 10-43　调用"连接到"命令

项目 **10** 给排水系统

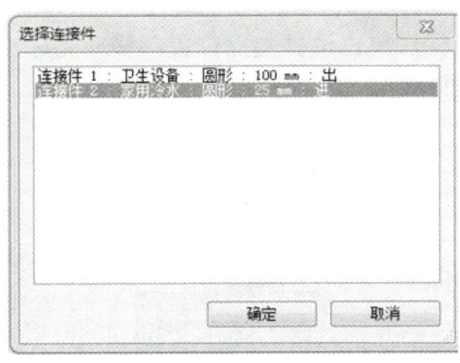
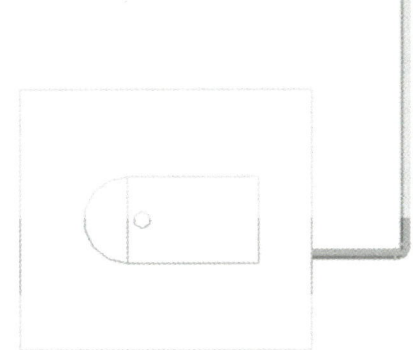

图 10-44 选择需要连接的管道

10.2.5 创建污水系统

运用剖面视图进行污水管道辅助绘制。

Step01 在平面视图中,单击"视图"选项卡下"创建"面板中的"剖面",将光标放置在剖面的起点处单击,再移动光标至终点处单击,出现剖面线和裁剪区域,选中剖面线,可以拖曳四周的控制柄调整可视范围及可视深度,如图 10-45 所示。

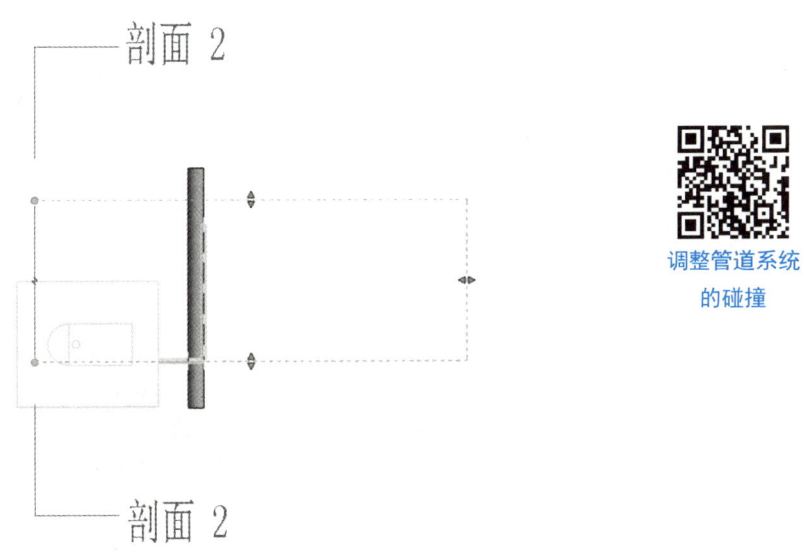

调整管道系统的碰撞

图 10-45 调整剖面区域

此时在项目浏览器下拉列表窗口中选择剖面视图进行查看。单击剖面框,右击选择"转到视图"选项,可以进入剖面视图中。当前视图详细程度为"粗略",用户可根据自己的实际情况对详细程度进行调整。

Step02 在激活"管道"命令的状态下,在"属性"选项板中选择"管道类型"为"PVC-U-

159

排水","系统类型"为"生活污水系统","直径"为"110.0mm",在这里"偏移量"可以不设置。将光标移至出水口位置,出现捕捉点图标后单击选择起点位置,移动光标选择终点位置后再单击,完成污水管创建,如图10-46所示。

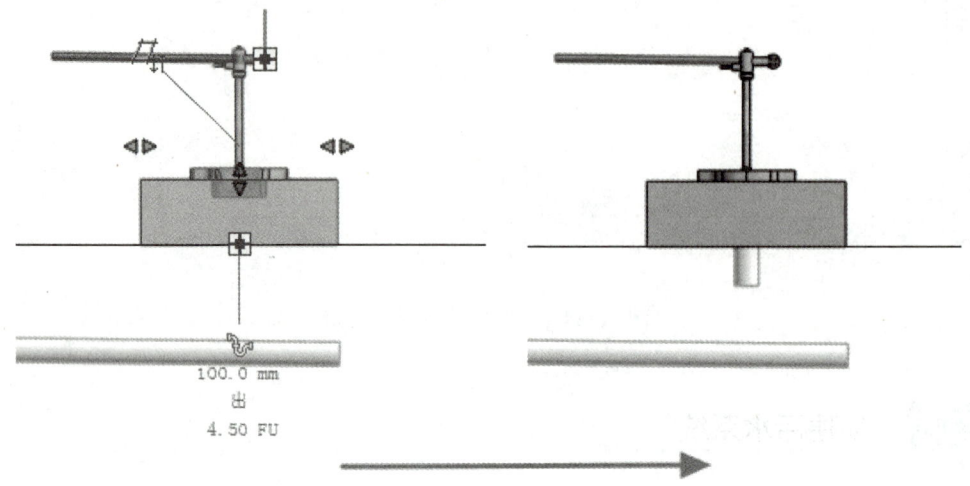

图 10-46　污水管道创建

Step03　将存水弯族载入项目,单击"系统"选项卡下"卫浴和管道"面板中的"管路附件",在"属性"选项板中选择存水弯类型,将光标移动至管道底部附近直至出现捕捉图标后单击,如图10-47所示。

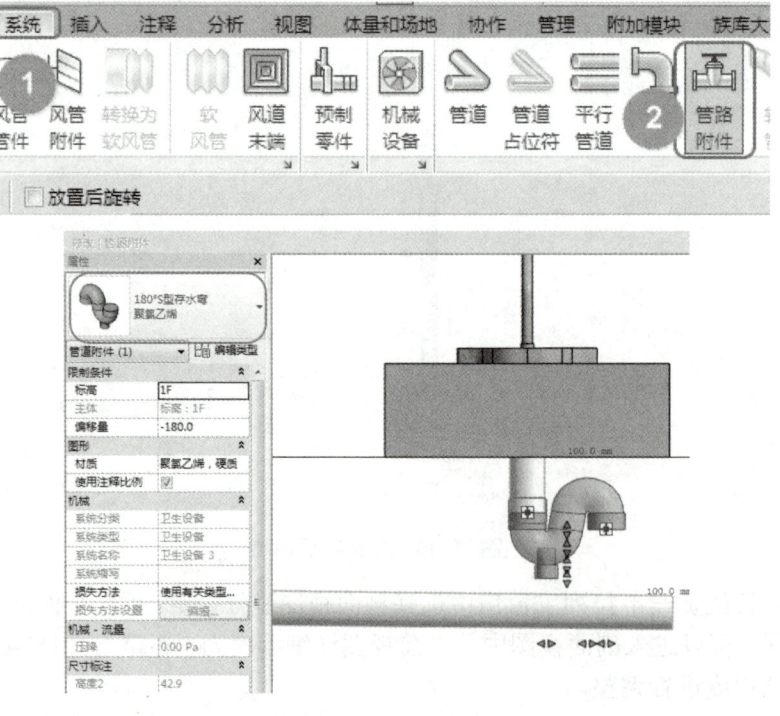

图 10-47　存水弯放置

Step04 放置存水弯后,返回平面视图,检查存水弯是否放置在所需位置,如果位置不合适,可进行调整,如进行移动或将存水弯出水口作为圆心进行旋转,如图 10-48 所示。

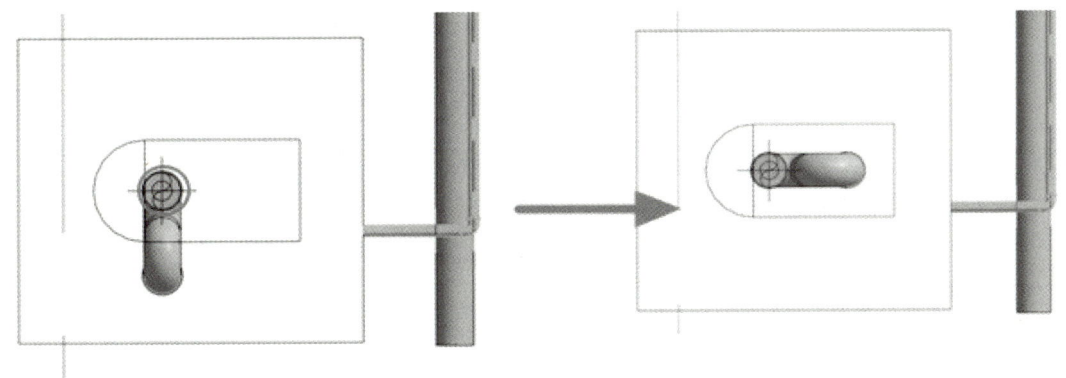

图 10-48　调整存水弯

Step05 存水弯位置放置正确后,单击存水弯构件,在"修改 | 管道 附件"上下文选项卡下单击"连接到"选项,再单击排水横管,存水弯将自动连接到排水横管管道上,如图 10-49 所示。

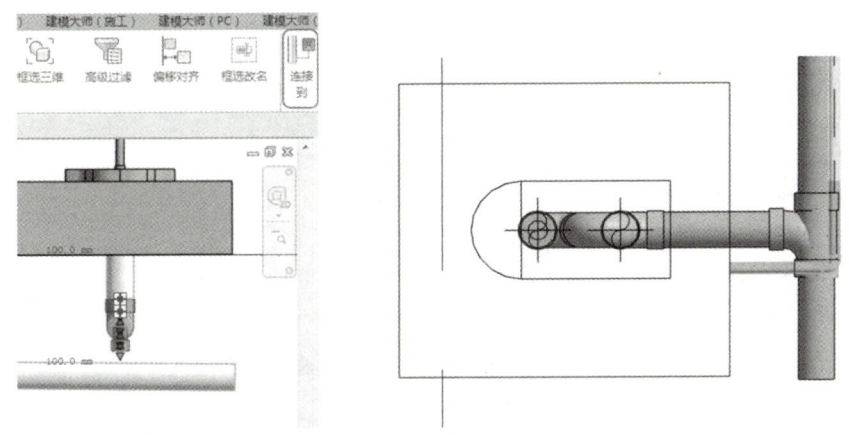

图 10-49　存水弯连接到管道

10.2.6　使用过滤器设置管道系统颜色

为了辨别不同系统的管线,我们通常需要给管线赋予不同的表面颜色。本节案例食堂项目中,我们采用过滤器功能来定义管道系统颜色。

如图 10-50 所示,单击"视图"选项卡下"图形"面板中的"可见性/图形"编辑按钮,弹出可见性设置对话框,选择"过滤器"选项卡。

如图 10-51 所示,单击"编辑/新建…"按钮,打开"过滤器"对话框,左边"过滤器"一栏中有预设的过滤器。

管道系统过滤器的设置

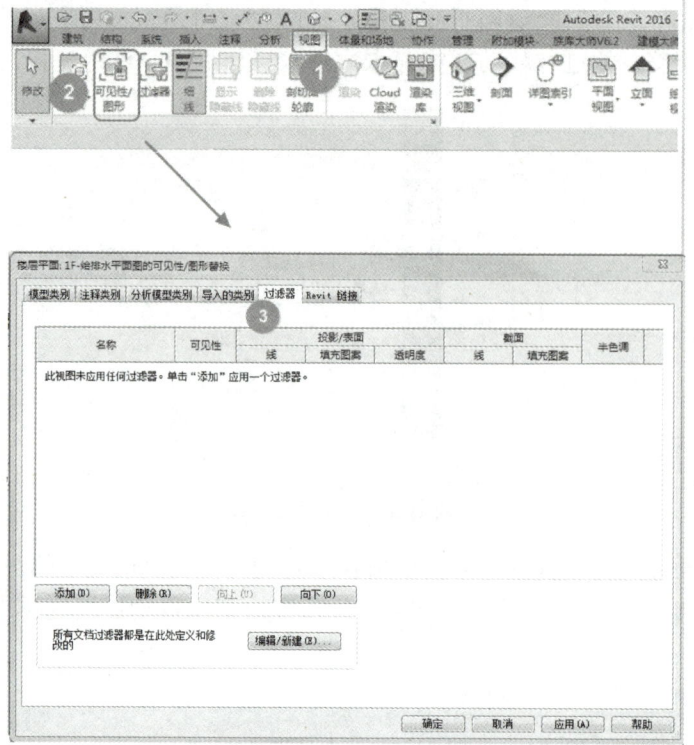

图 10-50　过滤器的调用

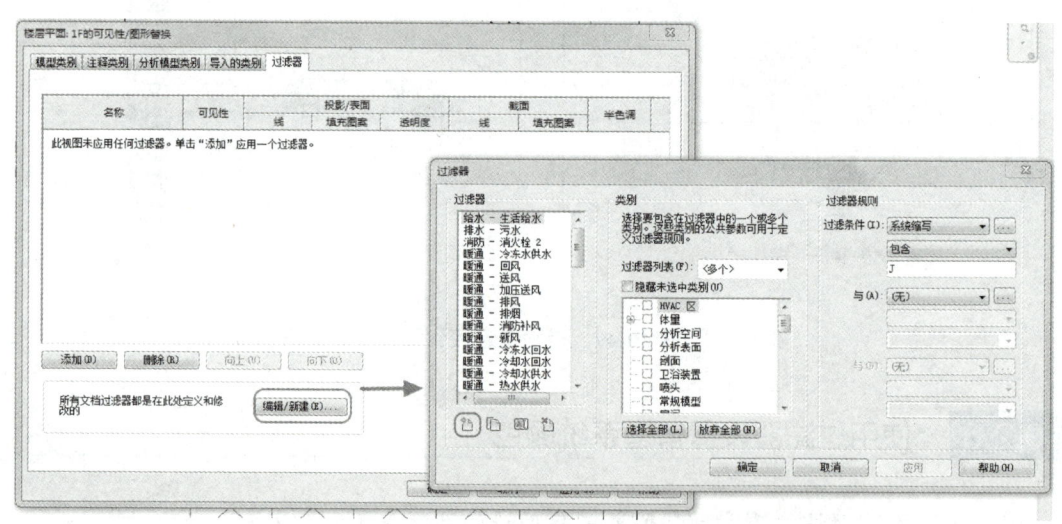

图 10-51　过滤器设置

单击"过滤器"一栏下方的新建按钮，创建并命名一个新的过滤器，如"给水系统"（图 10-52）。在"过滤器"对话框为过滤器设置合适的类别和过滤条件（图 10-53），单击"确定"按钮完成创建。在可见性设置对话框的"过滤器"选项卡中单击"添加"按钮，弹出"添加过滤器"对话框，选择刚刚新建的过滤器（图 10-54）。

项目 10　给排水系统

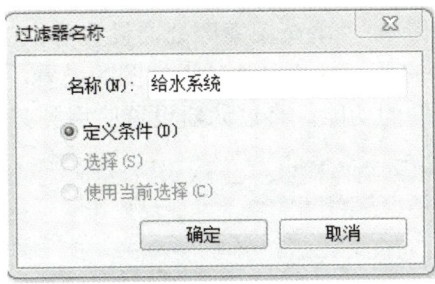

图 10-52　新建过滤器名称

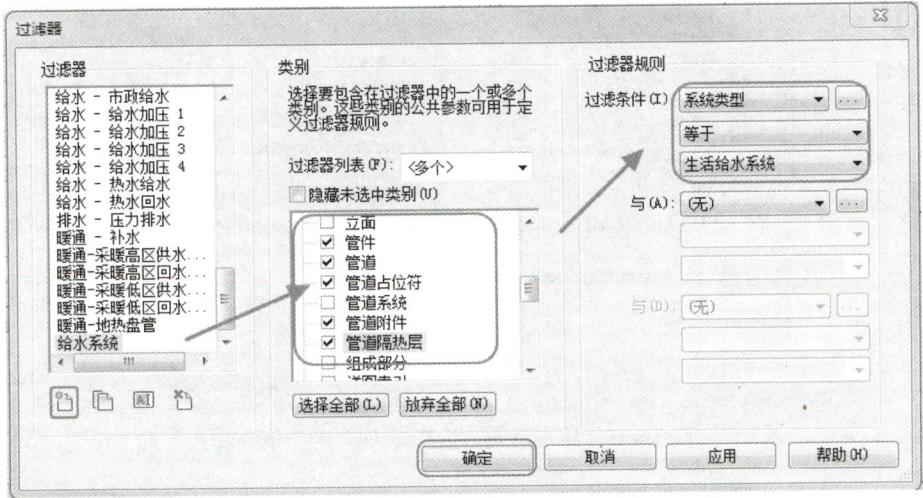

图 10-53　给水系统过滤器设置

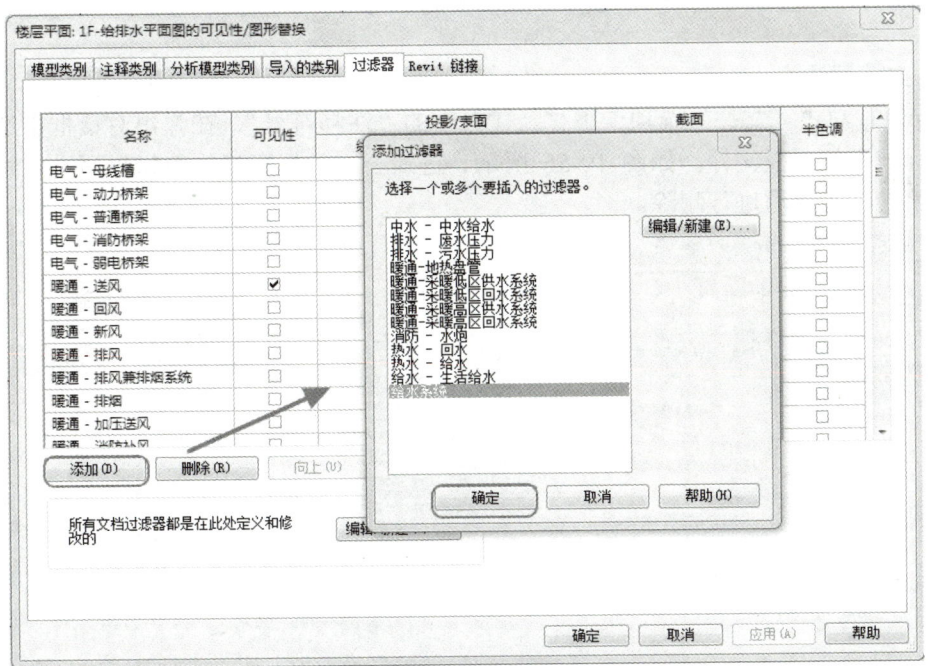

图 10-54　把过滤器添加到项目中

建筑工程 BIM 技术应用

　　添加后,在"投影/表面"的"填充图案"处,设置替换的"颜色"和"填充图案",如图 10-55 所示。需要注意的是,过滤器是基于视图的设置,如果要在其他视图中应用该过滤器,可使用"视图样板"的功能,将过滤器设置应用到其他视图。

系统材质颜色
的设置

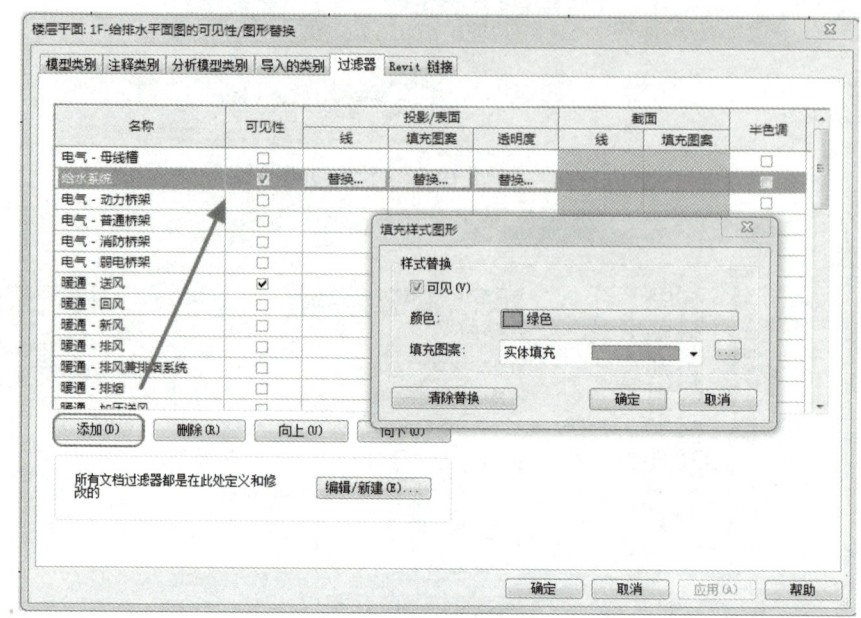

图 10-55　给水系统"投影/表面"的"填充样式图形"设置

10.2.7　管道系统标注

1. 立管标注

Step01　单击"文件"选项卡下"新建"中的"注释符号",在弹出对话框中选择"公制常规标记"族样板文件,如图 10-56 所示。进入公制常规标记族编辑界面,将绘图区域中带红字的注意事项进行删除。

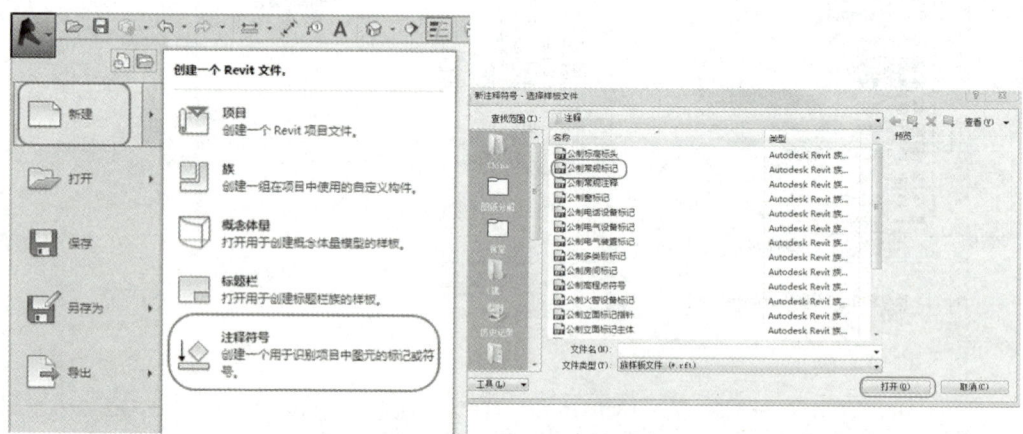

图 10-56　新建注释符号族

项目 10　给排水系统

Step02　单击"创建"选项卡下"属性"面板中的"族类别和族参数"按钮,弹出"族类别和族参数"对话框,因为当前创建的标记是用于标记管道的,"族类别"选择"管道标记",如图10-57所示。

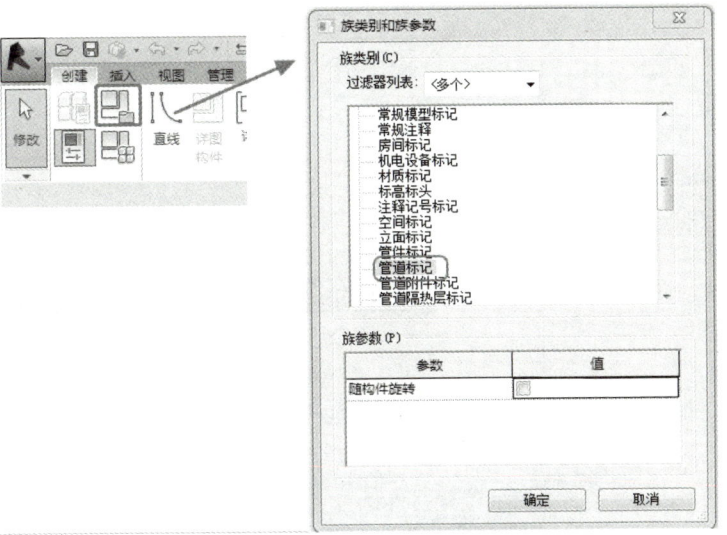

建立管道系统的标注族

图10-57　为标记符号族指定族类别

Step03　单击"创建"选项卡下"文字"面板中的"标签",在弹出的"编辑标签"对话框"类别参数"中选择"系统缩写"和"注释"参数,单击添加按钮,将"系统缩写"和"注释"添加至右边的"标签参数"中,完成后单击"确定"按钮,如图10-58所示。

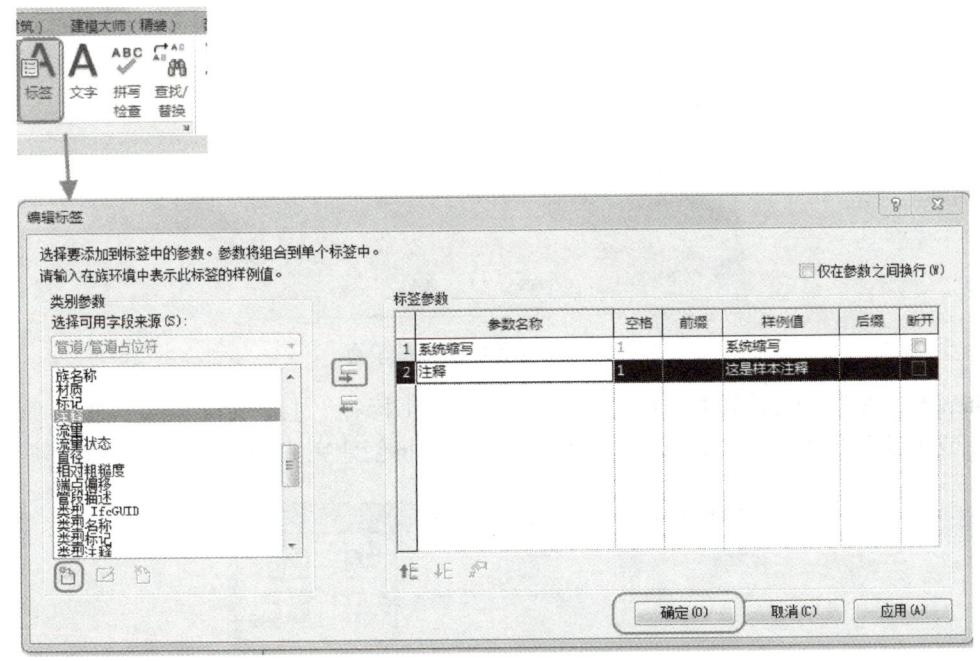

图10-58　添加标签

165

Step04 在"属性"选项板中单击"编辑类型"按钮,进入"类型属性"对话框,根据实际情况修改注释标记的"文字大小"及"文字字体",并选中"下划线"选项,如图 10-59 和图 10-60 所示。

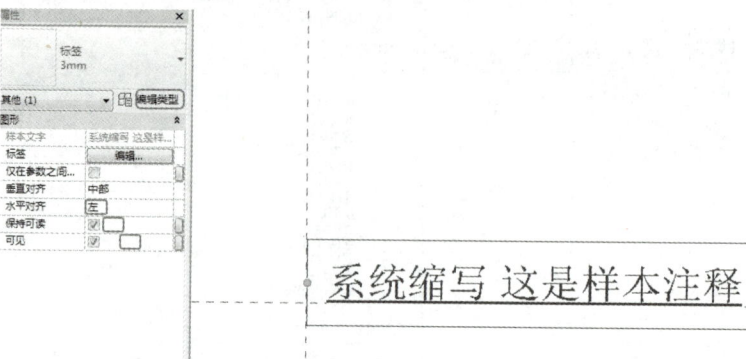

图 10-59　标签属性设置

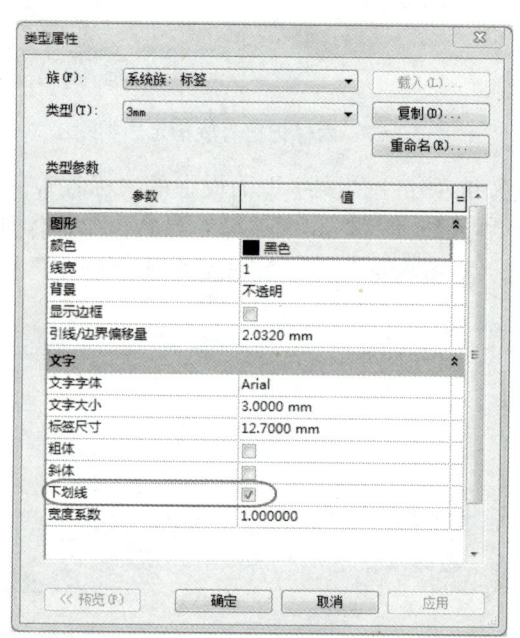

图 10-60　标签类型属性设置

Step05 修改完成后单击"标记",进入"修改|标签"上下文选项卡,单击"载入到项目"或"载入到项目并关闭",如图 10-61 所示,将创建完成的标记族符号载入项目中。

图 10-61　将标签载入到项目

Step06 进入"注释"选项卡,单击"标记"面板中的"按类别标记",在"修改|标记"选项栏勾选"引线"和选择"自由端点"。单击绘图区域中的立管,出现标记符号,选择合适的位置单击放置标记符号,如图 10-62 所示。

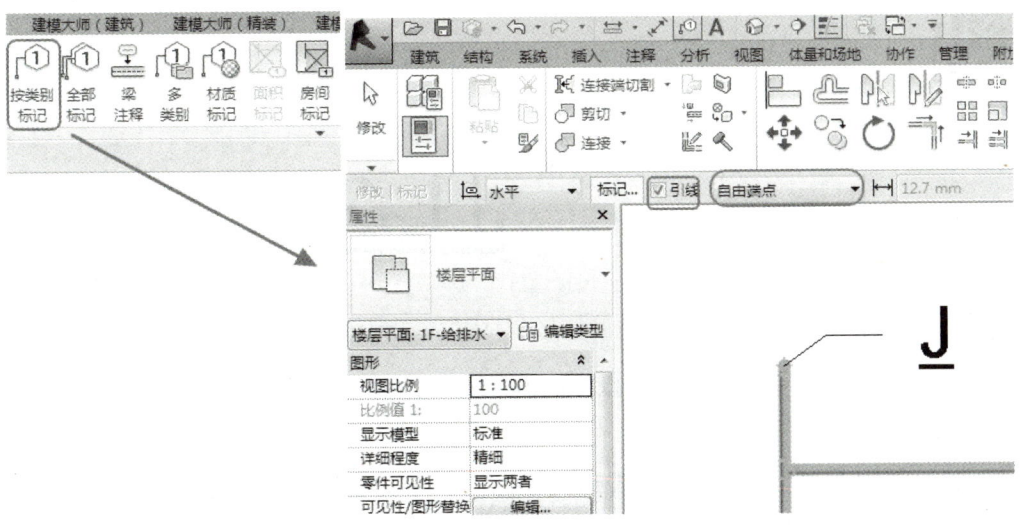

图 10-62 放置标记符号

Step07 单击放置好的立管标记,弹出"更改参数值"对话框,填写"注释"的"值"为"L-2",单击"确定"按钮,如图 10-63 所示。更改结果如图 10-64 所示。

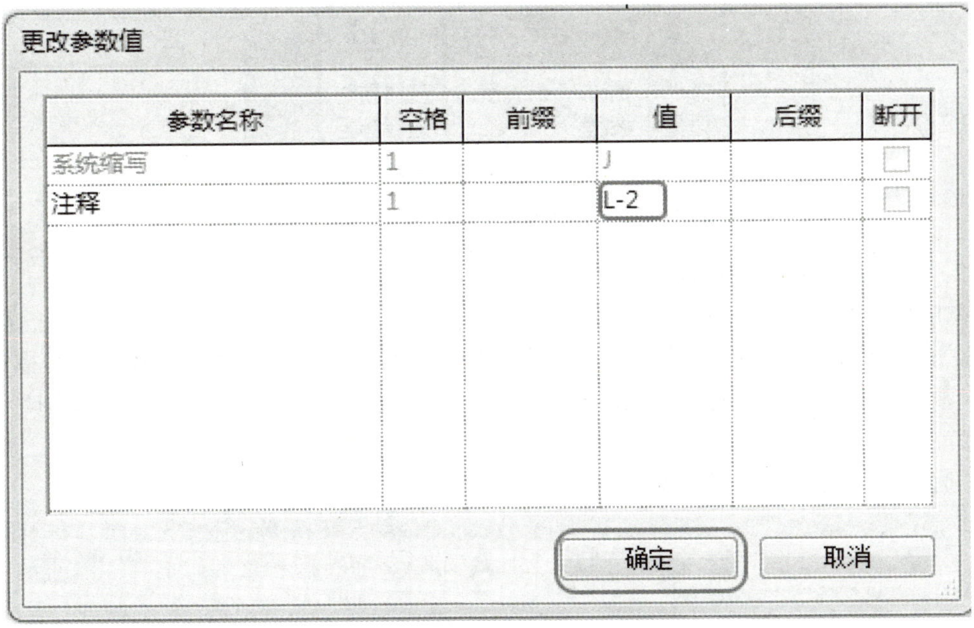

图 10-63 更改标记符号参数

管道系统的标注

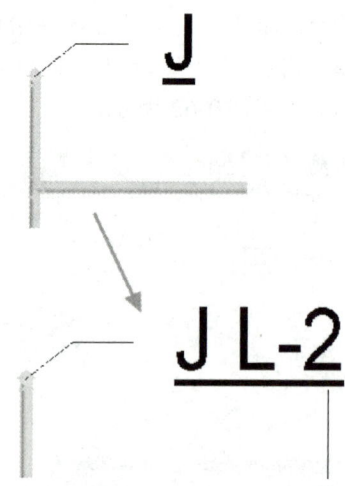

图 10-64　更改完成后的标记符号

2. 管道尺寸标注

Revit 自带的管道注释符号族"管道尺寸标记"可以用来进行管道尺寸标注，添加管道尺寸标注方式有以下两种。

（1）绘制管道的同时进行管道尺寸标注。

进入绘制管道模式后，单击"修改｜放置 管道"上下文选项卡下"标记"面板中的"在放置时进行标记"，如图 10-65 所示。绘制管道的同时即可自动出现管道尺寸标注。

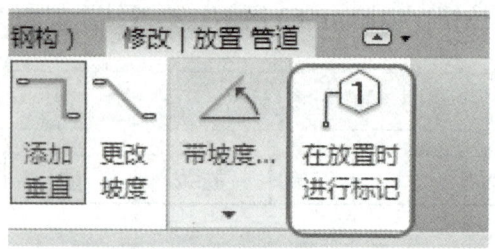

图 10-65　选择"在放置时进行标记"

（2）管道绘制后再进行管道尺寸标注。

单击"注释"选项卡下"标记"面板下拉菜单按钮（图 10-66），单击"载入的标记和符号"，弹出如图 10-67 所示对话框。此时能够查看到当前项目文件中加载的所有标记族。当某个族类别下加载多个标记族时，排在第一位的标记族为默认标记族。将"类别"下"管道/管道占位符"设置为"管道尺寸标记：直径"。当选中"按类别标记"选项后，将默认使用"管道尺寸标记：直径"对管道族进行标记。

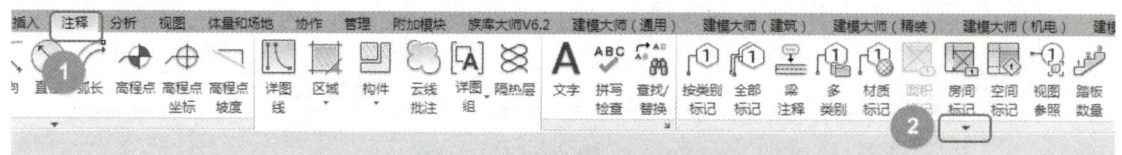

图 10-66　打开"载入的标记和符号"对话框

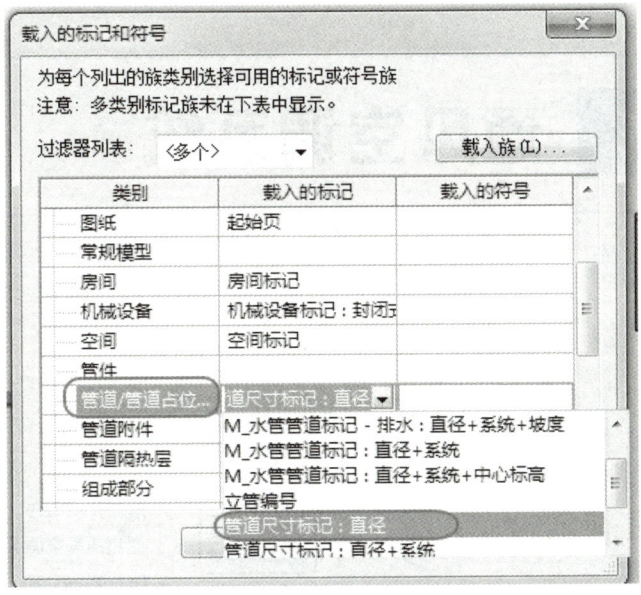

图 10-67 选择标记族

进入"注释"选项卡,选择"按类别标记",将光标移至待标注的管道,小范围移动光标可以选择标注出现在管道上方还是下方。确定标注位置后,单击即完成管道标注,如图 10-68 所示。

图 10-68 标注完成的管道

项目 11　通风空调系统

思维导图

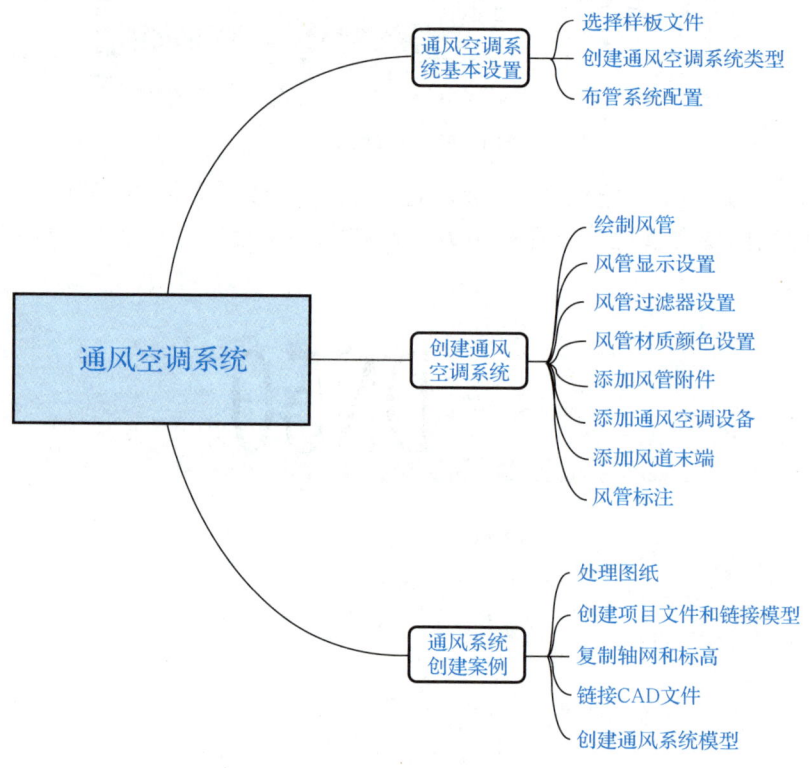

项目 11 通风空调系统

通风是改善室内空气条件的一种方法,包括送风、排风和回风。按照功能和性能不同进一步划分为一般通风、工业通风、事故通风、消防通风、防排烟、人防通风等。而空调是空气调节的简称,它是通风的高级形式,利用设备和技术对室内空气(或室内外混合空气)的温度、湿度、洁净度和气流速度(简称"四度")进行调节,满足人们对环境的舒适性要求或者生产工艺对环境的严格要求。

为了实现空气流动所采用的一系列设备、装置的总体称为通风空调系统,主要由空调设备、风机、风管、风管部件、风管管件等组成。风管部件(或者称为风管附件)是指阀门、风口、风帽、风罩、静压箱、消声器、检查孔、测定孔等,而风管管件是指弯头、三通、四通、变径管、天圆地方等。

11.1 通风空调系统基本设置

Revit MEP 主要是基于建筑信息模型的,面向通风空调、给排水、电气等机电专业的智能设计工具,自 Revit 2013 版本以后把建筑(Architecture)、结构(Structure)、机电(MEP)整合到了一个软件。本项目主要介绍 HVAC(供暖、通风与空气调节)系统中的风管模型的基本设置、绘制方法、风管系统配置、过滤器等。

11.1.1 选择样板文件

Step01 打开 Revit 2020,新建项目,选择"Systems-DefaultCHSCHS.rte"系统样板文件,如图 11-1 所示。

这里需要说明的是"Mechanical-DefaultCHSCHS"是指机械样板,主要是用于绘制暖通空调专业的风系统模型。"Electrical-DefaultCHSCHS"是指电气样板,主要是用于绘制电气、楼宇智能等系统模型。"Plumbing-DefaultCHSCHS"是指管道样板,主要是用于绘制给排水、消防和暖通空调专业中的水系统模型。而"Systems-DefaultCHSCHS.rte"系统样板文件则涵盖了暖通空调、给排水、电气等专业,也涵盖了机械样板、电气样板和管道样板的功能。

Step02 单击"系统"选项卡下"HVAC"面板中的"机械设置",打开"机械设置"对话框,如图 11-2 所示。也可以单击"管理"选项卡下"设置"面板中的"MEP 设置",选择"机械设置",如图 11-3 所示。在"机械设置"对话框里,可以设置上下管线的遮挡隐藏方式,"风管设置"里可以对风管走向的角度进行设定,对风管的类型进行转换,对矩形、椭圆形和圆形风管的尺寸进行创建或删除,对于"管道设置"也可以进行类似的操作。

如图 11-4 所示,在"机械设置"对话框的"风管设置"里,"矩形风管尺寸分隔符"为"×",建议把"圆形风管尺寸后缀"的"φ"删掉,"圆形风管尺寸前缀"的"φ"保留,在进行 BIM 出图时,需要进行风管尺寸标注,这个设置是符合出图要求的。

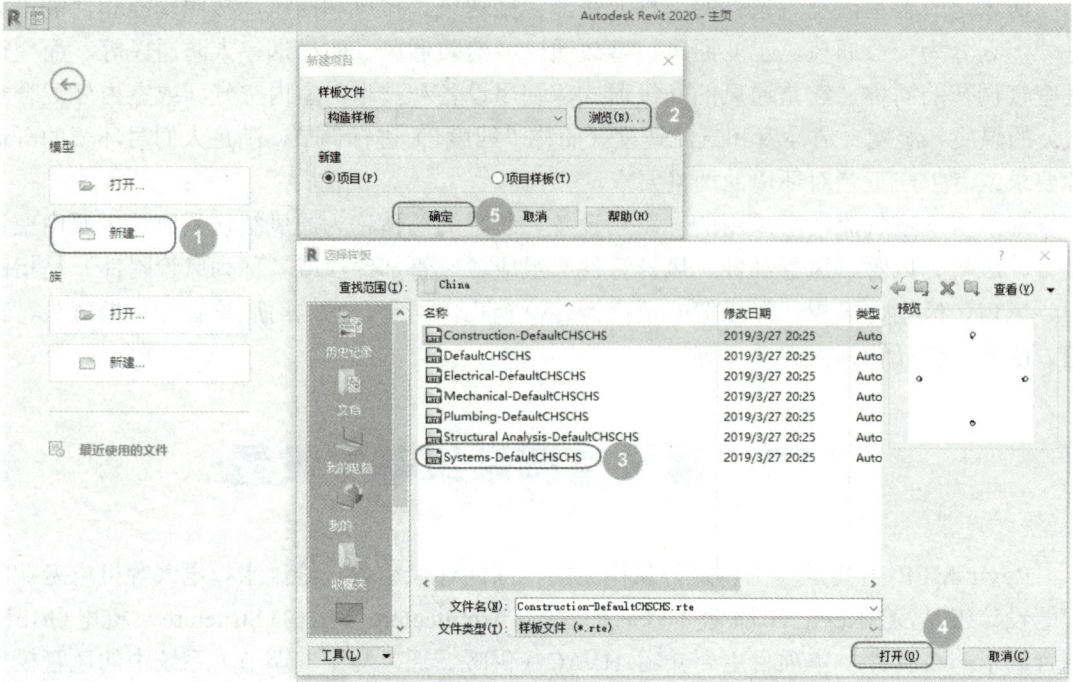

图 11-1　样板文件选择

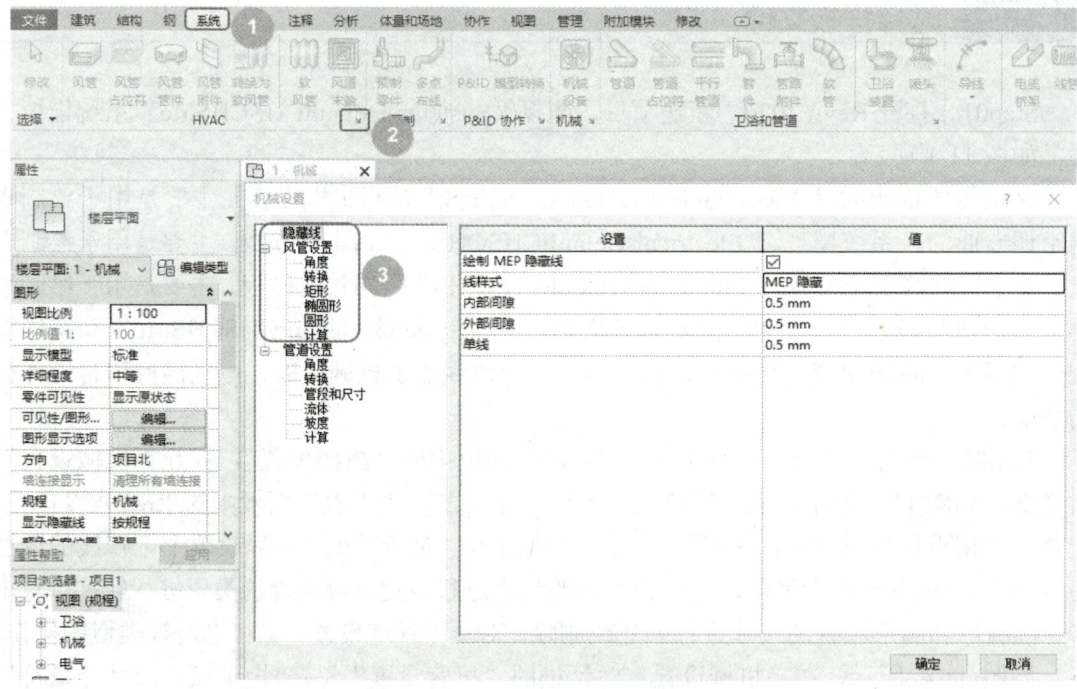

图 11-2　"机械设置"对话框调用方法 1

项目 11　通风空调系统

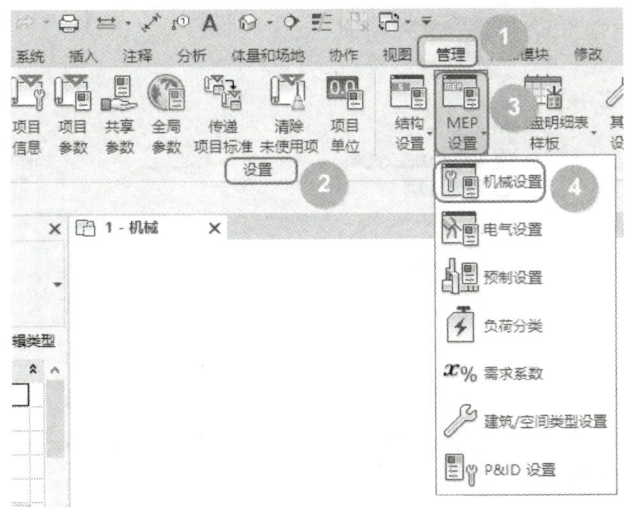

图 11-3　"机械设置"对话框调用方法 2

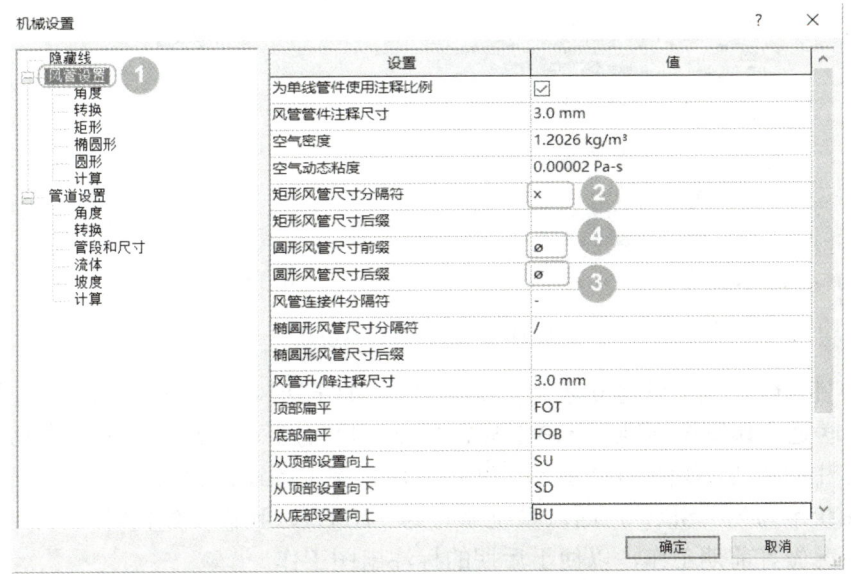

图 11-4　风管设置

11.1.2　创建通风空调系统类型

1. 创建风管系统类型族

Step01　在项目浏览器中依次打开"族""风管系统",如图 11-5 所示。风管系统族已经预设了"回风""排风"和"送风"3 种风管系统类型。这 3 种系统类型可以重命名,但不能被删除;若删除系统将弹出"每个系统分类的最后一个系统类型不能删除"的错误提示。

173

建立通风系统族

建立通风系统
类型名称

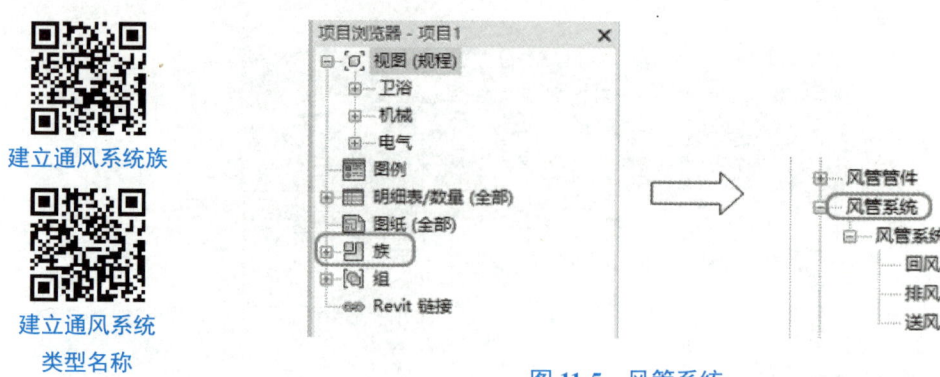

图 11-5 风管系统

Step02 右击"送风",选择"复制",创建"送风 2"系统族。接着右击"送风 2",选择"重命名",输入"SF"。选择"排风",重复执行上述操作,创建"PF""PY""P"和"P(Y)"系统,如图 11-6 所示。

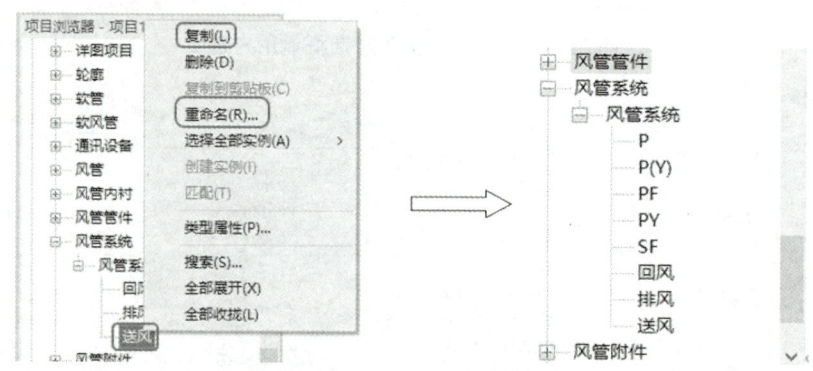

图 11-6 创建风管系统族

根据项目需要,还可以建立新风系统(XF)、加压送风管(ZY)等。这样设定,一方面是基于《暖通空调制图标准》(GB/T 50114—2010)的要求,另一方面是基于项目施工图设计图纸标注的需要,如图 11-7 所示。图 11-8 所示施工图设计图纸里的系统缩写是其他形式,送风系统缩写为"SFG",回风系统缩写为"HFG",我们在建模时要灵活变通,根据项目实际情况做好前期工作,以便于后期的标注出图工作。

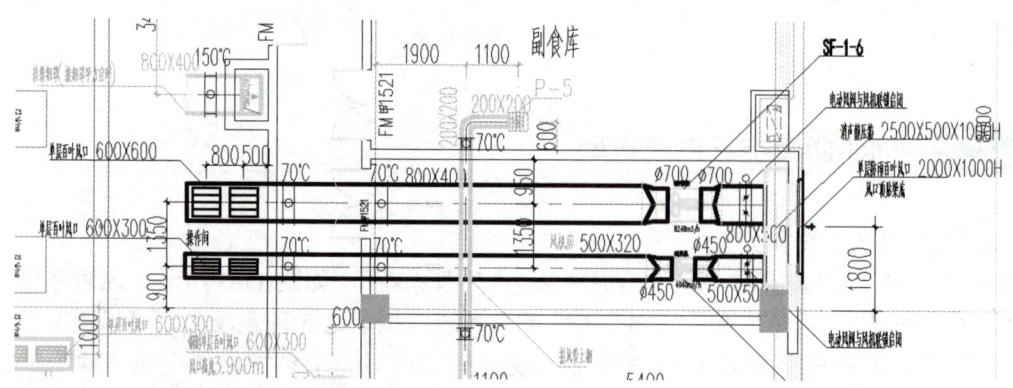

图 11-7 食堂首层通风及排烟平面图

项目 11 通风空调系统

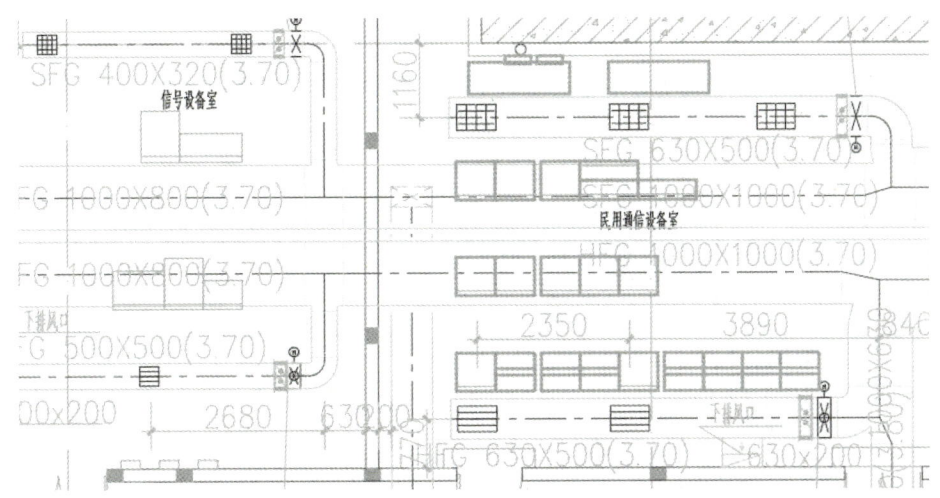

图 11-8 某地铁站站厅层通风系统平面图

2. 创建风管类型名称

Step01 在以"Systems-DefaultCHSCHS.rte"为样板创建的项目文件中,单击"系统"选项卡下 HVAC 面板中的"风管"。Revit 中风管类型分为"圆形风管""椭圆风管"和"矩形风管"3 类,其中默认的"矩形风管"包括"半径弯头/T 形三通""半径弯头/接头""斜接弯头/T 形三通"和"斜接弯头/接头"4 种,如图 11-9 所示。

图 11-9 风管类型选择

Step02 在"属性"选项板里选择矩形风管下的"半径弯头/T 形三通"类型,单击"编辑类型"按钮,在弹出的"类型属性"对话框中复制创建名称为"送风"的新类型,单击"确定"按钮,完成新的风管类型创建,如图 11-10 所示。依次创建"排风""排烟""排风兼排烟"等风管类型。根据实际项目不同需要的风管类型也有所不同,如地铁车站项目,这里就需要创建"小系统送风""大系统送风"等风管类型。

以上关于风管系统类型族和风管类型名称的设置,还有助于创建合理的过滤器,有助于后期管线综合后进行不同系统的平面图纸的导出。

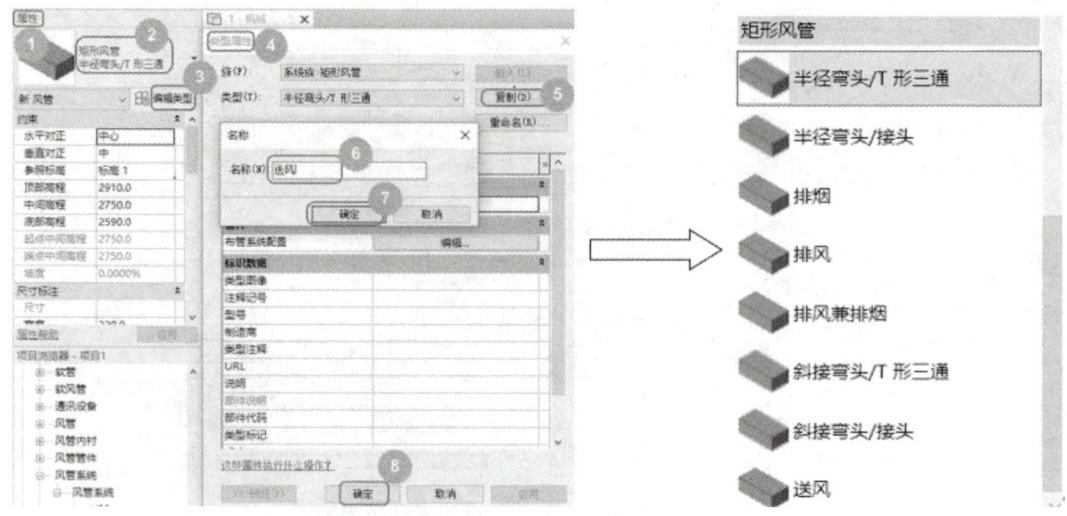

图 11-10 风管类型创建

11.1.3 布管系统配置

风管管道系统布置时，由于空间布局、管道路由变化，需要有各种形式的构件，如弯头、三通、四通、天圆地方、接头、变径管、管帽等，可以在"布管系统配置"对话框里进行相应的配置。

在"属性"选项板中打开"类型属性"对话框，单击"布管系统配置"右侧的"编辑…"按钮。单击"布管系统配置"对话框里"弯头"一栏下的"矩形弯头-弧形-法兰：1.5W"，右侧出现下拉箭头，可以选择不同弯曲半径的矩形弯头。单击左侧的向上、向下箭头或加、减符号，可以调整每种管件的先后顺序或增删管件，如图 11-11 所示。经过以上设置，绘制风管模型的时候，相应的风管构件会自动添加到风管管路中。

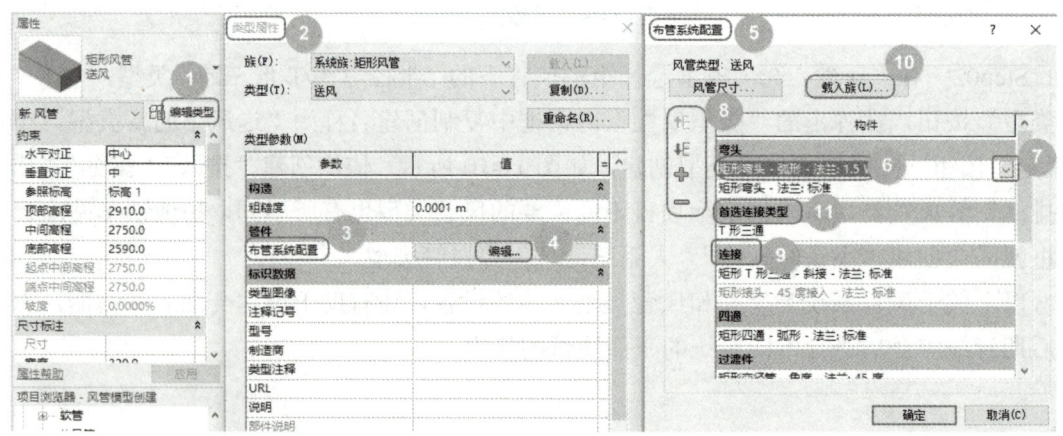

图 11-11 风管系统配置

图 11-11 所示的"布管系统配置"对话框中,对于所设置的管件类型,例如"连接"一栏,下拉列表中只会显示当前项目文件中已经加载的该类型的族。若缺少项目中要用的族,可通过单击"载入族…"按钮载入需要的管件。

图 11-11 所示的"首选连接类型"决定了风管干管和支管的优先连接方式,"T 形三通"表示在干支管连接的位置会插入一个 T 形三通,如果更改为"接头"首选,则在干支管连接的位置会插入接头。各类连接方式的平面示意图如图 11-12 所示。

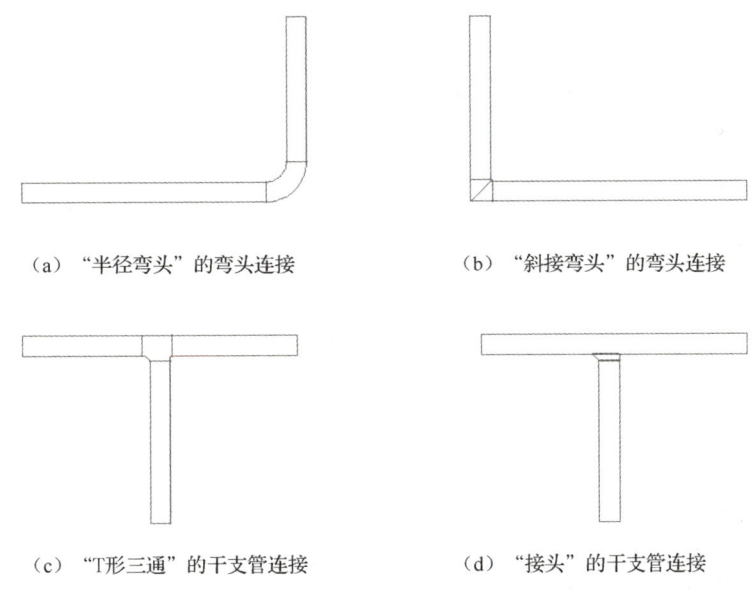

(a) "半径弯头"的弯头连接　　　　(b) "斜接弯头"的弯头连接

(c) "T 形三通"的干支管连接　　　(d) "接头"的干支管连接

图 11-12　各类连接方式的平面示意图

需要注意的是,风管系统的"布管系统配置"只能进行管件形式的选择,不可以设定风管材质,而给排水管道系统的"布管系统配置"里不仅可以进行管件形式的选择,还可以设定管道材质。风管材质是在风管系统类型族里进行设定的。

11.2　创建通风空调系统

风管系统模型应根据空调通风系统、机械通风系统、消防防排烟系统的不同,按路由绘制。管线综合优化和碰撞检查之后,再进行风管系统附件、风道末端和通风空调设备的添加。

11.2.1　绘制风管

1. 基本绘制命令

Step01　单击功能区"系统"选项卡下"HVAC"面板中的"风管",如图 11-13 所示。此时,"修改 | 放置 风管"上下文选项卡和选项栏同时被激活,如图 11-14 所示。

绘制通风管道

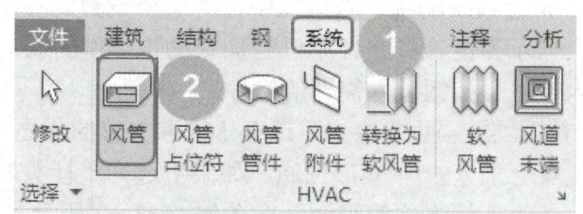

图 11-13 调用 "风管" 命令

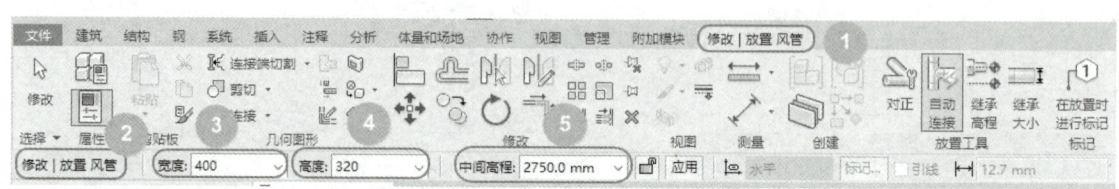

图 11-14 "修改｜放置 风管" 上下文选项卡和选项栏

Step02 在"修改｜放置 风管"选项栏的"宽度""高度"下拉列表中选择风管尺寸，"中间高程"里输入风管的偏移量；如果在下拉列表中没有需要的尺寸，可以直接输入需要绘制的尺寸，如图 11-14 所示。

"修改｜放置 风管"上下文选项卡中的"自动连接"在默认情况下是激活的，用于某段风管管路开始或结束时自动捕捉相交风管，并自动添加风管管件完成连接。如绘制两段不在同一高程的相交风管，将自动添加风管管件完成连接。如果取消激活"自动连接"，绘制两段不在同一高程的相交风管，则不会生成管件完成自动连接。

"修改｜放置 风管"上下文选项卡中的"继承高程"表示将忽略绘制的风管的高程，直接继承捕捉到的风管的高程。

"修改｜放置 风管"上下文选项卡中的"继承大小"表示将忽略绘制的风管的尺寸大小，直接继承捕捉到的风管的尺寸。

Step03 在"属性"选项板中选择之前设置好的"矩形风管 送风"类型，并在"机械"下的"系统类型"里选择已设置好的送风系统"SF"，如图 11-15 所示。

Step04 "属性"选项板里的"垂直对正"可以选择"顶""中""底"，对应着"修改｜放置 风管"选项栏里"顶部高程""中间高程""底部高程"，分别表示风管的顶标高、中心标高、底标高。如图 11-16 所示，这里选择"底"，对应选项栏中显示"底部高程"，后面选择或填入默认偏移量。默认偏移量是指相对于当前平面标高的距离，在下拉列表中可以选择项目中已经用到的偏移量，也可以直接输入自定义的偏移置，默认单位为"mm"。通风与空调施工设计图纸中，风管的标高通常是以风管的底标高为准，特殊情况下需要查看设计施工说明里有关风管的标高说明。

项目 11 通风空调系统

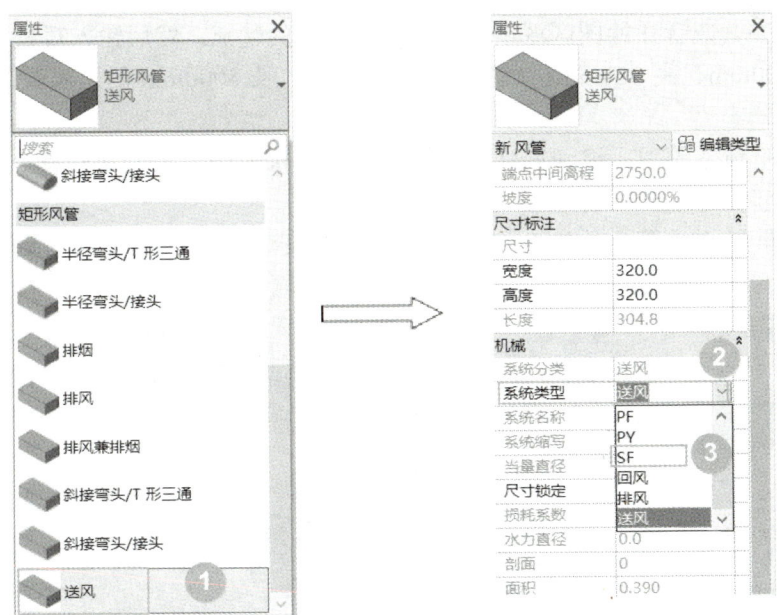

图 11-15 风管的系统类型名称和系统类型

需要注意的是，不同项目的风管系统有时为中部平齐安装，有时为顶部平齐安装，所以对应的"垂直对正"类型也选择为"中"或"顶"对齐的方式，注意"中间高程"或"顶部高程"偏移量的计算数值。

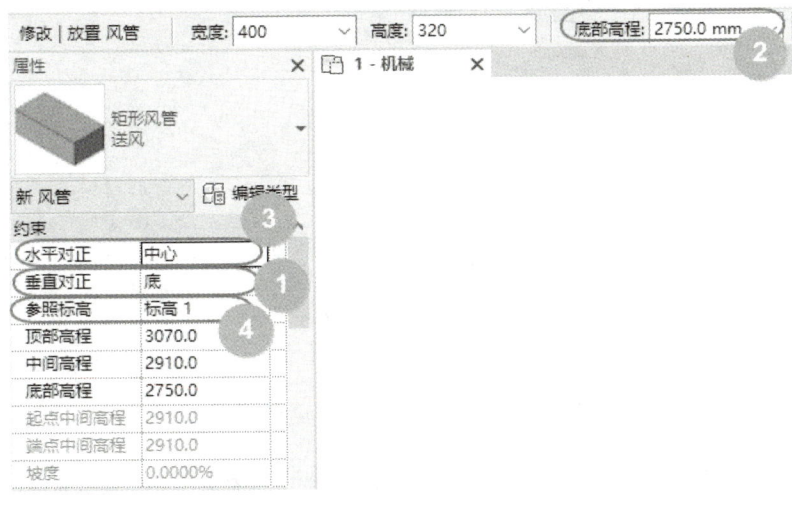

图 11-16 风管的高程偏移设置

"属性"选项板中的"水平对正"表示风管安装布置时的水平对齐方式，可以选择中心对齐、左侧对齐或右侧对齐方式，"参照标高"指的是参照所在楼层的建筑标高（建筑标高从楼地面装修的顶面计算，结构标高从结构板顶计算，建筑标高=结构标高+装饰层标高，机电管线安装中，一般都是以建筑标高为参照标高）。

Step05 将光标移至绘图区域，单击指定风管起点，移动至标注显示"5000"时的终

179

点位置再次单击，或者在绘图区域单击一次确定风管的起点，然后输入数值"5000"，即可绘制一段宽 400mm、高 320mm、底部标高 2750mm、长 5000mm 的送风管道，如图 11-17 所示。

Step06　绘制完成后，滚动鼠标滚轮拉近风管，接着按住鼠标滚轮拖曳调整视口，便于观察和下一步操作。

Step07　重复"风管"绘制命令，改变风管宽度或高度，改变风管走向，创建出如图 11-18 所示的风管系统。

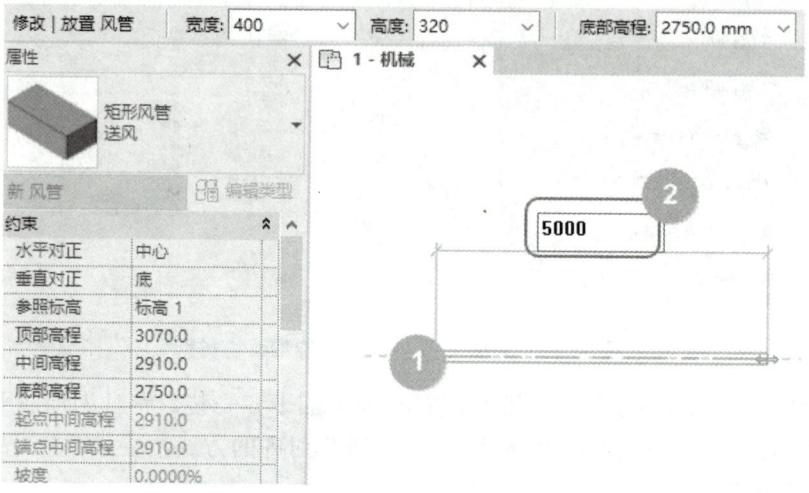

图 11-17　绘制一定长度的直风管

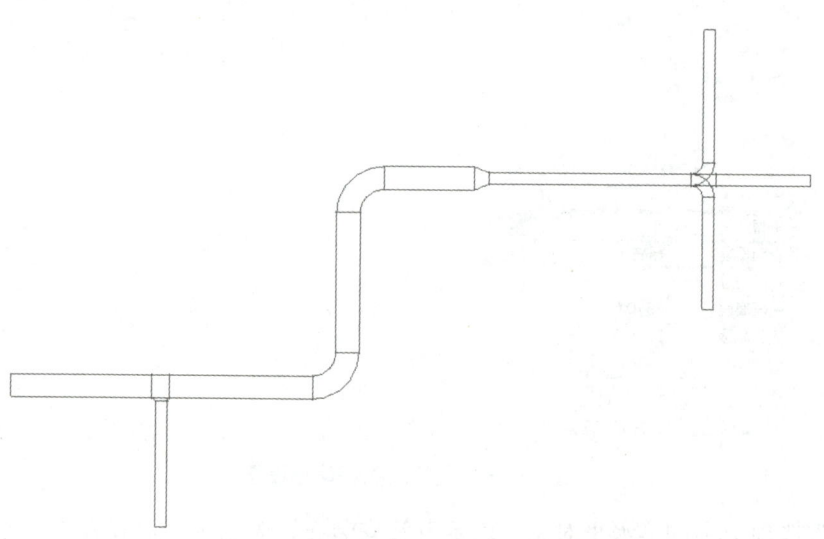

图 11-18　风管系统

Step08　进行风管立管的创建。单击图 11-18 中最右侧的一段风管，激活端点，右击端点选择"绘制风管"，更改风管的"底部高程"值，即输入"3750.0mm"，单击"应用"按钮，即可生成立管，如图 11-19 所示。

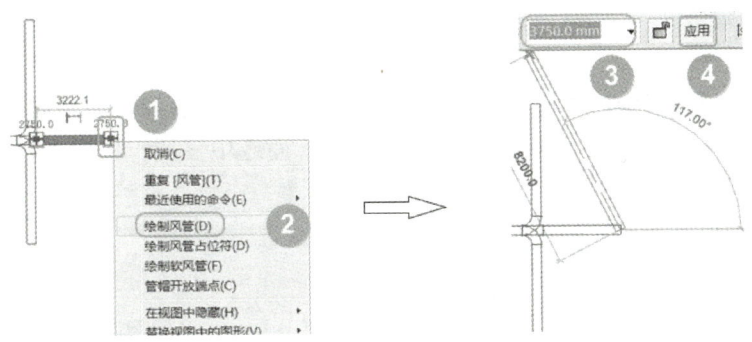

图 11-19　创建风管立管

Step09　单击快速访问工具栏中的"默认三维视图",观察三维视图效果。在绘图区域左下侧的视图控制栏中单击"详细程度:粗略",改为"中等"或"精细";单击"视觉样式"按钮,选择"着色"模式,如图 11-20 所示。

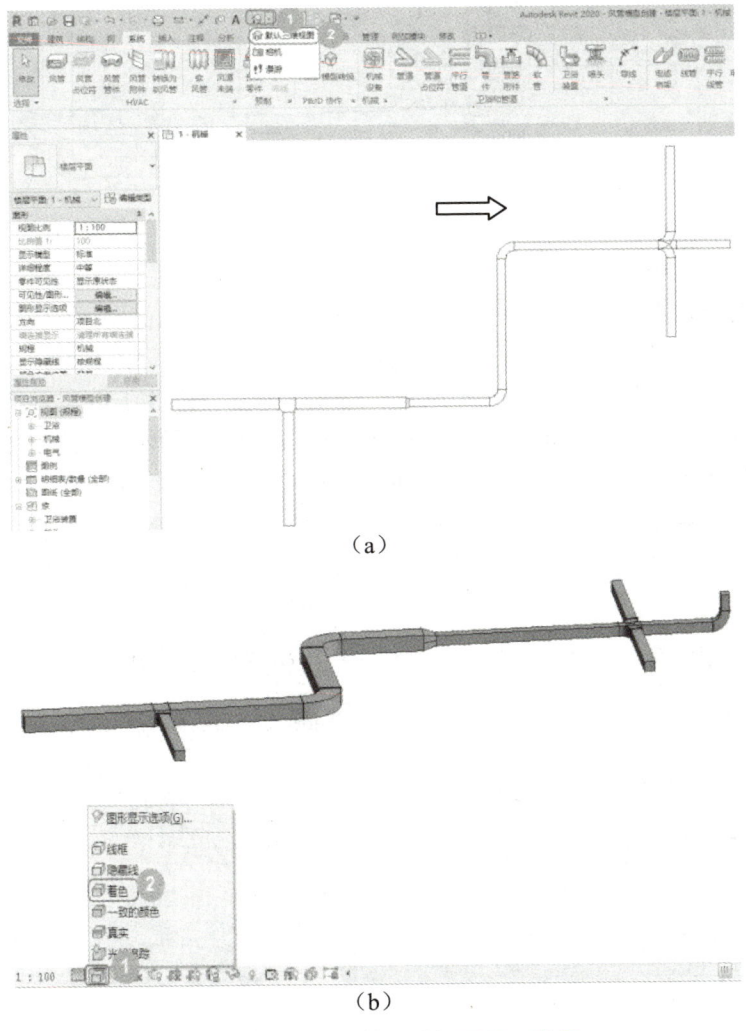

图 11-20　调整风管三维视图显示效果

2. 风管编辑修改

（1）风管管件转换。

在风管的绘制过程中，风管的管件，如弯头和三通、三通和四通之间，可以相互转换。选中弯头，单击"+"符号，可将弯头转换为三通，而选中三通，单击"-"，可将三通转换为弯头，如图 11-21 所示。

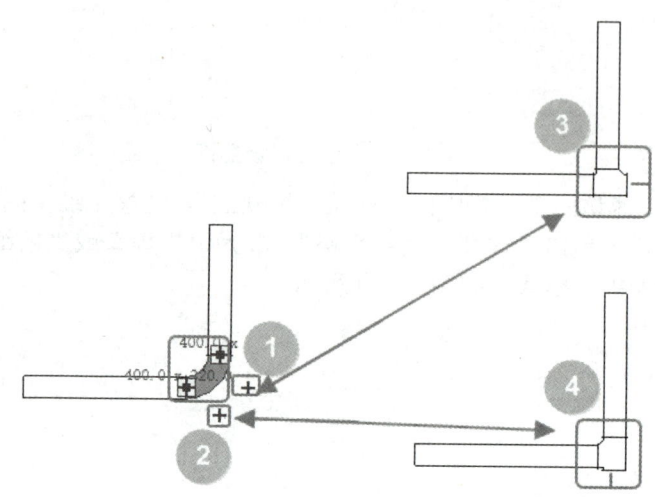

图 11-21　弯头和三通之间的转换

（2）风管对正编辑。

风管之间的连接默认是中心对齐，但是在项目中，往往也需要风管采用顶对齐或底对齐的方式布置。顶对齐的风管可以更好地贴合梁底布置，满足净高要求。

单击功能区"系统"选项卡下的"风管"命令，激活"修改 | 放置 风管"上下文选项卡，单击"放置工具"面板上的"对正"命令，如图 11-22 所示。这里的"对正设置"对话框和"属性"选项板里的"水平对正"和"垂直对正"是一一对应的。

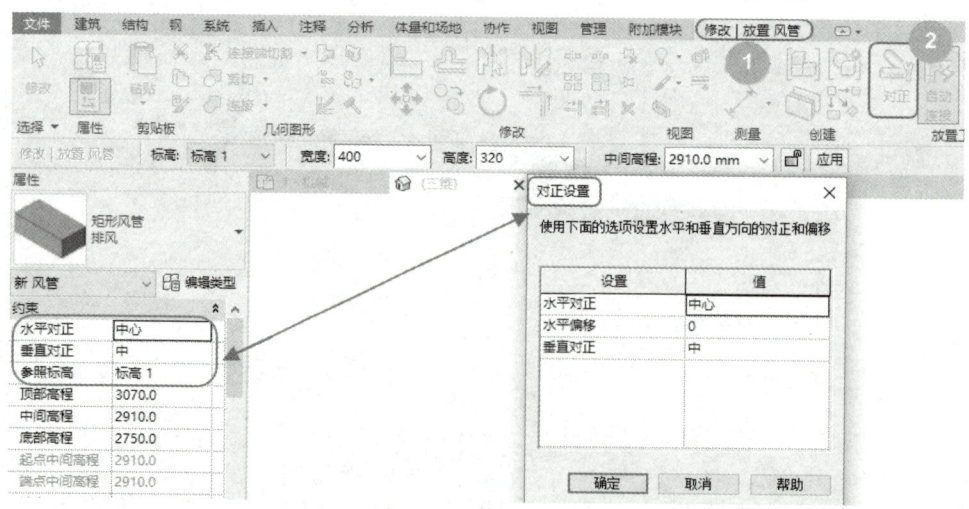

图 11-22　风管对正设置

当保持"水平对正"为"中心"时,"垂直对正"分别设置为"底""中""顶"3种对正方式分别绘制两段 800mm×500mm 和 400mm×320mm 的风管,正视图显示效果如图 11-23 所示。

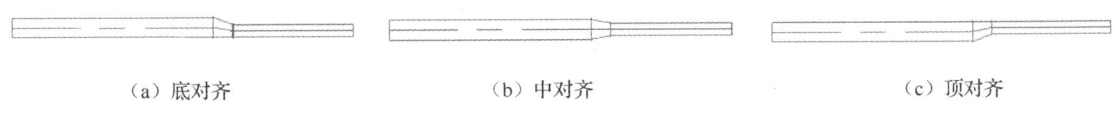

图 11-23　风管垂直对正正视图

当保持"垂直对正"为"中"时,"水平对正"分别设置为"左""中心""右"3种对齐正式分别绘制两段 800mm×500mm 和 400mm×320mm 的风管,平面视图显示效果如图 11-24 所示。

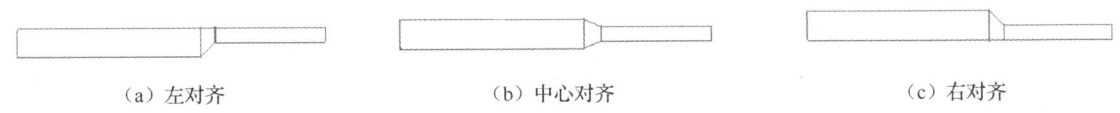

图 11-24　风管水平对正平面视图

对于已经完成的风管系统,需要调整对正方式时,可以首先选择需要调整的多个风管,采用从右往左交叉框选的方式选中风管,激活"修改 | 选择多个"上下文选项卡,在此选项卡下单击"对正"命令,打开"对正编辑器",如图 11-25 所示。九宫格里对应着水平和垂直方向的风管的对正类型,单击"控制点",则箭头会在左右两个风管段之间切换。以箭头所在的风管段为基准,单击选择所需要的对正类型,单击"完成"按钮,则邻近的风管会进行相应的对齐操作。

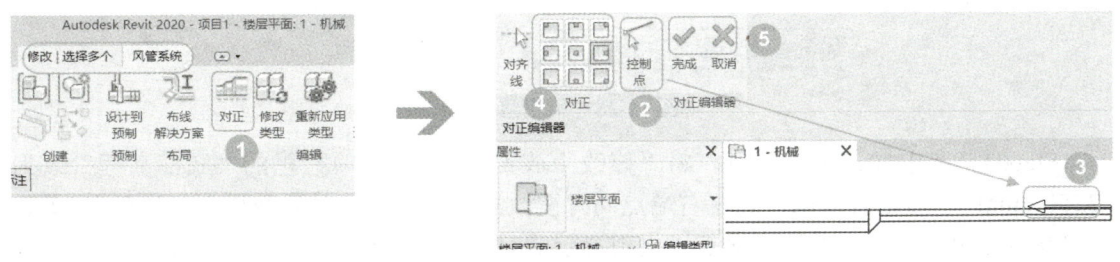

图 11-25　调整风管对正方式

(3)风管翻弯处理。

由于梁、板、柱的影响,或者其他机电系统管线布置的需要,有时需要对局部风管进行翻弯处理,可以上下翻弯,也可以左右翻弯,以避免发生碰撞。风管翻弯处理有绘制时翻弯和绘制后编辑两种方法,现以上下翻弯为例进行讲解,如图 11-26 所示。

(a)风管直管段　　　　　(b)风管下翻弯　　　　　(c)风管上翻弯

图 11-26　风管上下翻弯

方法一：绘制时翻弯。

在绘制的过程中，遇到需要翻弯（转换标高）的部位，直接输入风管的"底部高程"的偏移量后继续绘制，则会在标高转换的部位自动生成风管管件。

方法二：绘制后编辑。

一般进行各专业的管线综合碰撞检查后，需要进行局部风管翻弯。此时可以将需要风管翻弯的部位，利用"修改"选项卡下的"拆分图元"命令打断，一个部位要打断两次，然后删除打断部位。将风管翻弯部位分离，此时需要将打断部位两端自动生成的活接头删掉，单击打断位置的两侧风管的端点，查看是否为活接头，如果是的话直接按 Delete 键删除。接着更改该处风管底部高程的偏移量（偏移量建议更改为"500.0mm"以上，以便于生成来回弯），拖曳风管连接件进行连接，风管将自动生成管件。具体操作步骤如下。

Step01　绘制一段规格为 400mm×320mm、底部高程为 2750mm 的风管，利用"拆分图元"命令在图 11-27（a）所示的标记①和标记②位置分别打断两次风管，需要间隔一定的距离，并将打断出的两段风管选中后按 Delete 键删除。

Step02　光标靠近图 11-27（b）中标记③～标记⑥的位置，当出现如图 11-28 所示的提示时，单击选中活接头并删除。

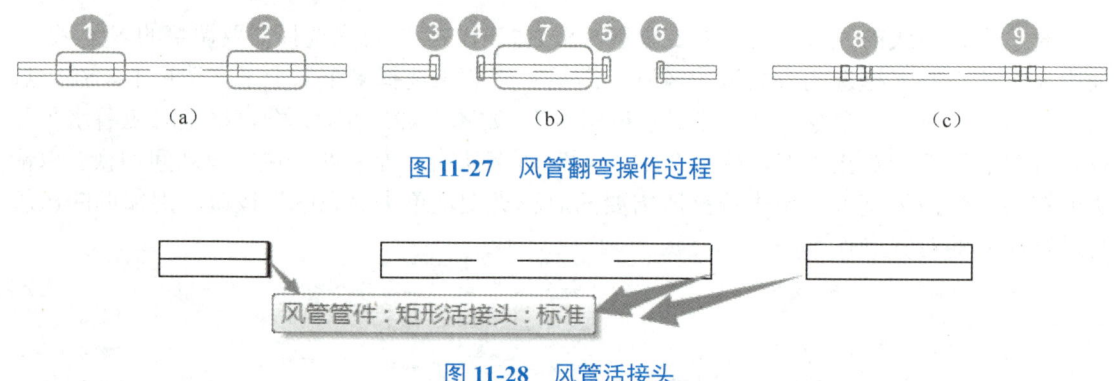

图 11-27　风管翻弯操作过程

图 11-28　风管活接头

Step03　选中标记⑦段风管，将"修改 | 放置 风管"选项栏里的"底部高程"改为"2250.0mm"。标记⑦段风管的左右端点同时被激活，光标靠近时系统提示"拖曳"，单击并将端点拖曳靠近旁边的风管端点，出现提示的时候松开鼠标左键（图 11-29），则风管连接部位自动生成图 11-27（c）所示的乙字弯管件（标记⑧和标记⑨）。

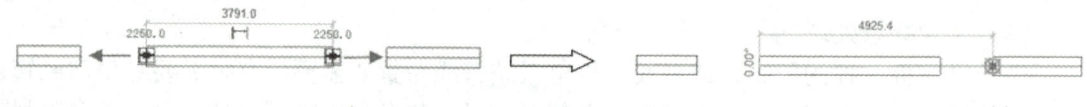

图 11-29　拖曳连接风管

3. 绘制不同风管系统的风管模型

根据前述送风管道的绘制过程，自行绘制规格为 630mm×320mm、400mm×250mm，底部高程为 3500mm 的排风管道系统，如图 11-30 所示。接着单击"文件"选项卡下"另存为"中的"项目"选项，选择保存文件夹的位置和名称，这里命名为"一层通风风管模型创建"，单击"保存"按钮。

项目 11 通风空调系统

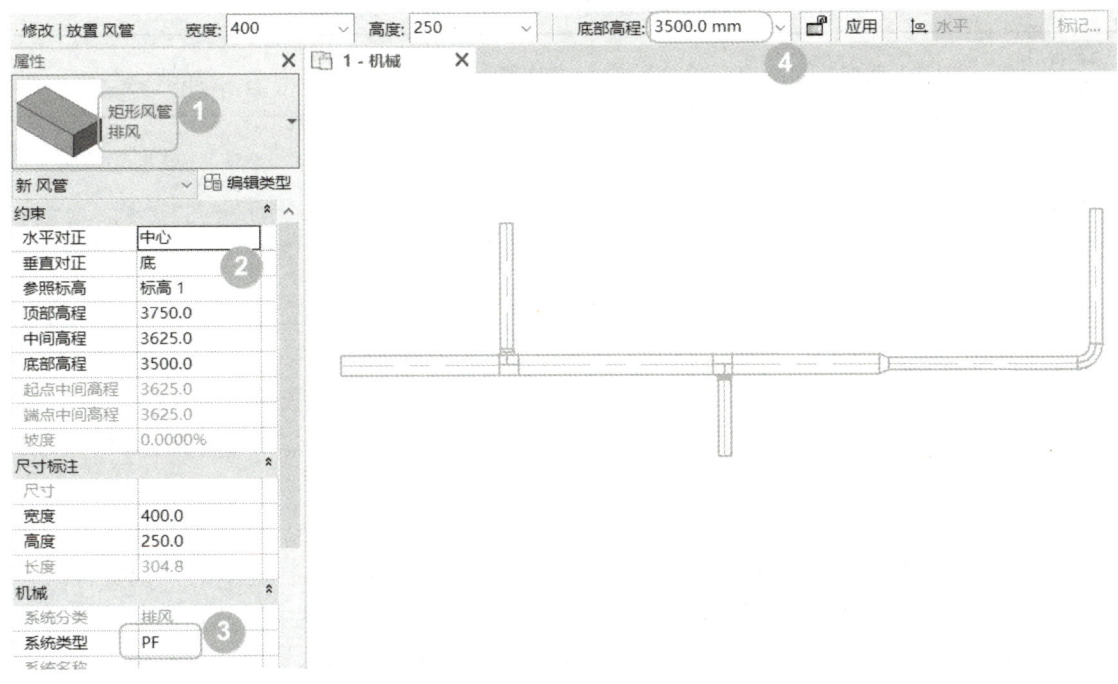

图 11-30 排风系统风管绘制

11.2.2 风管显示设置

1. 视图详细程度

在绘图区域左下角视图控制栏中找到"详细程度"按钮(光标靠近每一个图标时会有相应功能的提示),单击后可选择"粗略""中等""精细"3 种模式,如图 11-31 所示。通过设置"详细程度",可以影响同一个几何图形在平面或三维视图的显示效果。表 11-1 所示为送风管道在不同的"详细程度"下的显示效果。

一般通风管道、桥架模型选择"中等"模式,给排水管道模型选择"精细"模式,同时存在通风管道、桥架、给排水管道模型的视图,选择"精细"模式。

图 11-31 视图控制栏上的"详细程度"按钮

表 11-1　平面和三维视图中不同"详细程度"的显示效果

详细程度	粗略	中等	精细
平面视图			
三维视图			

2．视觉样式

为了满足不同的表达需求，可以在不同的视觉样式中进行切换。在任意视图（平面视图、三维视图、剖面视图等）中，单击绘图区域左下角的视图控制栏中的"视觉样式"按钮，弹出视觉样式列表，如图 11-32 所示。分别切换至不同的视觉样式，当前的视图将以所选择样式进行显示，如表 11-2 所示。注意，修改视觉样式仅会影响当前视图，不会影响其他视图。

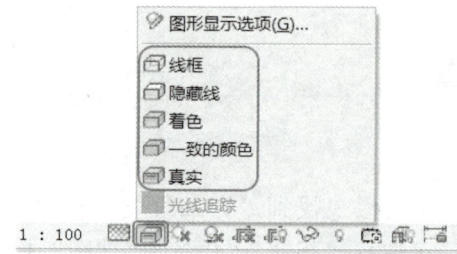

图 11-32　视图控制栏上的"视觉样式"按钮

表 11-2　平面和三维视图下不同视觉样式下的区别

视觉样式	线框	隐藏线	着色	一致的颜色	真实
平面视图					
三维视图					

3．可见性/图形替换

单击"视图"选项卡下"图形"面板中的"可见性/图形"（快捷键为 VV 或 VG），弹出"楼层平面：1-机械的可见性/图形替换"对话框，选择对话框里的"模型类别"选项卡，拖动右侧的滚动条，勾选相应编号对应的"风管""风管管件""风管附件""风道末端"等，则所绘制的风管模型会在当前显示；取消勾选，则相应的选项不显示，如图 11-33 所示。

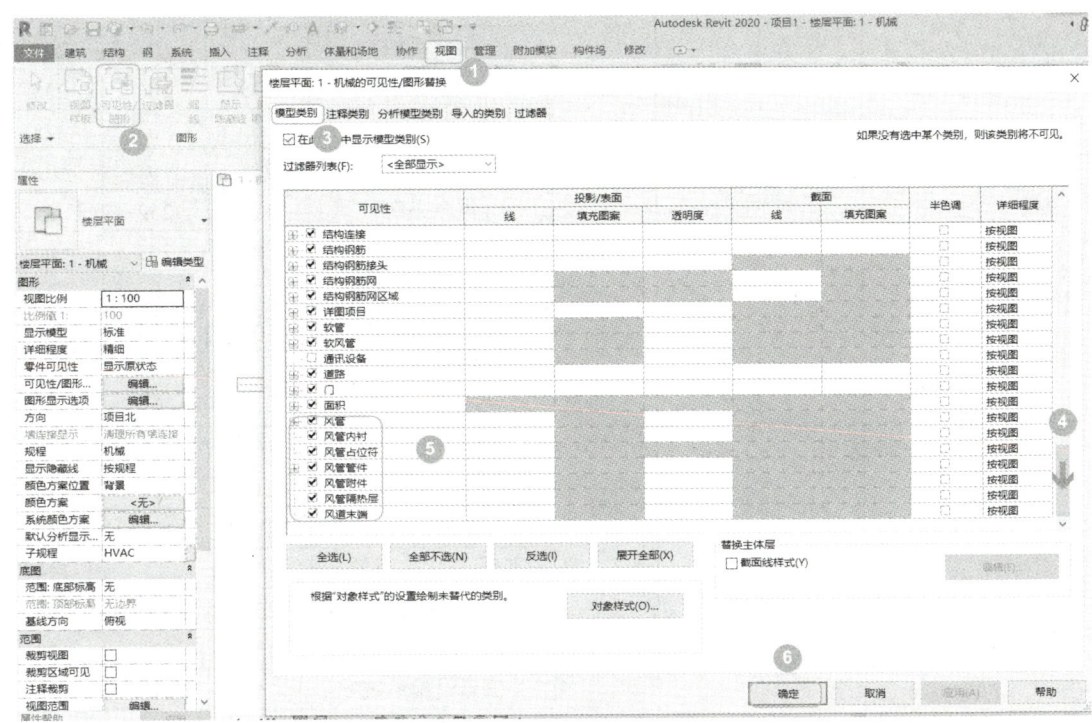

图 11-33 "可见性/图形替换"设置

需要说明的是，在机电模型创建过程中，经常遇到所绘制的元件在所在的楼层平面不显示的问题，需要从项目浏览器里的"视图范围""可见性/图形替换"里的"模型类别"，以及"可见性/图形替换"里的"过滤器"分别检查解决问题，"模型类别"的优先级高于"过滤器"。

11.2.3 风管过滤器设置

1. 颜色设置

根据《建筑工程设计信息模型制图标准》（JGJ/T 448—2018），建筑信息模型的表达应充分考虑电子化交付和色彩表达方式，充分发挥 BIM 的优势和特点，使专业人员能够通过色彩视觉迅速判断出建筑工程组成系统，合理的颜色设置也有利于 BIM 在运维和管理方面的应用。

红（R）、绿（G）、蓝（B）代表光谱中的三原色，采用 RGB 进行颜色设置符合多数软件的功能设置，如表 11-3 所示。

建立通风系统的过滤器

表 11-3 颜色设置标准

一级系统	颜色设置值			二级系统	颜色设置值		
	红(R)	绿(G)	蓝(B)		红(R)	绿(G)	蓝(B)
给水排水系统	0	0	255	给水系统	0	191	255
				排水系统	0	0	205
				中水系统	135	206	235
				循环水系统	0	0	128
				消防系统	255	0	0
暖通空调系统	0	255	0	供暖系统	124	252	0
				通风系统	0	205	0
				防排烟系统	192	0	0
				空气调节系统	0	139	69
				除尘与有害气体净化系统	180	238	180
电气系统	255	0	255	供配电系统	160	32	240
				应急电源系统	218	112	214
				照明系统	238	130	238
				防雷与接地系统	208	32	144
智能化系统	225	225	0	信息化应用系统	255	215	0
				智能化集成系统	238	221	130
				信息设施系统	255	246	143
				公共安全系统（火灾自动报警及消防联动控制系统除外）	255	165	0
				公共安全系统（火灾自动报警及消防联动控制系统）	238	0	0
				机房工程	139	105	20

注：本表依据《建筑工程设计信息模型制图标准》（JGJ/T 448—2018）表 3.3.2 编制，但是机电管线系统复杂，建议结合参考河南省工程建设标准《民用建筑信息模型应用标准》（DBJ 41/T 201—2018）附录 A 专业系统配色进行颜色设置。

2. 过滤器设置

一个项目的模型里有暖通空调、给排水、电气等不同专业的管线系统，各个系统又有不同的子系统，如暖通空调专业下有新风、排风、回风、防烟、排烟、空调送风、空调冷冻水供回水、空调冷却水供回水、空调冷热水供回水等子系统。各种管线错综复杂，为了更直观地展现，并便于管线综合和碰撞检查，需要有效利用"过滤器"工具，这将为后续操作带来很大的便利。

Step01 单击"视图"选项卡下"图形"面板中的"可见性/图形"，弹出"楼层平面：

1-机械的可见性/图形替换"对话框,选择对话框里的"过滤器"选项卡,单击"编辑/新建",弹出"过滤器"编辑对话框,单击新建按钮 创建过滤器,在弹出的对话框里输入名称"排风系统",单击"确定"按钮,如图11-34所示。

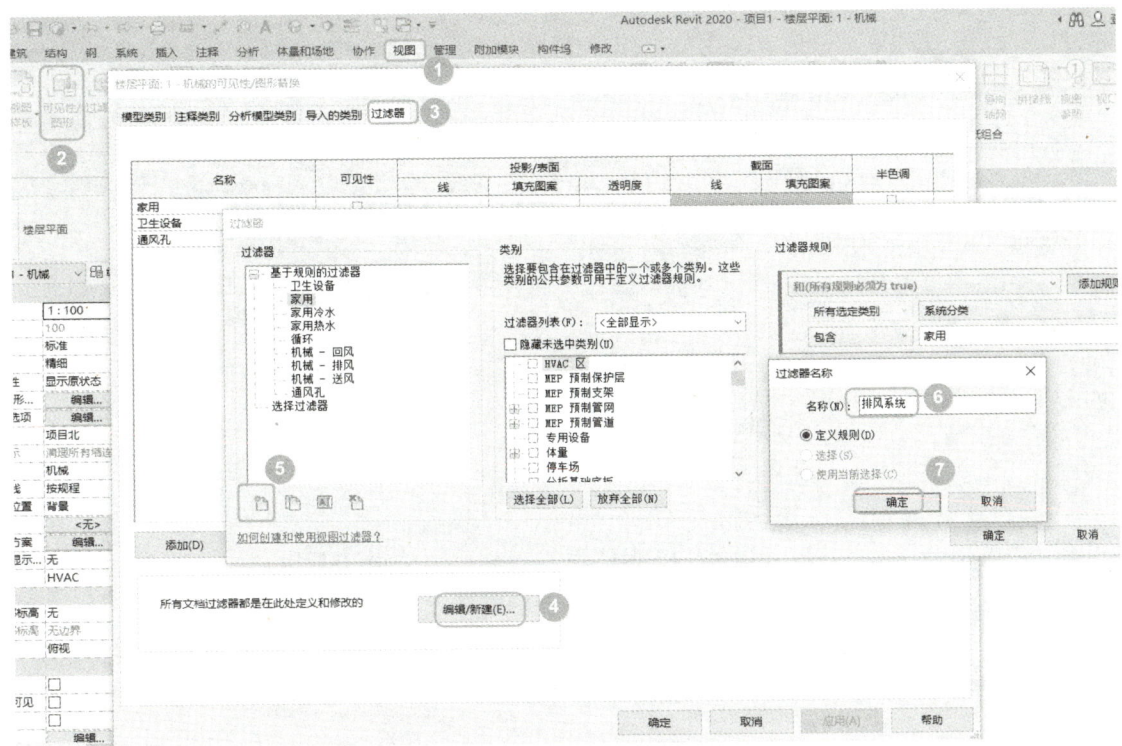

图 11-34　新建排风系统过滤器

Step02　在"过滤器"对话框的"类别"里,勾选"风管""风管内衬""风管占位符""风管管件""风管附件""风管隔热层""风道末端",注意不要勾选"风管系统"。在"过滤器规则"里,"所有选定类别"设为"系统类型",操作符选择"等于",值由"PF"(排风管)改为"HF"(回风管),单击"确定"按钮,如图11-35所示。这里设置的系统类型等于HF,是基于上述风管系统族的设置和实际项目的需要。

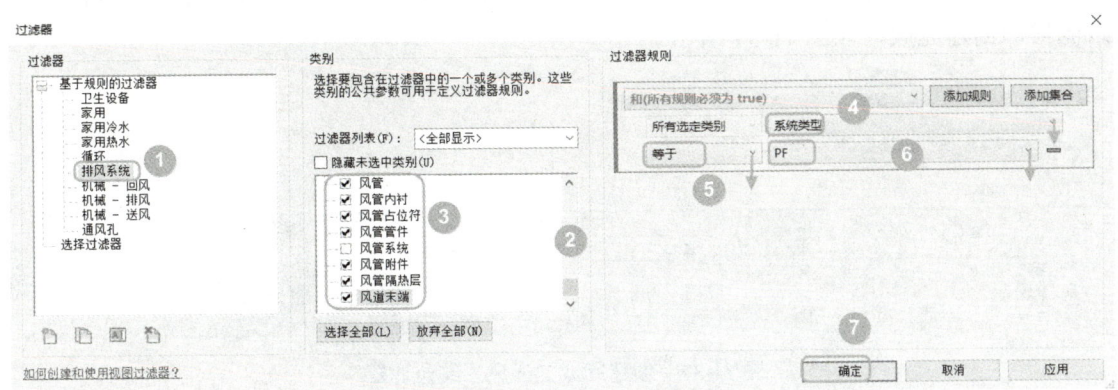

图 11-35　排风系统过滤器设置

Step03 在"楼层平面:1-机械的可见性/图形替换"对话框中单击"添加"按钮,弹出"添加过滤器"对话框,选中刚创建的"排风系统",单击"确定"按钮,即可加载"排风系统"过滤器,如图 11-36 所示。

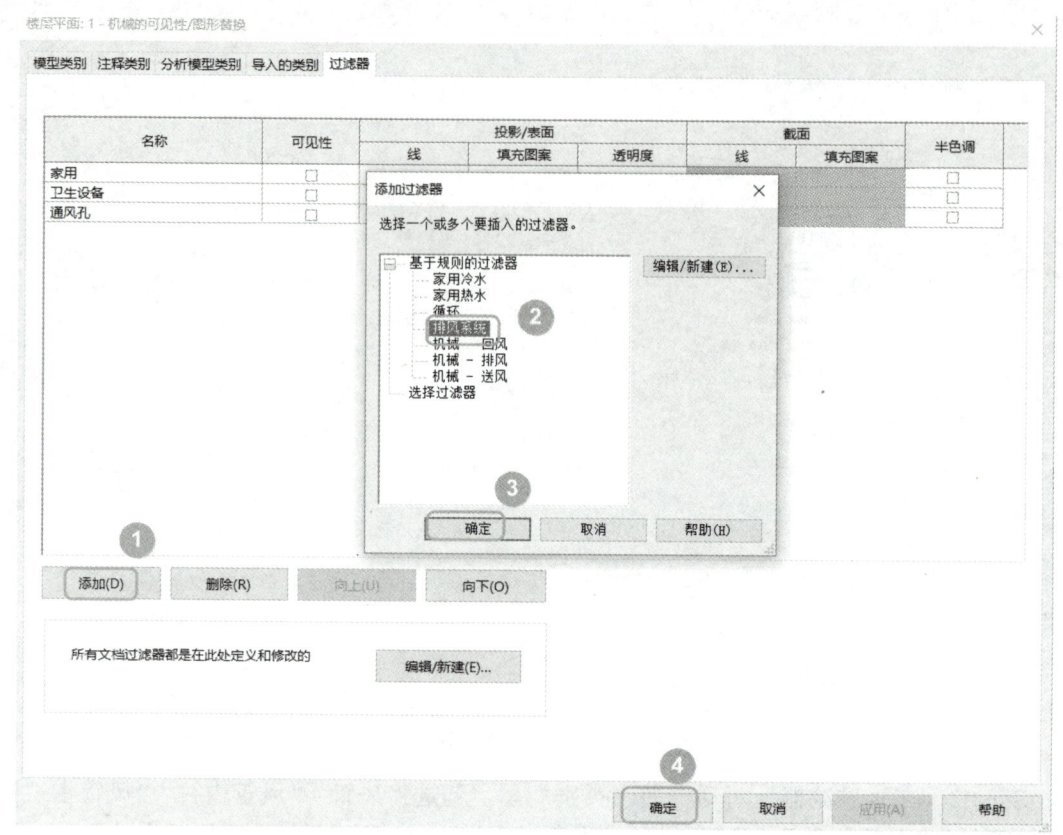

图 11-36 添加排风系统过滤器

Step04 参照上述操作,分别创建相应的"新风系统"和"送风系统"过滤器,并将"家用""卫生设备""通风孔"3 个过滤器删除,单击"确定"按钮。通风系统所需的 3 个过滤器即创建完成,如图 11-37 所示。

图 11-37 创建完成的通风系统过滤器

Step05 检验过滤器设置是否正确。回到楼层平面,输入快捷键 VV 打开"楼层平面:

项目 11 通风空调系统

1-机械的可见性/图形替换"对话框,单击"过滤器"选项,尝试取消勾选其中一个过滤器的"可见性",单击"确定"按钮,这个时候如果发现楼层平面中绘制的相应系统模型不再显示,那么该过滤器设置正确。接下来分别检验其他系统的过滤器是否正确。

Step06 打开"楼层平面:1-机械的可见性/图形替换"对话框,单击"过滤器"选项卡下"排风系统""投影/表面"下的"填充图案","红(R)"设为"106","绿(G)"设为"90","蓝(U)"设为"205",设置完成后依次单击"确定"按钮,如图 11-38 所示。具体工程项目中可根据河南省工程建设标准《民用建筑信息模型应用标准》(DBJ 41/T 201—2018)中的附录 A 专业系统配色,如表 11-4 所示对各系统管道进行设置。

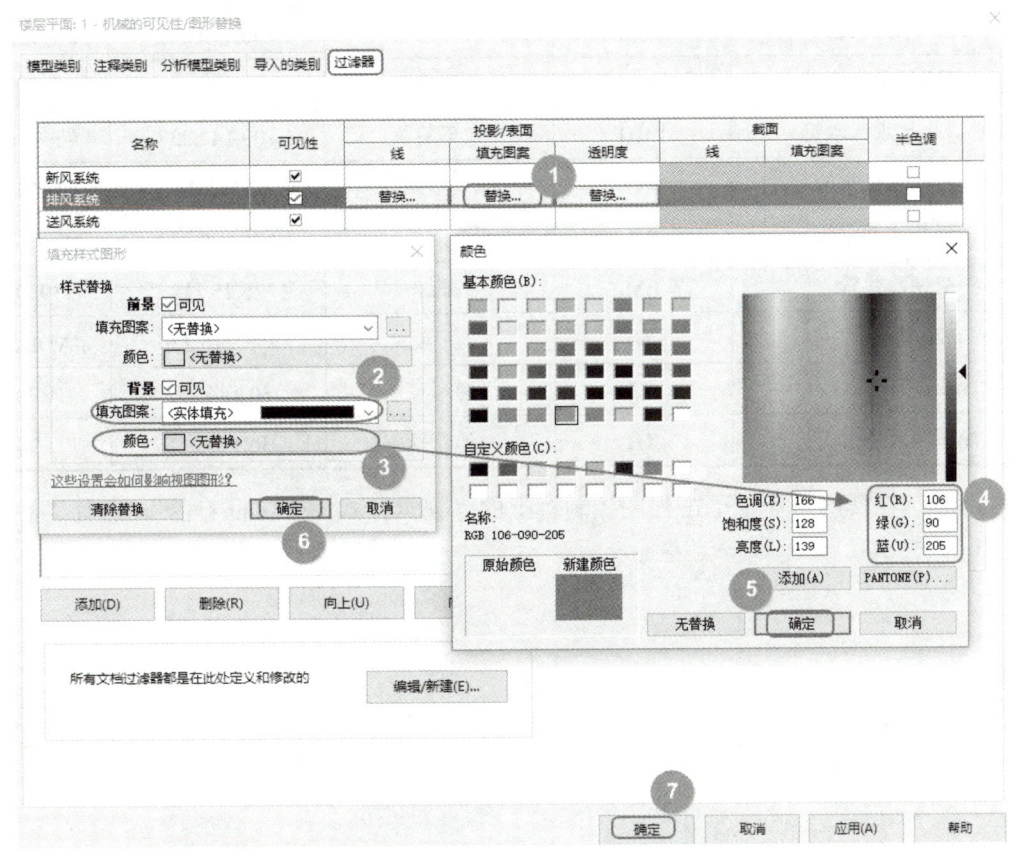

图 11-38 排风系统过滤器颜色设置

表 11-4 暖通专业系统管道颜色标识

管道类型名称	系统代码	基本识别色	RGB 颜色代码	
送风管	SF	品蓝	65,105,225	#4169E1
新风管	XF	品蓝	65,105,225	#4169E1
回风管	HF	道奇蓝	30,144,255	#1E90FF

续表

管道类型名称	系统代码	基本识别色	RGB	颜色代码
排风管	PF	石板蓝	106,90,205	#6A5ACD
排烟风管	PY	石板蓝	106,90,205	#6A5ACD
其他风管	QF	火药蓝	176,224,230	#4682B4
冷冻水供水管道	LG	纯蓝	0,0,255	#0000FF
冷冻水回水管道	LH	矢车菊蓝	100,149,237	#6495ED
冷却水供水管	LQG	纯蓝	0,0,255	#0000FF
冷却水回水管	LQH	矢车菊蓝	100,149,237	#6495ED
空调冷热水供水管	LRG	纯蓝	0,0,255	#0000FF
空调冷热水回水管	LRH	矢车菊蓝	100,149,237	#6495ED
采暖热水供水管	RG	孔雀蓝	51,161,201	#33A1C9
采暖热水回水管	RH	淡钢蓝	176,196,222	#B0C4DE
空调冷媒管	LM	深蓝	25,25,112	#191970
冷凝水管	N	淡蓝	173,216,230	#ADD8E6
冷却循环给水管	XJ	道奇蓝	30,144,255	#1E90FF
冷却循环回水管	XH	道奇蓝	30,144,255	#1E90FF

Step07 在楼层平面中单击视图控制栏上的"视觉样式：带边框着色"，选择"着色"，如图 11-39 所示。

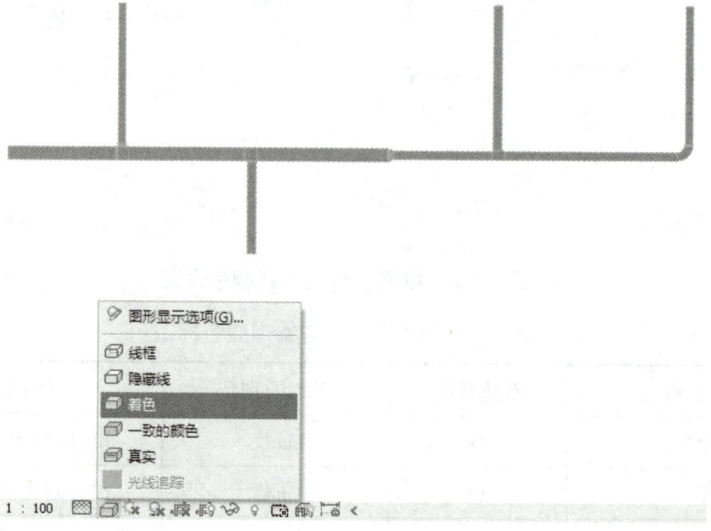

图 11-39 排风系统设置视觉样式

项目 11 通风空调系统

此外，为了后期 BIM 出图的方便，这里还需要设置通风系统管线的颜色。打开"楼层平面：1-机械的可见性/图形替换"对话框，单击"过滤器"选项卡中"排风系统""投影/表面"的"线"选项下的"替换…"按钮，将"填充图案"设置为"实线"；单击"颜色"后的"<无替换>"按钮，在弹出的"颜色"对话框中，将"红（R）"设为"106"，"绿（G）"设为"90"，"蓝（U）"设为"205"，设置完成后依次单击"确定"按钮，如图 11-40 所示。

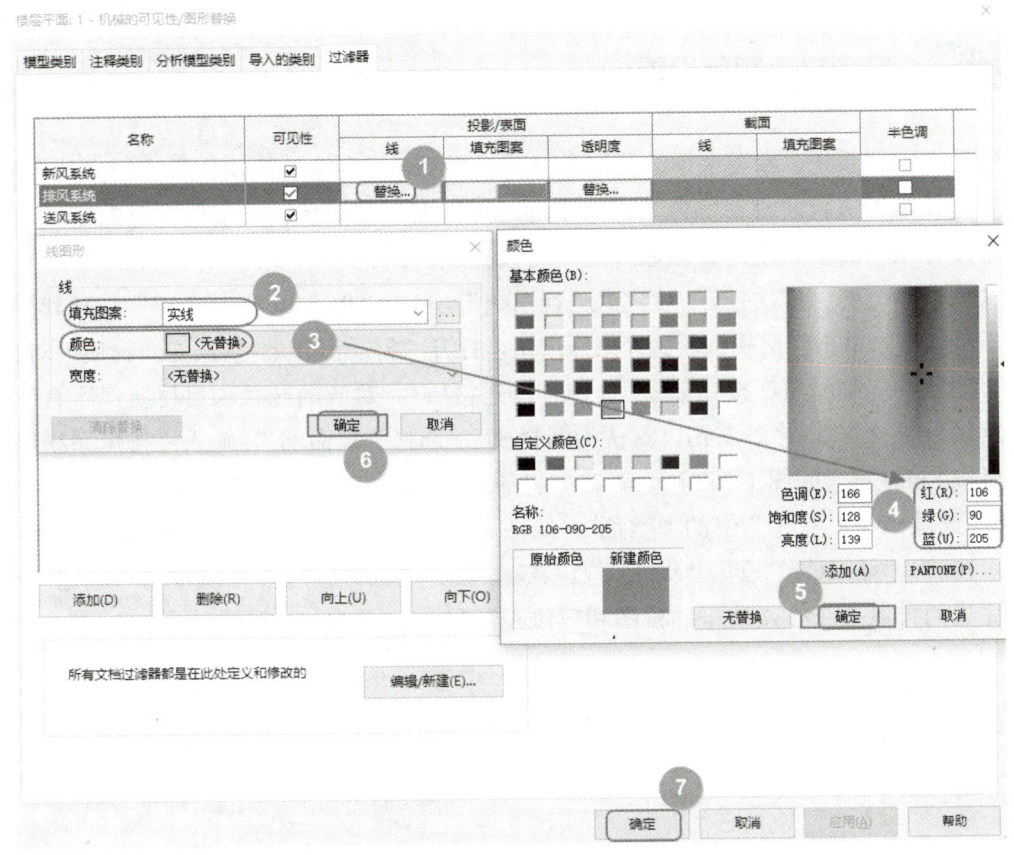

图 11-40 排风系统过滤器线型设置

参照上述操作过程，继续完成新风系统、送风系统的过滤器设置，如图 11-41 所示。设置完成后，可以在楼层平面视图里检查相应的风管系统模型是否显示为所指定的颜色。

图 11-41 新风、排风、送风系统过滤器颜色设置

> **特别提示**
>
> 在相应楼层平面视图设置的过滤器,不会应用于其他楼层平面视图和三维视图,需要分别重新添加到过滤器里,并设置颜色。这样工作量会比较大,为减少重复工作,设置好一个平面视图之后,可以创建一个视图样板,其他视图应用这个视图样板即可。

11.2.4 风管材质颜色设置

给通风空调系统、各类水系统的管道材质设置颜色,会给后续操作带来很大的便利性,所以更建议给管道材质设置颜色,而不是通过过滤器设置颜色。但需要注意的是,电缆桥架由于没有相应的族系统,必须通过过滤器设置颜色。

在项目浏览器中依次打开"族""风管系统",双击"PF"或右击"PF"打开其"类型属性"对话框,单击"材质"后的"…"按钮,打开"材质浏览器-默认为新材质"对话框。单击"创建并复制材质"按钮 ，选择"新建材质",对应的在"项目材质:所有"中生成"默认为新材质",接着右击"默认为新材质",选择"重命名",输入"排风系统风管颜色"后按 Enter 键,如图 11-42 所示。在"材质浏览器-默认为新材质"对话框右侧,单击"图形"选项卡下"着色"中的"颜色",如图 11-43 所示。打开"颜色"对话框,"红(R)"设为"106","绿(G)"设为"90","蓝(U)"设为"205",接着依次单击"确定"按钮。设置完成的排风系统在楼层平面视图和三维视图显示如图 11-44 所示。

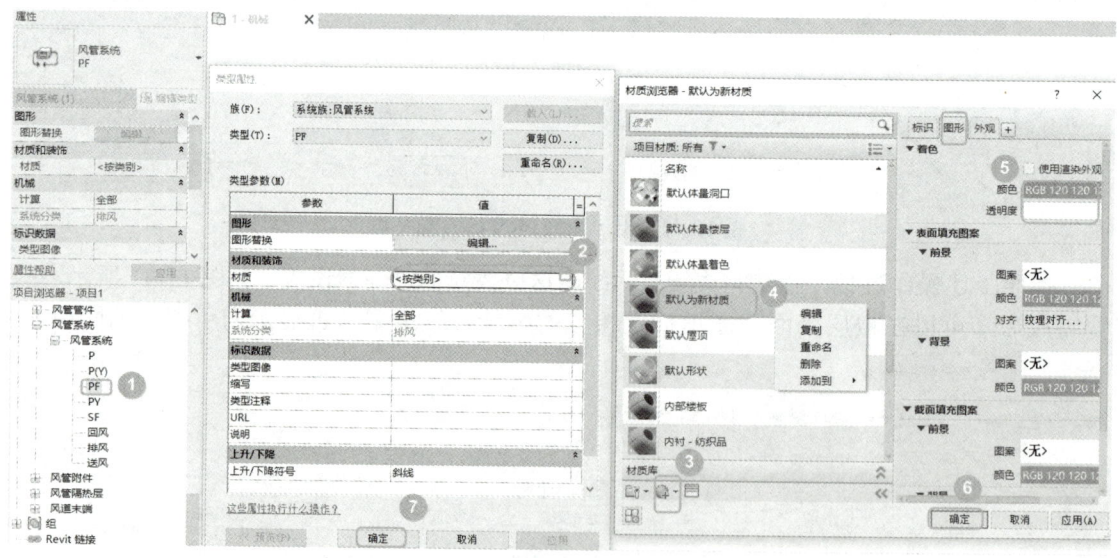

图 11-42 排风系统风管材质设置

项目 11　通风空调系统

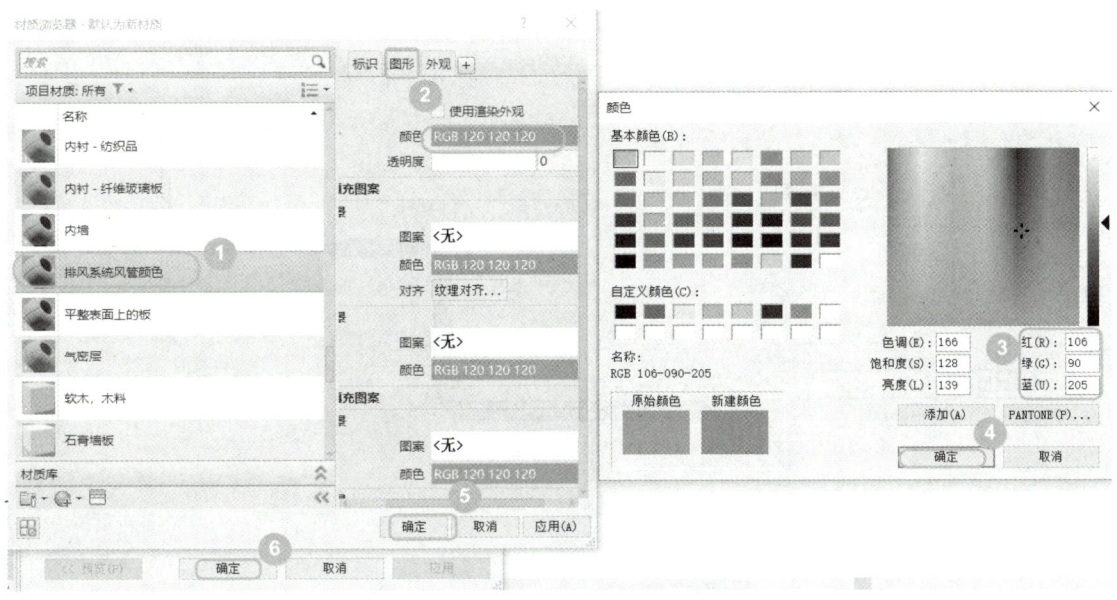

图 11-43　排风系统风管材质颜色设置

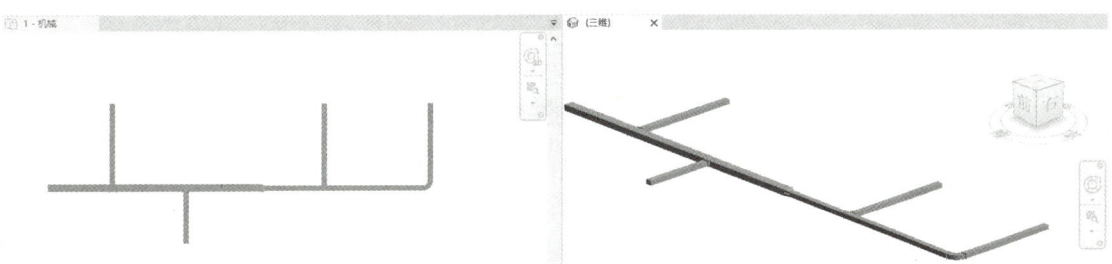

图 11-44　楼层平面视图和三维视图中排风系统显示效果

参照上述操作过程，继续完成新风系统、送风系统的材质设置，然后分别打开不同的楼层平面视图和三维视图，检查各个视图里系统的颜色是否正确显示。

如果没有正确显示设定的颜色，有两种解决方法：一是检查视图控制栏上的"视觉样式：带边框着色"，是否选择了"着色"；二是检查实例属性是否设置正确。以送风系统为例，单击没有显示颜色的送风系统风管，在图 11-45 所示的"属性"选项板中检查"系统类型"是否选择了"SF"。如果绘图时没有进行选择，此时单击"系统类型"右侧的下拉箭头，选择"SF"，正确的颜色就会显示出来。

设置通风系统的材质颜色

建筑工程 BIM 技术应用

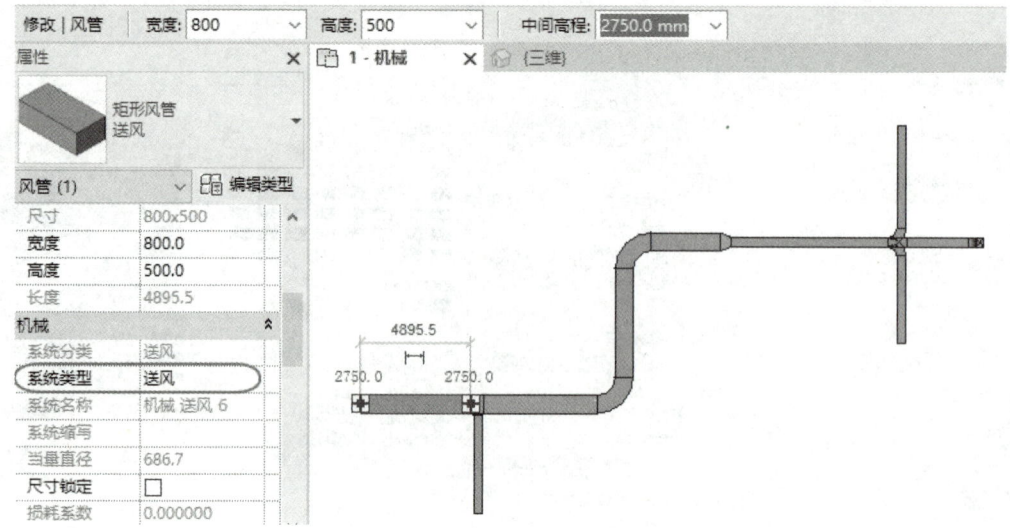

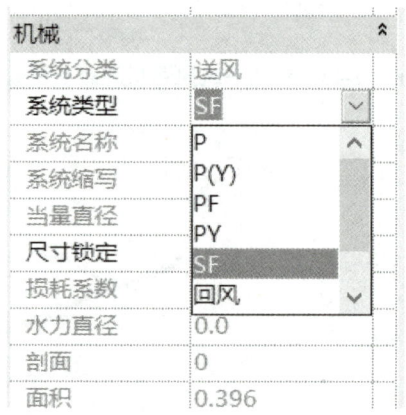

图 11-45　检查送风系统类型设置是否正确

11.2.5　添加风管附件

添加通风系统的风阀

　　风管有关附件的添加，应在管线综合优化排布后进行。风管附件可以在任意视图中进行添加，但是在楼层平面视图和立面视图更容易放置。

　　Step01　打开一层通风风管模型楼层平面视图，单击"系统"选项卡下"HVAC"面板中的"风管附件"，激活"修改 | 放置 风管附件"上下文选项卡，单击"模式"面板中的"载入族"，打开"载入族"对话框，在"查找范围"里按文件路径"China\MEP\风管附件\风阀\电动风阀-矩形"选择，单击"打开"按钮，需要的"电动风阀-矩形"族就加载进来了，如图 11-46 所示。

196

项目 11　通风空调系统

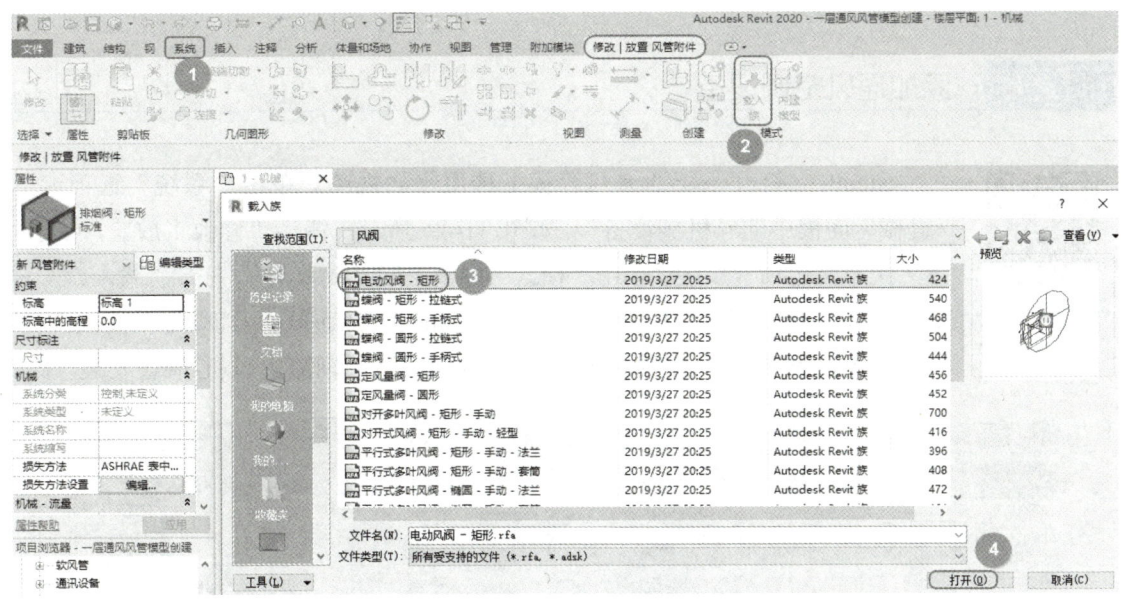

图 11-46　载入"电动风阀-矩形"族

Step02　在"修改｜放置 风管附件"选项栏中勾选"放置后旋转",在排风系统风管的各个支路靠近干管位置分别单击(在插入点附近按 Tab+Space 键可以循环切换可能的连接方式),"电动风阀-矩形"会自动捕捉风管尺寸和高程,如图 11-47 所示。放置完成的三维视图如图 11-48 所示。

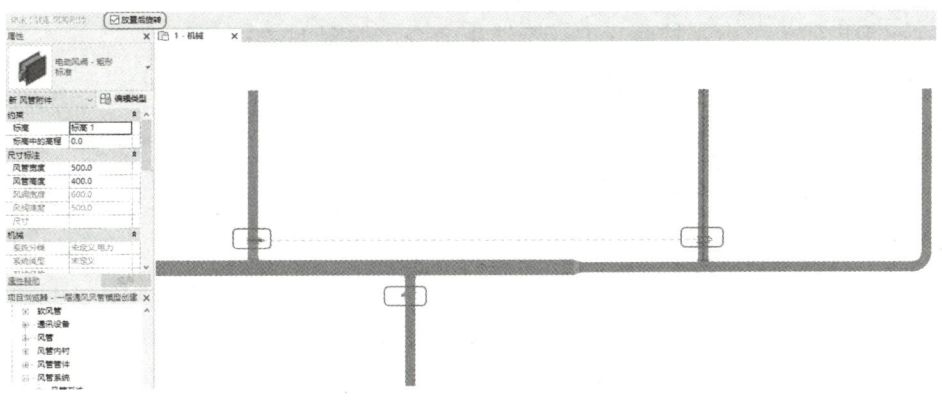

图 11-47　放置"电动风阀-矩形"

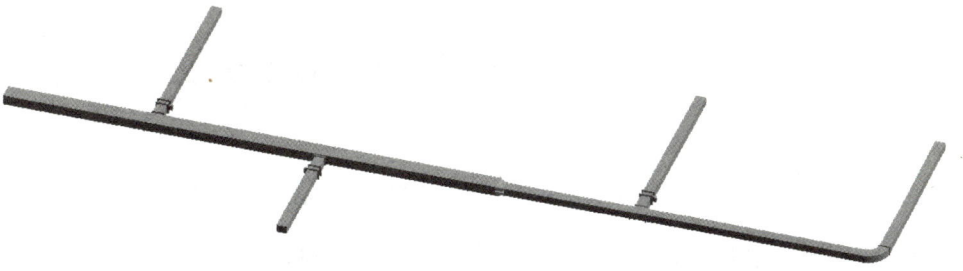

图 11-48　放置"电动风阀-矩形"后的排风系统三维视图

197

11.2.6 添加通风空调设备

添加通风系统的通风机设备

Step01　打开一层通风风管模型楼层平面视图。单击"系统"选项卡下"机械"面板中的"机械设备",如图 11-49 所示,激活"修改 | 放置 机械设备"上下文选项卡,接着单击"模式"面板上的"载入族",打开"载入族"对话框,在"查找范围"里按文件路径"China\MEP\通风除尘\风机\轴流式风机-风管安装"选择,单击"打开"按钮,即可载入"轴流式风机-风管安装"族。

图 11-49　调用"机械设备"

Step02　单击"在放置时进行标记",勾选"放置后旋转",在"属性"选项板里选择"轴流式风机-风管安装 7000CMH",移动光标至绘图区域中排风系统左端,捕捉到风管中心线后(出现虚线)单击,按两次 Esc 键结束命令,如图 11-50 所示。

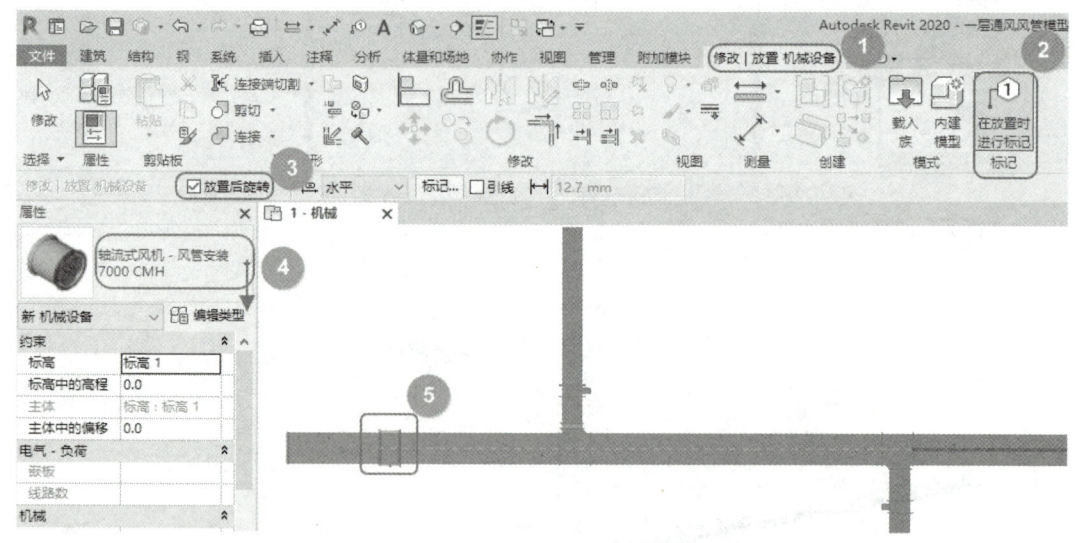

图 11-50　水平放置风机在风管中心处

Step03　如图 11-51 所示,单击"修改"选项卡下"修改"面板中的"拆分图元",勾选"删除内部线段",光标移动到风机左端一定距离后(标记④)单击一次,接着移动到风机右端一定距离后（标记⑤）再单击一次，即可删除中间部分。注意还需把拆分的风管两端生成的矩形活接头删除，操作方法为单击风管端点，按 Delete 键删除。

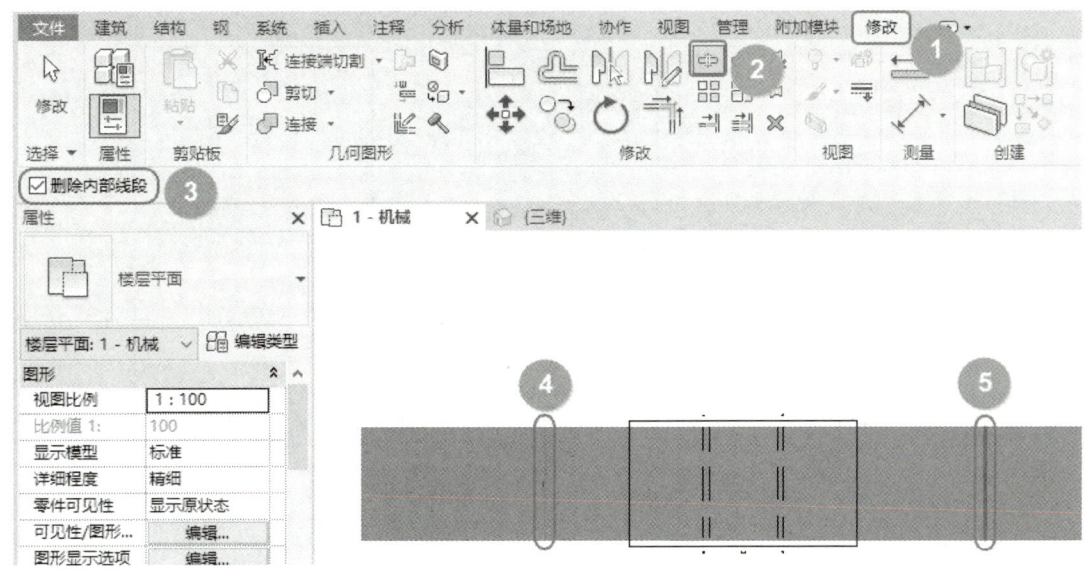

图 11-51　拆分风管

Step04　创建剖面，如图 11-52 所示，单击快速访问栏的"剖面"按钮，在上述放置风机的左侧风管下端偏移一定距离的位置（标记②）单击，接着向右水平移动光标，在风机的右侧风管的下端（标记③）再单击一次，创建"剖面 1"。右击"剖面 1"，选择"转到视图"，打开如图 11-53 所示视图。将视图控制栏中的"详细程度"由"粗略"改为"中等"，接着单击视图边框的底边，单击中心点并向下拖曳，直至完全出现所放置的轴流式风机再松开。操作过程中，可以通过鼠标滚轮，将视图调整到合适大小，如图 11-54 所示。

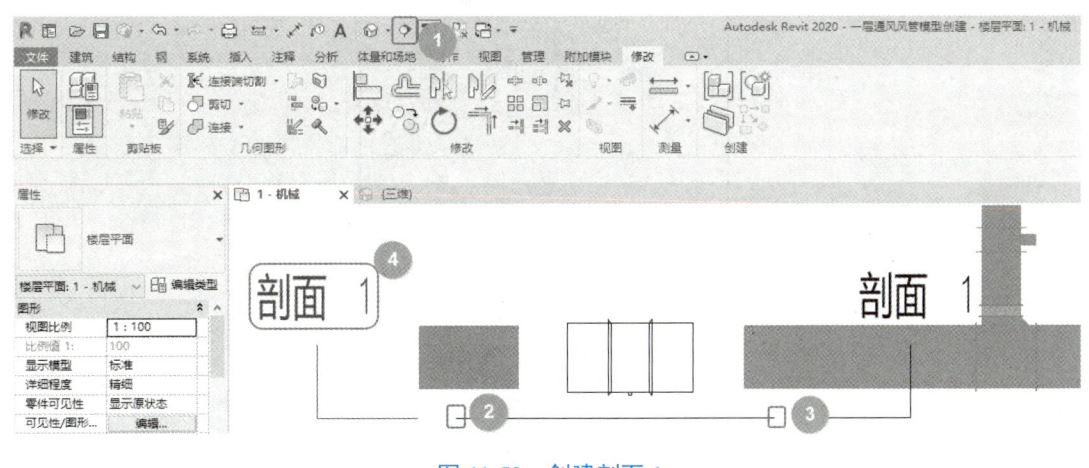

图 11-52　创建剖面 1

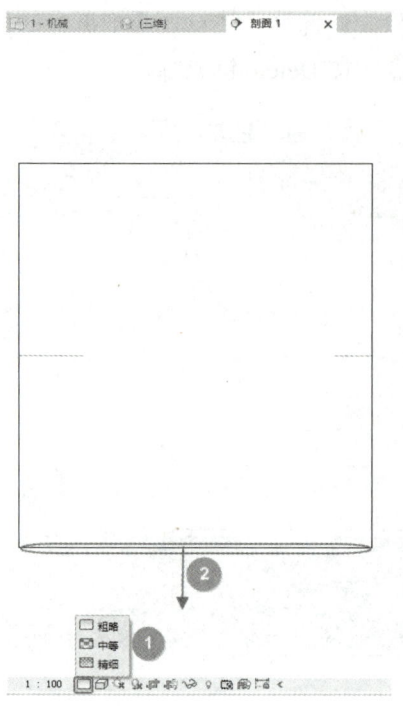

图 11-53　剖面 1 中拖动视图底边边框

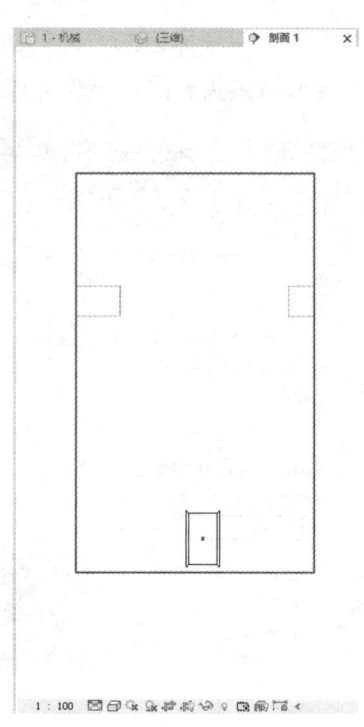

图 11-54　调整视图范围

Step05　单击风机并向上拖曳，直至出现如图 11-55 所示的风管中心线（虚线）提示再松开，表示风机的中心和风管的中心此时在一个水平面上。这样风机的中心在水平和垂直方向都与风管完全对齐了。

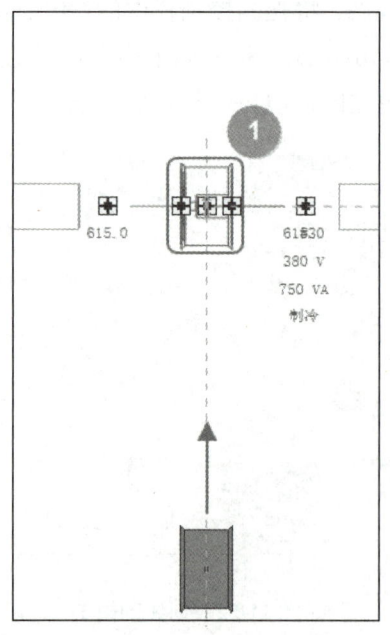

图 11-55　垂直方向拖动风机到风管中心处

Step06 在剖面视图中，单击左侧的风管，则风管的端点中心处出现符号，单击并拖曳符号向右水平移动，直至风机的左端中心处出现符号再松开，则风机与风管自动生成连接。接着按上述操作把右侧风管和风机同样连接在一起，如图 11-56 所示。三维视图和平面视图下风机与风管连接如图 11-57 所示。

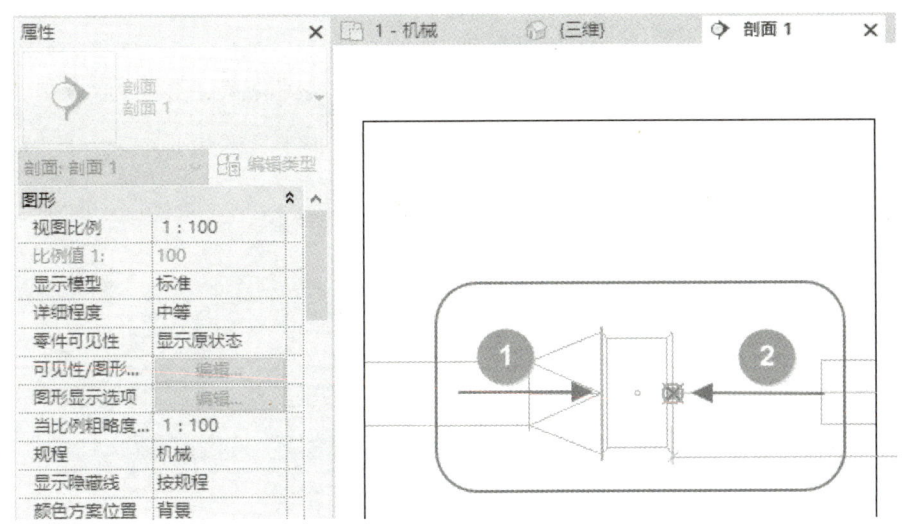

图 11-56　风机和风管连接

图 11-57　三维视图和平面视图下风机与风管连接的效果

11.2.7　添加风道末端

风道末端的形式有单层百叶风口、双层百叶风口、方形散流器、矩形散流器、圆形散流器等，统称为风口。有的风口自带风量调节阀，而不自带的就需要另加风量调节阀。风口与风管的连接方式有硬连接和软连接两种，应根据项目的实际情况进行选择。

添加通风系统的风口

1．硬连接

Step01　打开一层通风风管模型楼层平面视图并调整绘图区域。硬连接的风口一般本身自带调节阀，在远离风机或空调设备的地方布置。

Step02 单击"系统"选项卡下"HVAC"面板中的"风道末端",如图 11-58 所示。激活了"修改 | 放置 风道末端装置"上下文选项卡,接着单击"模式"面板中的"载入族",打开"载入族"对话框,在"查找范围"里按文件路径"China\MEP\风管附件\风口\回风口-矩形-单层-可调-侧装"选择,单击"打开"按钮。接着打开"指定类型"对话框,选择"类型"里的"200×200",单击"确定"按钮,即可完成"回风口-矩形-单层-可调-侧装"族的加载,如图 11-59 所示。

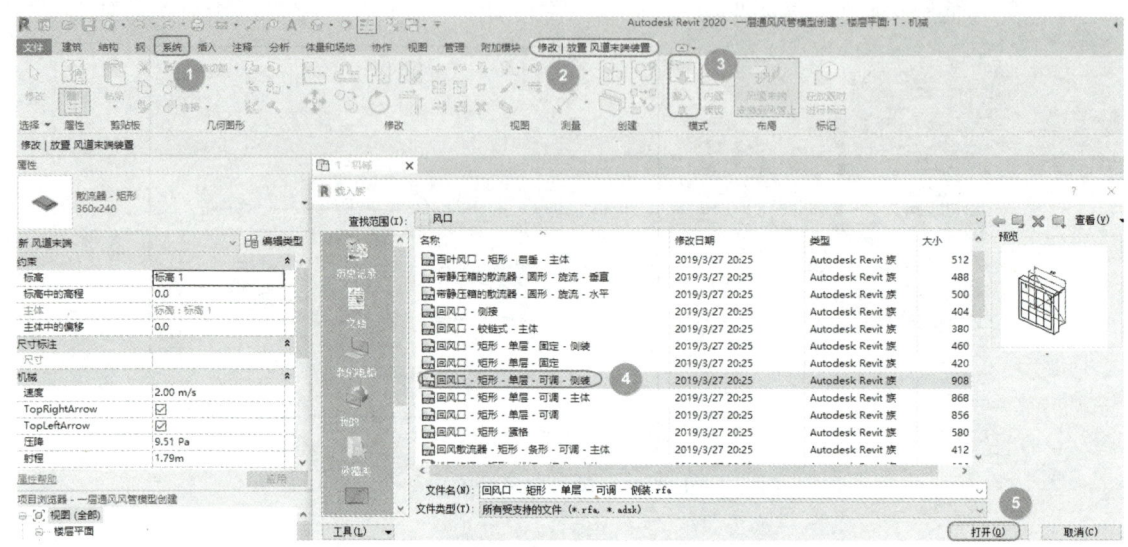

图 11-58 载入"回风口-矩形-单层-可调-侧装"族

图 11-59 选择载入风口族的类型尺寸

Step03 如图 11-60 所示,在"修改 | 放置 风道末端装置"上下文选项卡中,单击"风道末端安装到风管上",在排风系统的一个支路上,分别在风管中心位置(标记②和标记③)和侧面位置(标记④和标记⑤)单击布置。在侧面布置时需要注意调整风口方向,按 Space 键可在水平和垂直方向调整。注意,需要在风口和风管相平行的情况下布置才会捕捉到风管高度。风管及风口三维视图如图 11-61 所示。

项目 11 通风空调系统

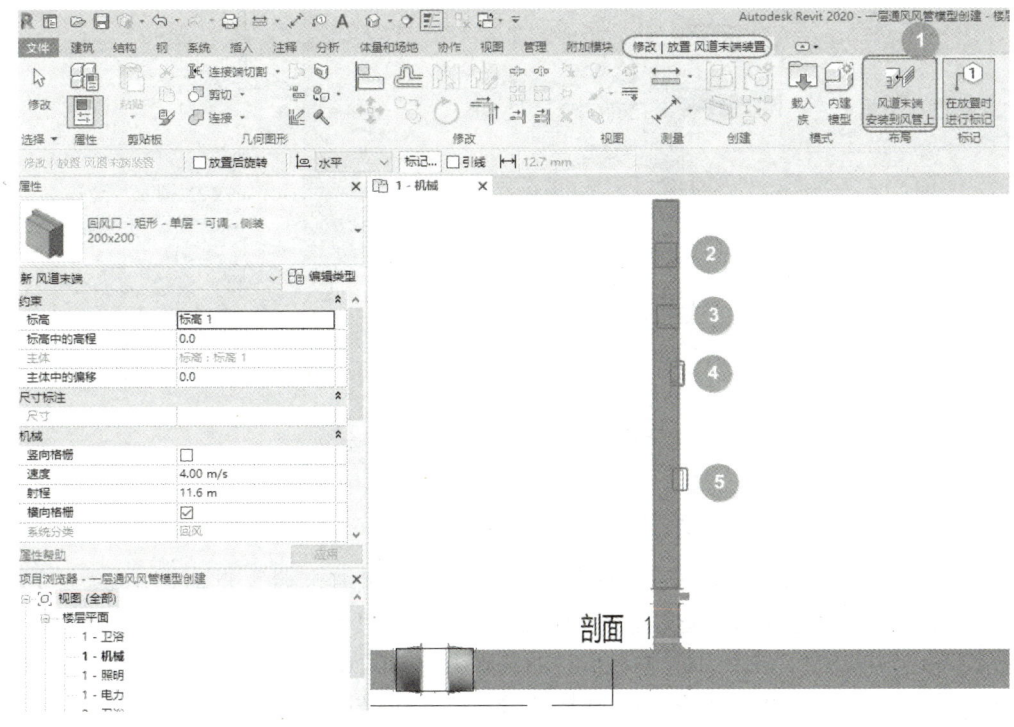

图 11-60 布置风口

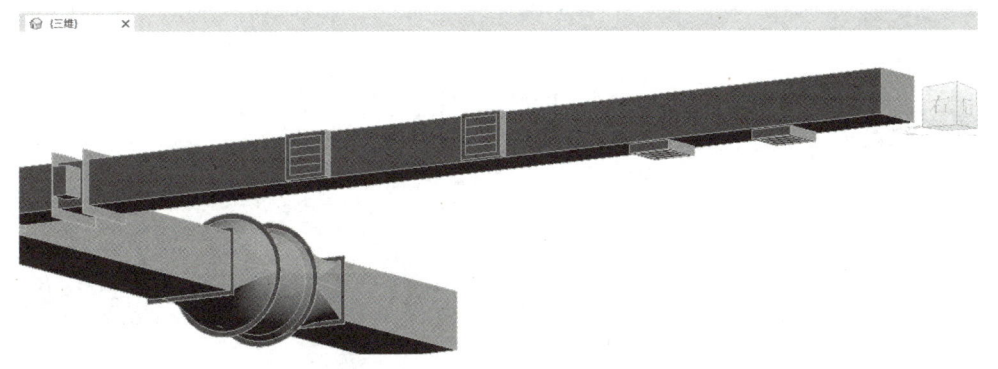

图 11-61 风管及风口三维视图

2. 软连接

通风、防排烟、空调系统中，为了减震的需要，一般需要风口与风管软连接。工程中风管干管和风口一般是通过接头连接，不会通过三通方式连接。前文讲述的风管系统创建，其类型属性中，"布管系统配置"的"首选连接类型"设置为了"T 形三通"，此时需要更改为"接头"。

Step01　单击选中排风系统的一个支管，接着单击"编辑类型"打开"类型属性"对话框，在"布管系统配置"栏右侧单击"编辑…"按钮，打开"布管系统配置"对话框，"首选连接类型"更改为"接头"，最后依次单"确定"按钮，如图 11-62 所示。

203

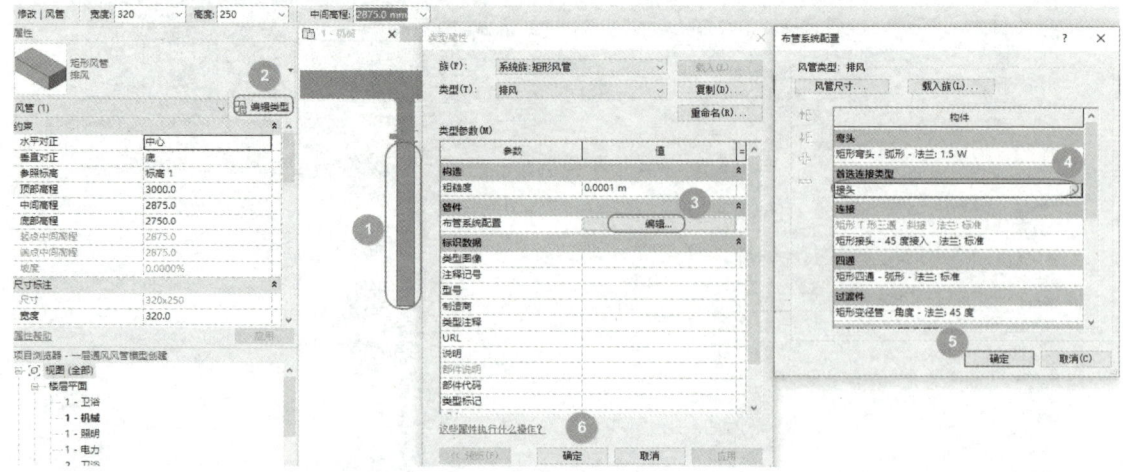

图 11-62　更改"首选连接类型"

Step02　单击"系统"选项卡下"HVAC"面板中的"风道末端",此时,"修改丨放置 风道末端装置"上下文选项卡和选项栏同时被激活。如图 11-63 所示,勾选"放置后旋转",在"属性"选项板中的"主体中的偏移"栏右侧输入"2500.0",在绘图区捕捉刚修改过的风管支管的中心位置,此时需要将光标向上移动,在界面提示"90.00°"时单击,完成风口的创建,三维视图如图 11-64 所示。

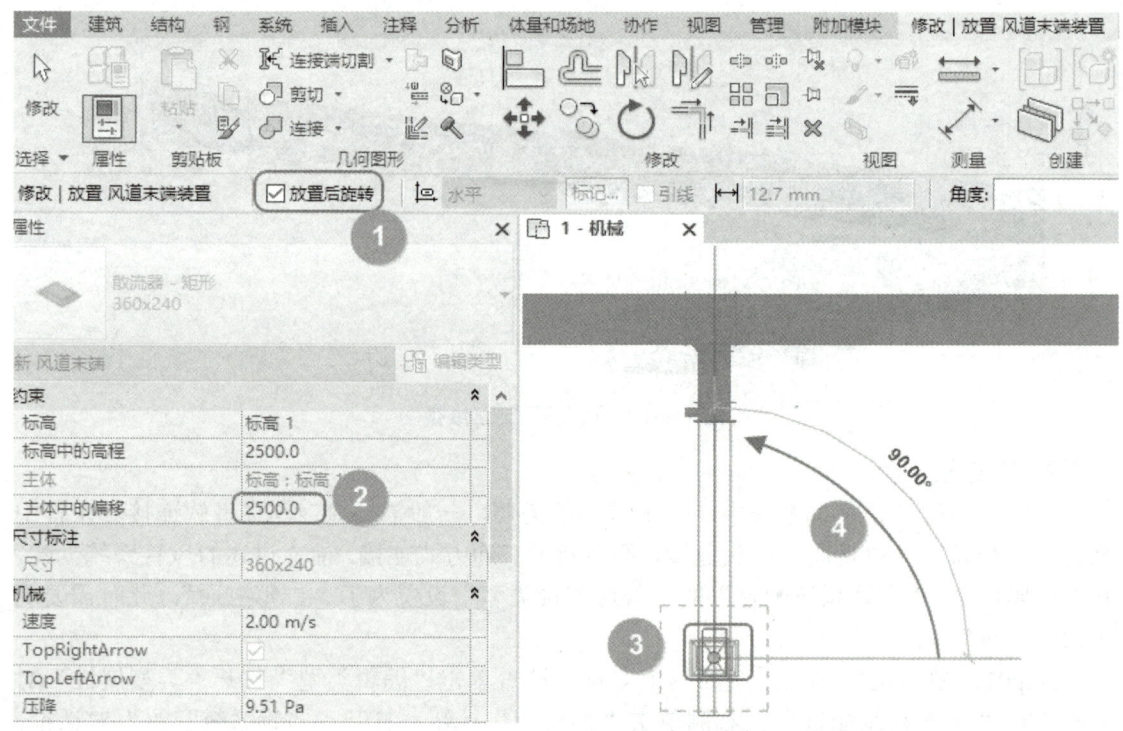

图 11-63　放置风口

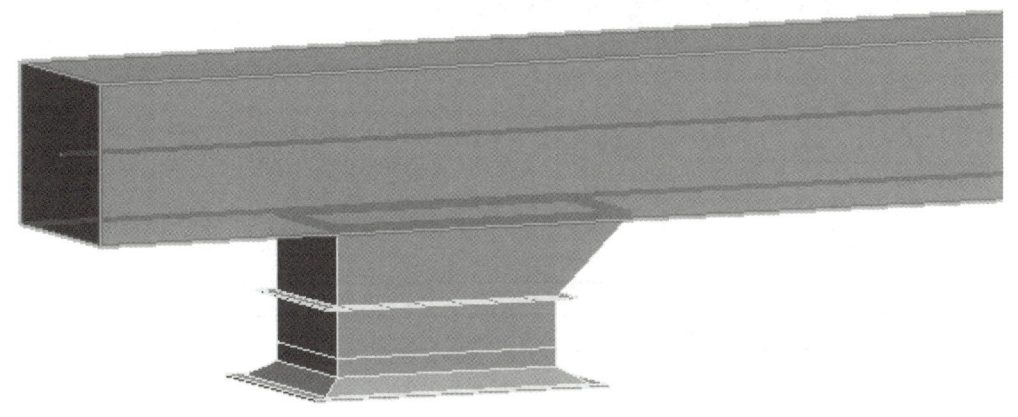

图 11-64 放置风口后的三维视图

11.2.8 风管标注

在完成管线综合和碰撞检查，并安装好管道附件、机械设备和风道末端后，就可以进行风管标注，完成后即可以出图。风管的标注是通过注释符号族来实现的，可以在平面视图、立面视图、剖面视图中使用。而风管标高和坡度则是通过尺寸标注系统族来标注的，在平面视图、立面视图、剖面视图和三维视图均可使用。

1. 放置标注

Step01　打开一层通风风管模型楼层平面视图并调整绘图区域，然后在视图控制栏把"视觉样式"调整为"线框"模式。

Step02　在"注释"选项卡下，选择"标记"面板上的"按类别标记"（快捷键为TG），准备进行风管标记，如图 11-65 所示。将光标放置到风管管段部分，此时风管标记将以高亮的形式显示预览，如图 11-66 所示。选择合适的位置单击，进行风管标记的放置。

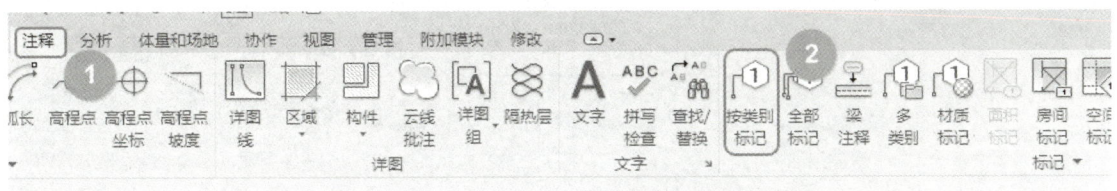

图 11-65　调用"按类别标记"

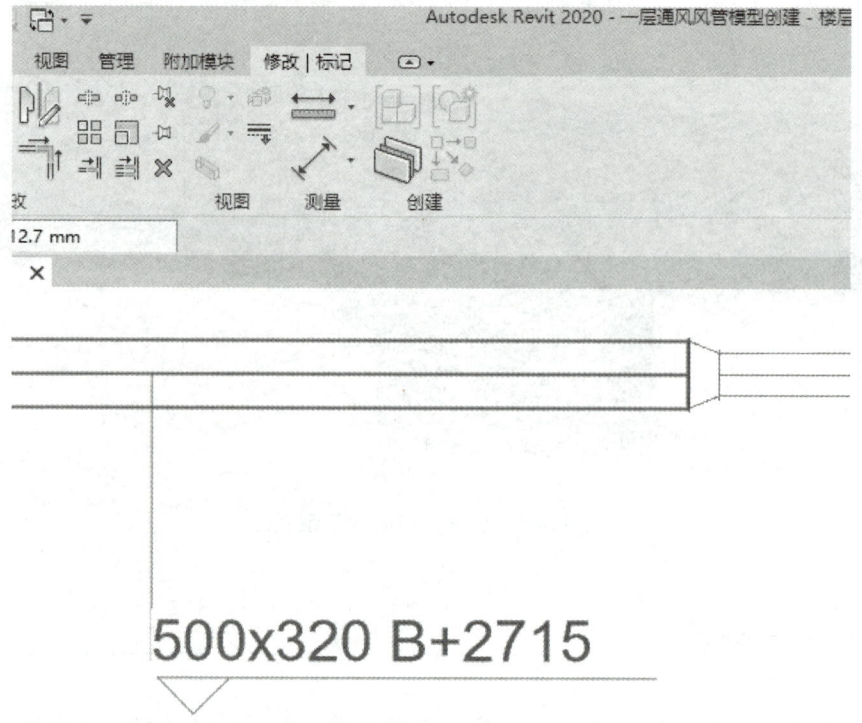

图 11-66　放置风管标记

2．自定义标注族

目前软件系统自带的标记族一般不能满足制图标准的出图要求，此时需要自定义标注族样式。

Step01　图 11-66 中放置的风管标记为默认值，选择该标记，在"属性"选项板中，单击"编辑类型"，复制创建出名称为"风管（系统+尺寸+底标高）"的新类型，单击"确定"按钮，如图 11-67 所示。

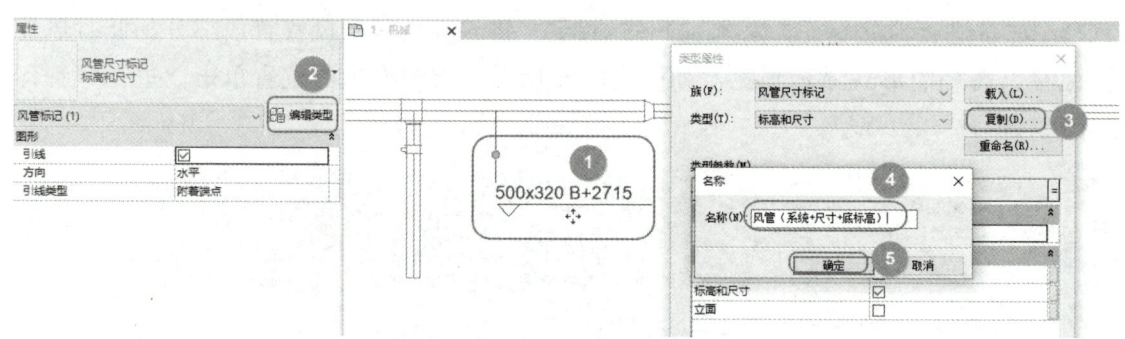

图 11-67　建立新的风管标记类型名称

Step02　单击"模式"面板中的"编辑族"，打开族编辑器对"风管（系统+尺寸+底标高）"标记族进行修改，如图 11-68 所示。

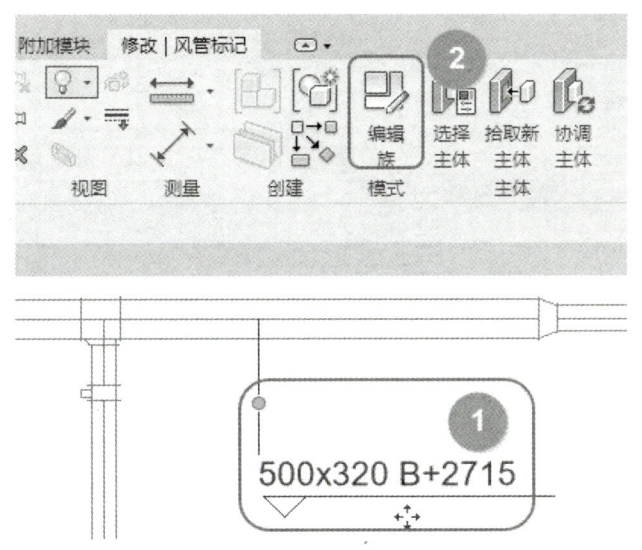

建立通风系统标注族

进行通风系统的标注

图 11-68　调用"编辑族"命令

Step03　在族编辑界面中，打开"属性"选项板上的"族类型"命令，在"族类型"对话框中单击"新建参数"按钮，在弹出的"参数属性"对话框中，输入名称"风管（系统+尺寸+底标高）"，"参数类型"为"是/否"，"参数分组方式"为"尺寸标注"，选中"类型"参数，依次单击"确定"按钮，如图 11-69 所示。

图 11-69　新建"风管（系统+尺寸+底标高）"参数属性

Step04　返回"族类型"对话框，勾选"风管（系统+尺寸+底标高）"参数值，其他参数值不勾选，单击"确定"按钮，如图 11-70 所示。

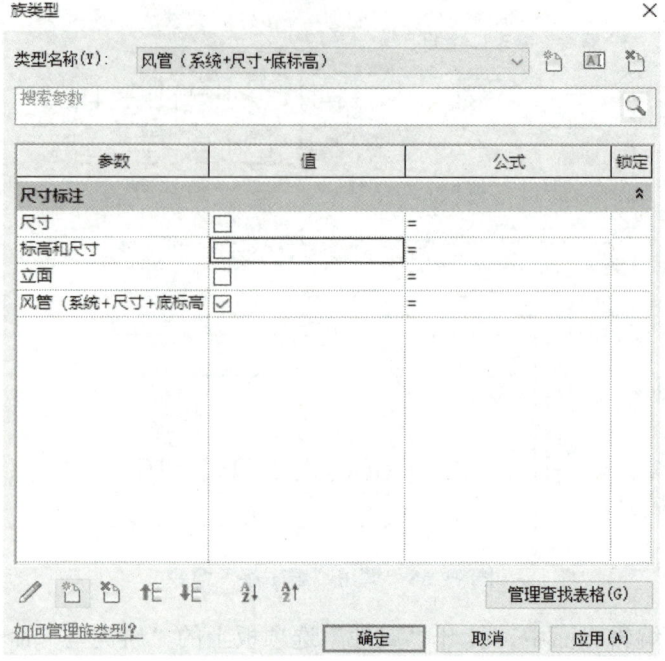

图 11-70 "族类型"对话框

Step05 在族编辑界面单击该尺寸,单击"标签"面板上的"编辑标签",在弹出的"编辑标签"对话框中,选择左侧的"类别参数"中的"系统类型""尺寸""底部高程",并调整上下顺序。接着设置"底部高程"的"前缀"和"后缀"为单括号。单击"底部高程"栏,单击下面的"编辑参数的单位格式"按钮,打开"格式"对话框,取消勾选"使用项目设置","单位"采用"米","舍入"选择"2 个小数位",依次单击"确定"按钮,如图 11-71 所示。

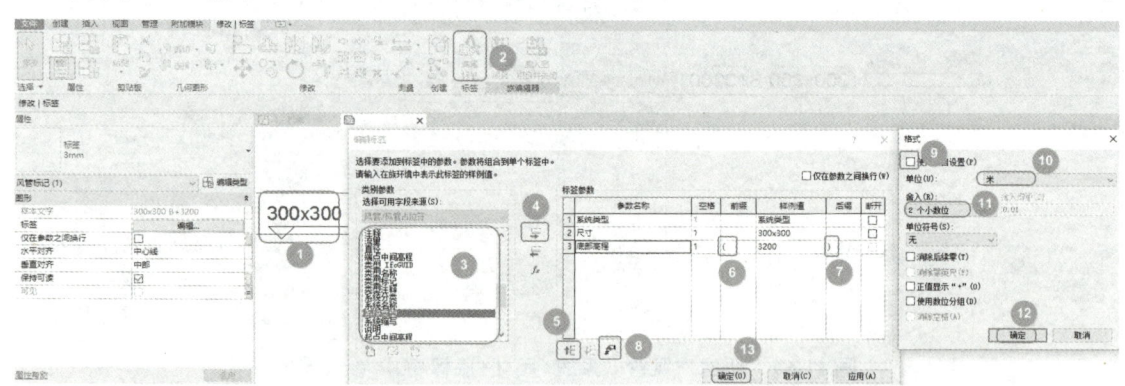

图 11-71 风管标注族的标签设置

Step06 选择新添加的标签,分别在图 11-72 所示的标记②和标记③的位置单击,然后按 Delete 键将其删除。在"属性"选项板中,单击标记④处的可见性参数对应的关联按钮,在弹出的"关联族参数"对话框中,选择"风管(系统+尺寸+底标高)",单击"确定"按钮,如图 11-72 所示。

图 11-72　关联族参数

Step07　在族编辑界面，单击"载入到项目中"，将自定义的风管标注族载入到项目中，载入时选择"覆盖现有版本及其参数值"；或者选择"另存为"，将其保存为"族"类型，然后再单独载入到项目中，如图 11-73 所示。

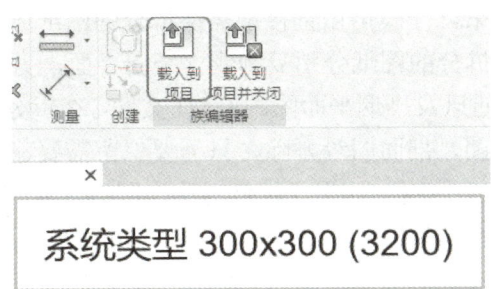

图 11-73　载入风管标注族

Step08　在一层通风风管模型楼层平面视图中，将排风系统的风管标注完成，注意在"修改 | 标记"选项栏中，依次设置"水平""引线""自由端点"，在绘图区域依次完成如图 11-74 所示的标注。

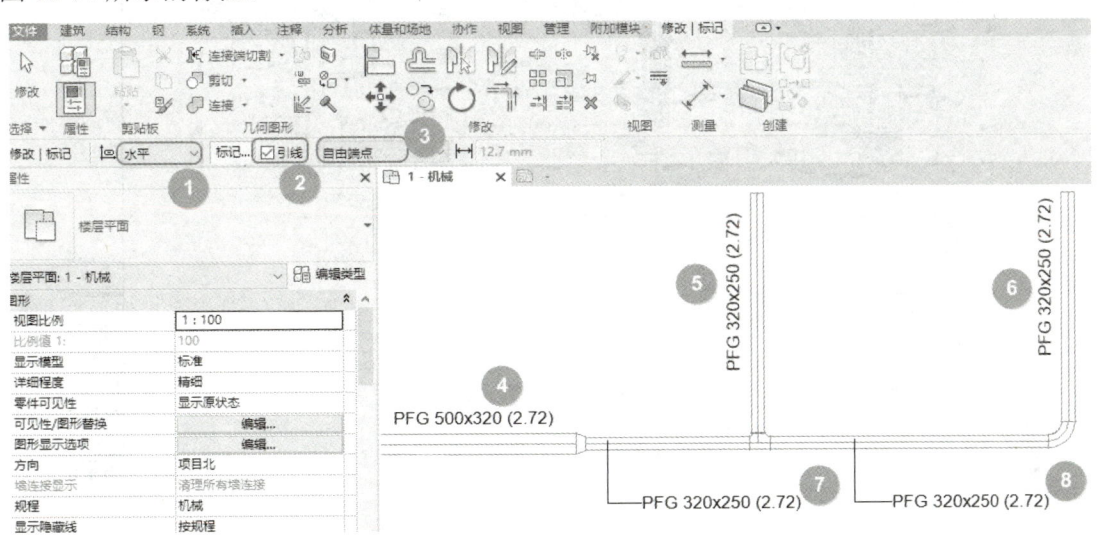

图 11-74　按类别标注风管

11.3 通风系统创建案例

本节案例的配套图纸为某食堂暖通平面图，包含一层通风及排烟平面图、二层通风及排烟平面图、三层通风及排烟平面图、屋顶层通风及排烟平面图、地下一层通风及排烟平面图，该工程总建筑面积为 13730.84m^2，地下 1 层，地上 3 层。

11.3.1 处理图纸

暖通设计师在设计阶段一般习惯把整套图纸绘制在一个 CAD 文件里，这会造成 CAD 文件导入 Revit 后易出现卡顿的问题。为了降低 CAD 文件的大小，需要按楼层或楼层区域进行拆分，将图纸分隔开来。一般可以直接把需要拆分的图纸通过写块命令设置为一个图块保存下来，或者把需要拆分的图纸分别复制到一个新界面，另存为单独的文件。

图 11-75 所示为一层通风及排烟平面图的 CAD 文件，在拆分图纸的时候，将图框、注释、图表、防火分区示意图、剖面图等删除，只需要保留需要建模的图纸即可。注意选择特征点，一般选择轴线 A 与轴线 1 的交点，针对这张图纸，我们选择轴线 S-A 与轴线 S-1 的交点作为基点，将图纸移动到坐标原点处，如图 11-76 所示。

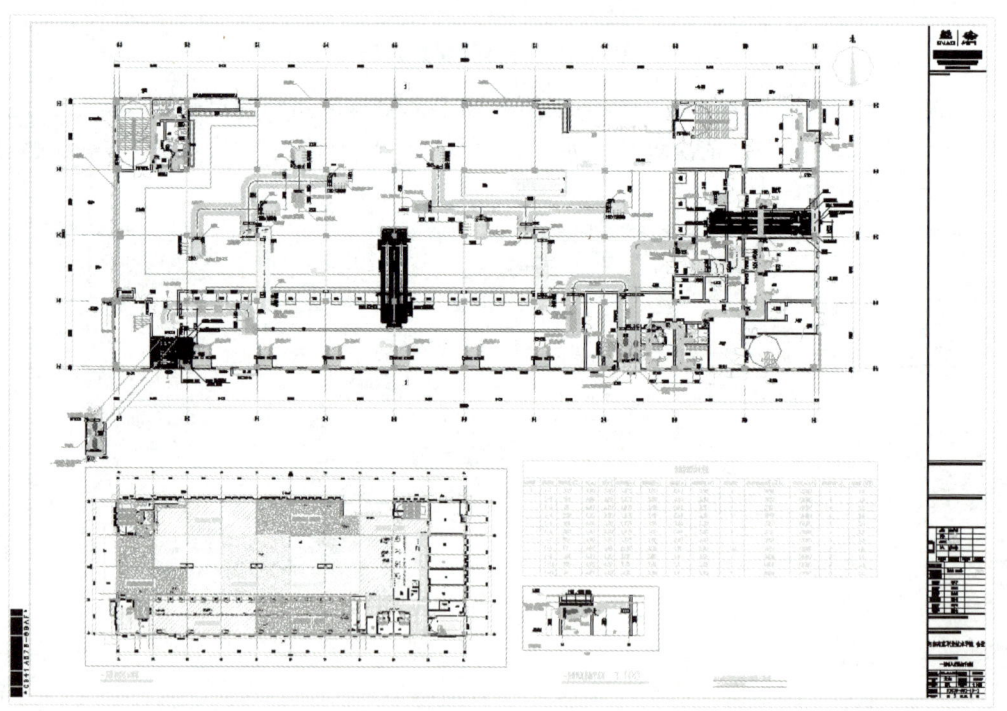

图 11-75　一层通风及排烟平面图

项目 11　通风空调系统

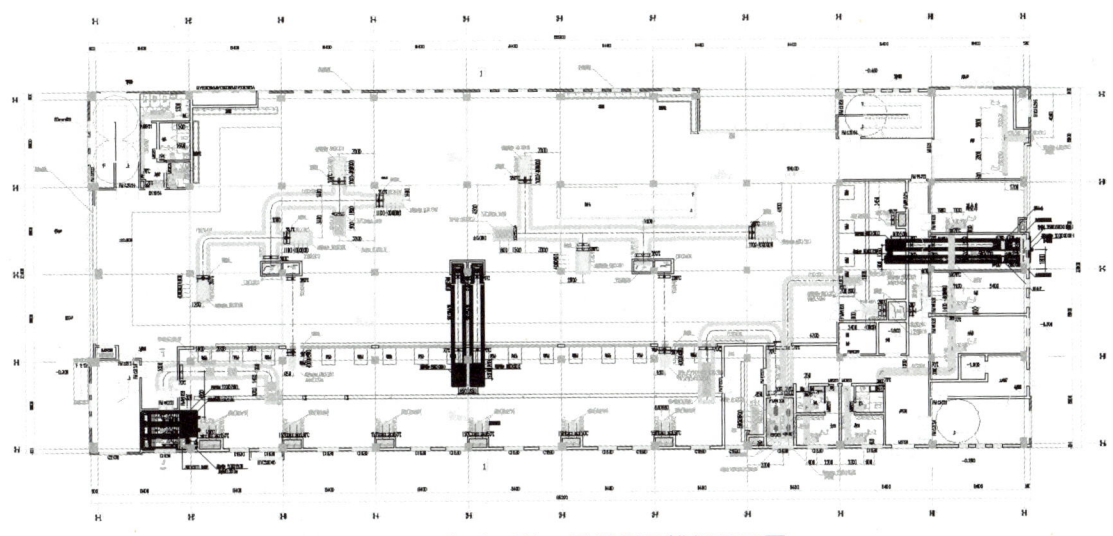

图 11-76　拆分后的一层通风及排烟平面图

> **特别提示**
>
> 特征点选择的时候，要考虑建筑、结构、给排水、暖通、电气各专业的标准一致，一般以建筑专业为准，其他专业遵循，从而有助于后期三维模型的整合。

在 AutoCAD 中，单击"文件"选项卡，在"图形实用工具"中选择"清理"命令，弹出"清理"对话框，勾选"确认要清理的每个项目"和"清理嵌套项目"，接着单击"全部清理"按钮，如图 11-77 所示。这样处理后的图纸，会进一步精简。

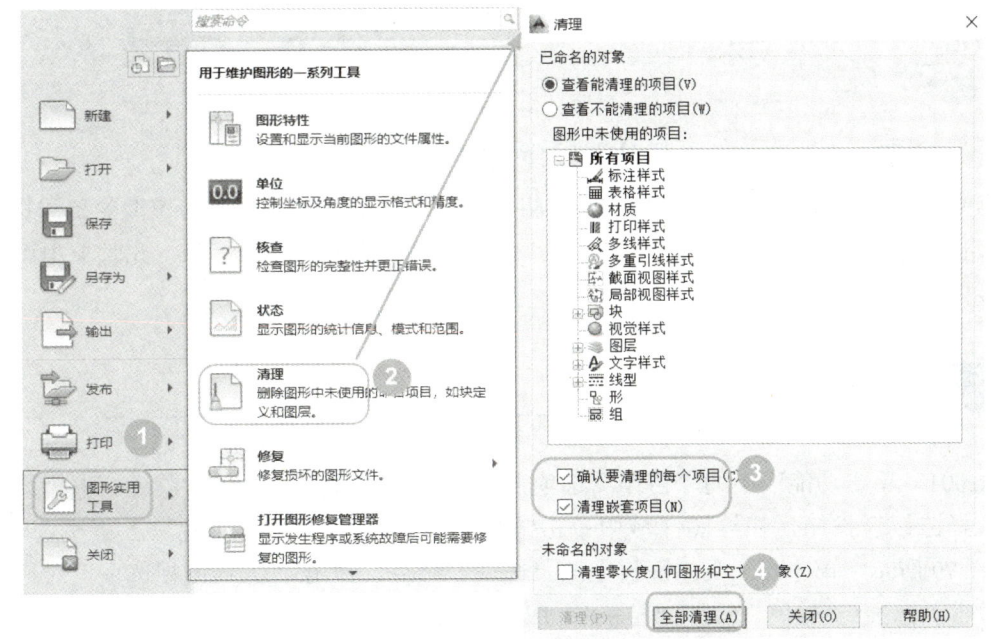

图 11-77　清理图纸

11.3.2 创建项目文件和链接模型

Step01　打开 Revit 2020，新建项目，选择"Systems-DefaultCHSCHS.rte"系统样板文件，单击"确定"按钮，完成项目文件的创建。

Step02　新建项目完成后，单击"文件"选项卡下"另存为"中的"项目"，选择保存路径，将文件命名为"食堂通风及排烟模型"。

Step03　单击"插入"选项卡下的"链接 Revit"按钮，打开"导入/链接 RVT"对话框，选择要链接的建筑专业"食堂建筑模型"文件，并在"定位"下拉列表中选择"自动-原点到原点"，单击右下角的"打开"按钮，该建筑模型就链接到了项目文件中，如图 11-78 所示。

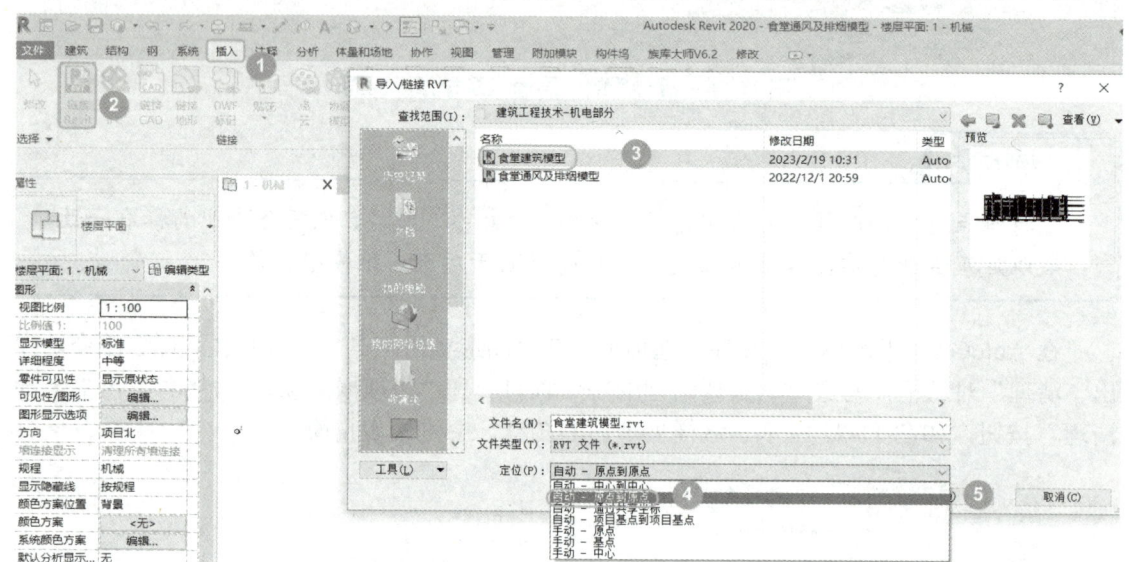

图 11-78　链接 Revit 建筑模型

当光标放置在链接的模型上时，Revit 将以蓝色线框的形式显示整个模型的范围框，这是 Revit 的选择预览功能；光标停留 2s 后，将显示链接模型的提示信息，此时单击可选中该链接模型。

11.3.3 复制轴网和标高

Step01　单击功能区中的"协作"选项卡下"坐标"面板中"复制/监视"下拉菜单里的"选择链接"按钮，在绘图区域中单击链接模型，激活"复制/监视"上下文选项卡，如图 11-79 所示。单击"工具"面板上的"选项"命令，弹出"复制/监视选项"对话框，依次单击"标高""轴网""墙""楼板"，取消勾选"复制窗/门/洞口"和"复制洞口/附属件"，单击"确定"按钮。

项目 11 通风空调系统

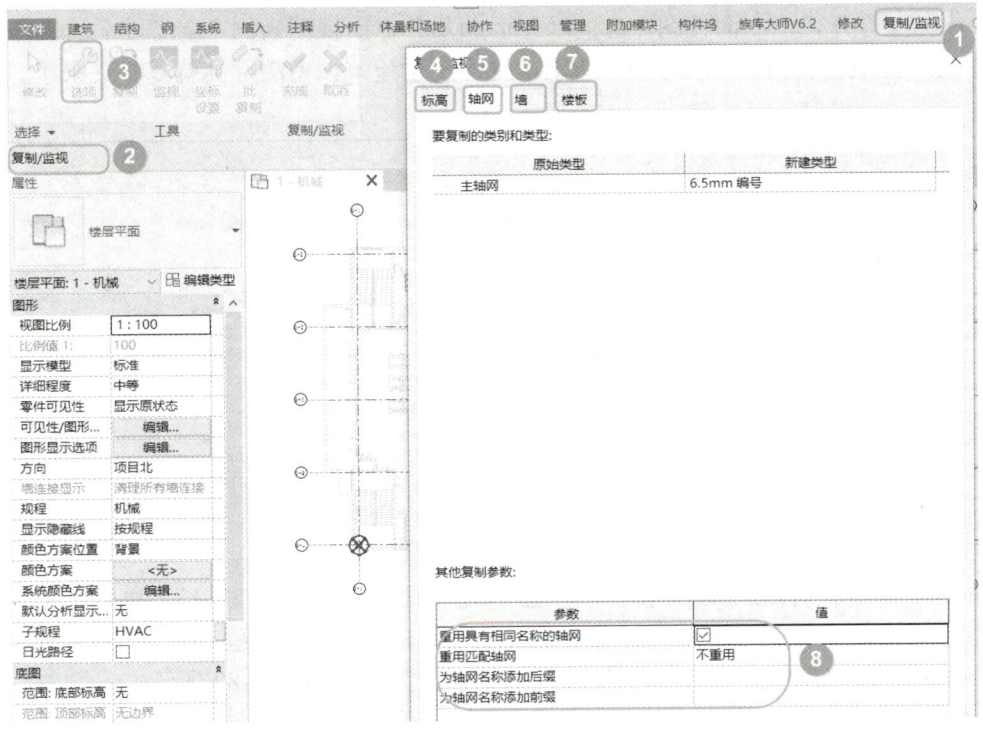

图 11-79 复制/监视轴网和标高

Step02 单击"工具"面板上的"复制"命令,激活"复制/监视"选项栏,勾选"多个",在绘图区域交叉框选链接进来的食堂建筑模型,单击"过滤器"按钮,在弹出的对话框中只勾选"轴网",单击"确定"按钮,再单击"复制/监视"选项栏中的"完成",如图 11-80 所示,食堂建筑模型的轴网就复制过来了。

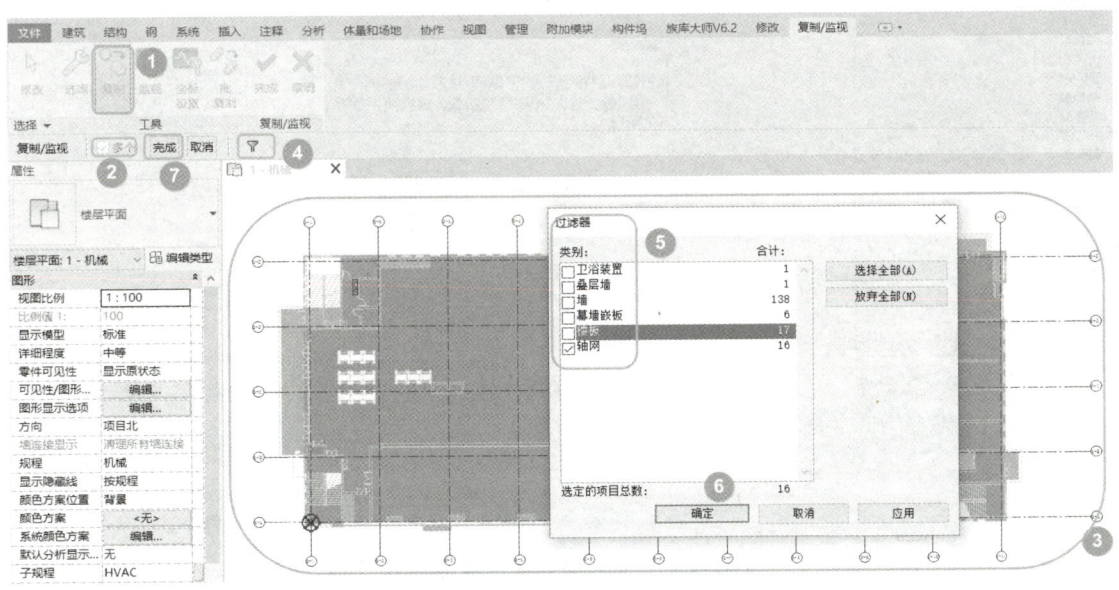

图 11-80 通过过滤器复制轴网

213

Step03　打开任一立面视图，这里以"北-机械"立面视图为例，重复以上的操作过程，最后单击"完成"按钮，如图 11-81 所示，这样食堂建筑模型的标高就复制进来了。

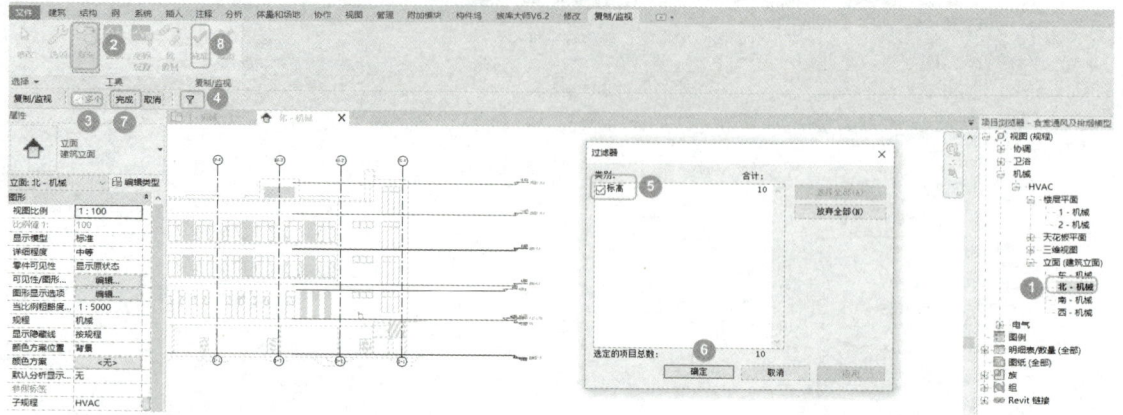

图 11-81　通过过滤器复制标高

Step04　单击"管理"选项卡下"管理项目"面板中的"管理链接"，弹出"管理链接"对话框，单击链接进来的"食堂建筑模型.rvt"，单击"卸载"按钮，弹出"卸载链接"警告框，单击"确定"继续卸载，再次单击"确定"按钮，如图 11-82 所示。

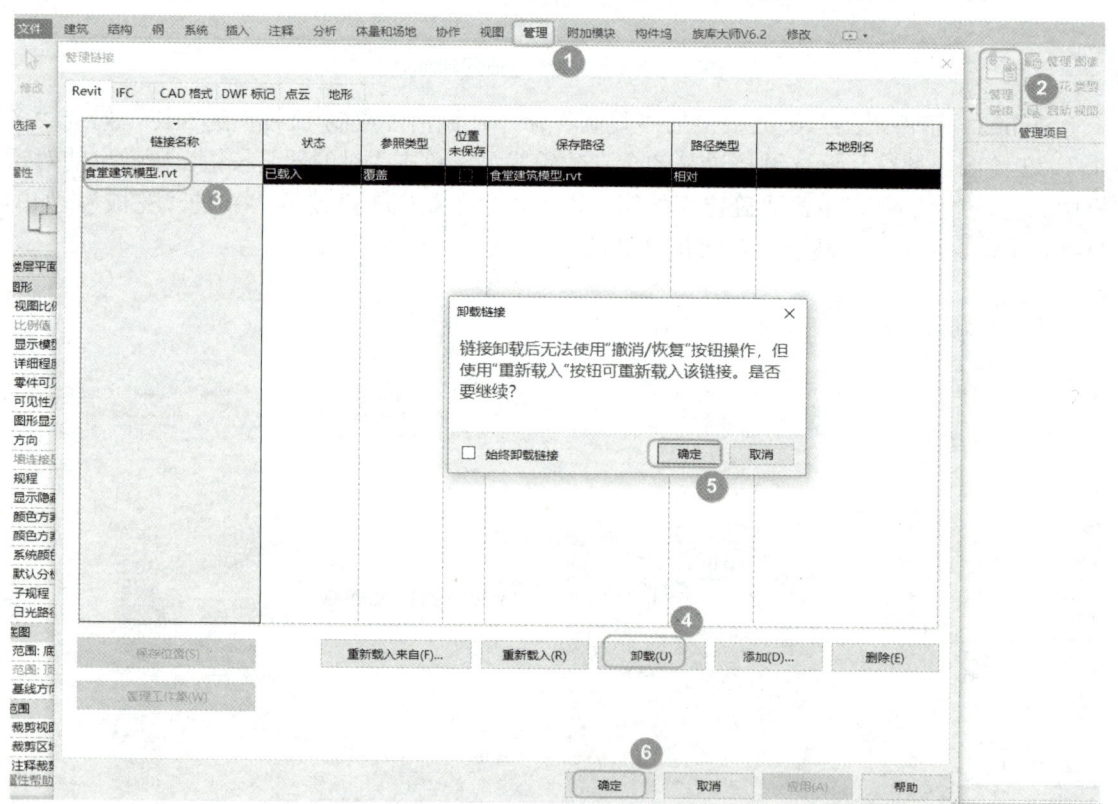

图 11-82　卸载食堂建筑模型链接

Step05　在"北-机械"立面视图中，删除图 11-83 中标记的多余的标高，如有警告框

弹出，直接单击"确定"按钮继续删除。检查东、南、西、北立面视图，拖动标高线一端，使标高线和轴网完全交叉，最后交叉选中所有的标高，激活"修改|标高"上下文选项卡，单击"修改"面板上的"锁定"命令。

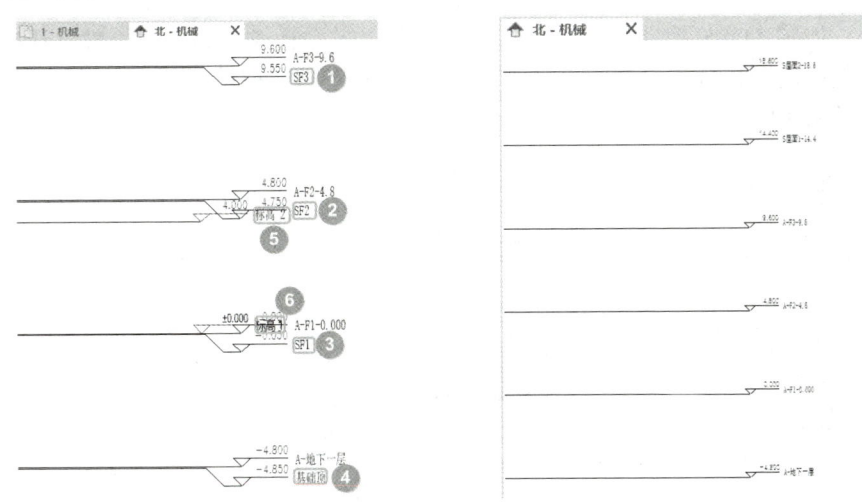

图 11-83　删除多余标高

Step06　单击"视图"选项卡下"创建"面板中"平面视图"下拉菜单里的"楼层平面"，按住 Shift 键选中"地下一层""F1""F2""F3""屋面 1""屋面 2"楼层平面，单击"确定"按钮，这样就创建了 6 个楼层平面视图。右击楼层平面视图名称，选择"重命名"，依次改成"HVAC-F1""HVAC-F1""HVAC-F2""HVAC-F3""HVAC-屋面 1-14.4""HVAC-屋面 2-18.6"，操作过程中弹出"确认平面视图重命名"提示框，单击"是"，这样立面标高和楼层平面视图名称就保持一致了，如图 11-84 所示。交叉选中所有的轴线，激活"修改|轴网"上下文选项卡，单击"修改"面板上的"锁定"命令。

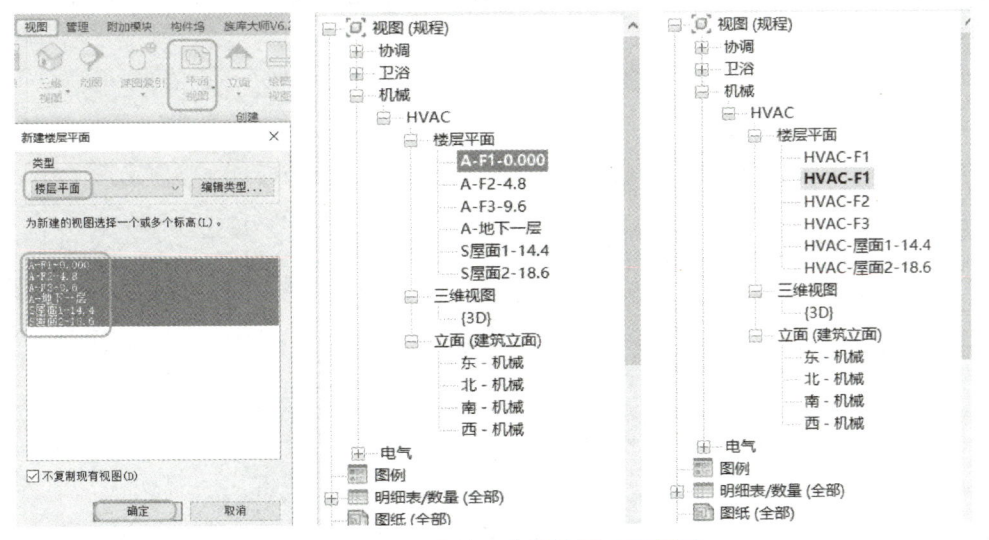

图 11-84　创建并重命令楼层平面视图

11.3.4 链接 CAD 文件

Step01 如图 11-85 所示，在"HVAC-F1"楼层平面视图中，将"属性"选项板中"标识数据"下的"视图样板"设置为"机械平面"，打开"指定视图样板"对话框，选择"无"，单击"确定"按钮。

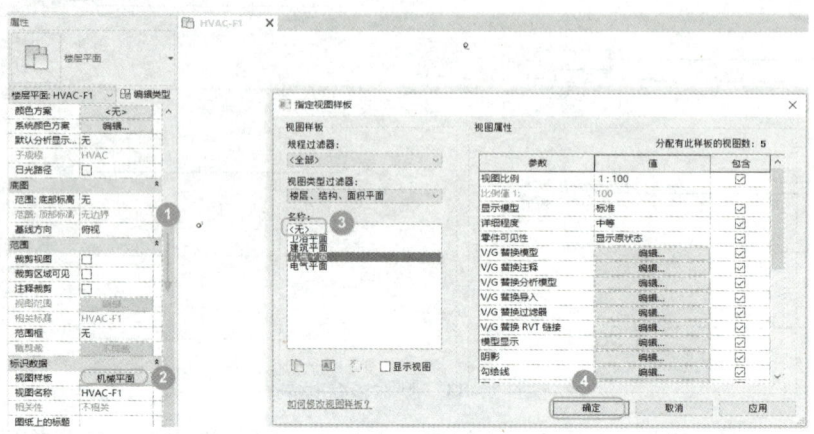

图 11-85 指定视图样板

Step02 输入快捷键 VV 打开"楼层平面视图：HVAC-F1 的可见性/图形替换"对话框，选中"模型类别"选项卡，在"可见性"一栏中勾选"场地""项目基点"，再次检查轴线 S-A 和轴线 S-1 交叉点是否在项目基点位置。

Step03 单击"插入"选项卡下"链接"面板中的"链接 CAD"，找到处理后的图纸文件路径，选中"一层通风及排烟平面图"，"导入单位"选择"毫米"，"定位"选择"自动-原点到原点"，单击"打开"，如图 11-86 所示，"一层通风及排烟平面图"CAD 图纸就链接进来了。

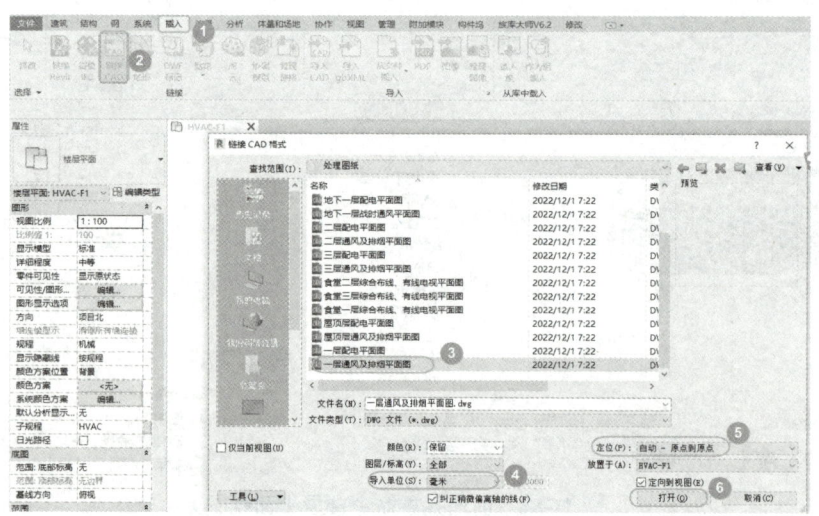

图 11-86 链接"一层通风及排烟平面图"CAD 图纸

11.3.5 创建通风系统模型

在进行通风系统模型创建之前，应识读项目结构图纸，熟知结构的梁、柱等构件的尺寸，并考虑安装空间、管道保温层厚度、管道间距、检修空间等要求。由于暖通专业图纸未标注出管道标高，虽然食堂项目一层净高达到4.6m，但仍需要综合考虑结构的梁、板、柱、风管尺寸及支吊架等因素。模型创建初期，暂以风管底标高为3.200m创建模型，后续根据机电模型管线综合结果，再进行调整。

1. 绘制一层通风及排烟平面图

一层通风及排烟平面图中，主要有排风系统（P、PF）、排烟系统（PY）、排风兼排烟系统［P（Y）］、送风系统（SF）等，分别按单个系统风管的路径逐一进行绘制，系统上的风机、天圆地方、软连接、70℃防火阀、280℃常开和常闭防烟阀、风口等先不创建，待管线综合、调整模型之后再统一布置，如图11-87所示。

2. 绘制二层通风及排烟平面图

按照前述操作，链接"二层通风及排烟平面图"CAD图纸，二层通风及排烟平面图和一层通风及排烟平面图系统构成一样，局部位置有差异，可按照一层通风及排烟模型创建的方法进行二层模型的创建，也可以执行"复制"和"粘贴"命令再进行修改，如图11-88所示。

3. 绘制三层通风及排烟平面图

按照前述操作，链接"三层通风及排烟平面图"CAD图纸，三层通风及排烟平面图和一、二层通风及排烟平面图系统构成基本一样，局部位置有差异，可按照一、二层通风及排烟模型创建的方法进行三层模型的创建，也可以执行"复制"和"粘贴"命令再进行修改，如图11-89所示。

4. 绘制屋顶层通风及排烟平面图

按照前述操作，链接"屋顶层通风及排烟平面图"CAD图纸，屋顶层主要有送风机房、排烟机房、油烟处理设备等，各系统风管已标注了标高，结合A—A剖面图、B—B剖面图、C—C剖面图、D—D剖面图、E—E剖面图、F—F剖面图进行识读，注意单个系统绘制时，风管立管定位要准确，如图11-90所示。

5. 绘制地下一层通风及排烟平面图

"地下一层通风及排烟平面图"CAD图纸包括地下车库通风及防排烟平面图（一）、地下车库通风及防排烟平面图（二）和地下一层人防通风平面图，其中地下车库通风及防排烟平面图（一）模型暂不用绘制，它属于另一栋楼的地下室。

地下一层中，主要有排烟系统（PY）、消防补风系统（BF）、排风兼排烟系统［P（Y）］、人防送风系统（RFSF）、人防排风系统（RFPF）等，按单个系统根据风管路径逐一绘制。未注明标高的风管管顶贴梁底敷设，图中标注的"H"表示管路所在处建筑地面标高，如图11-91所示。

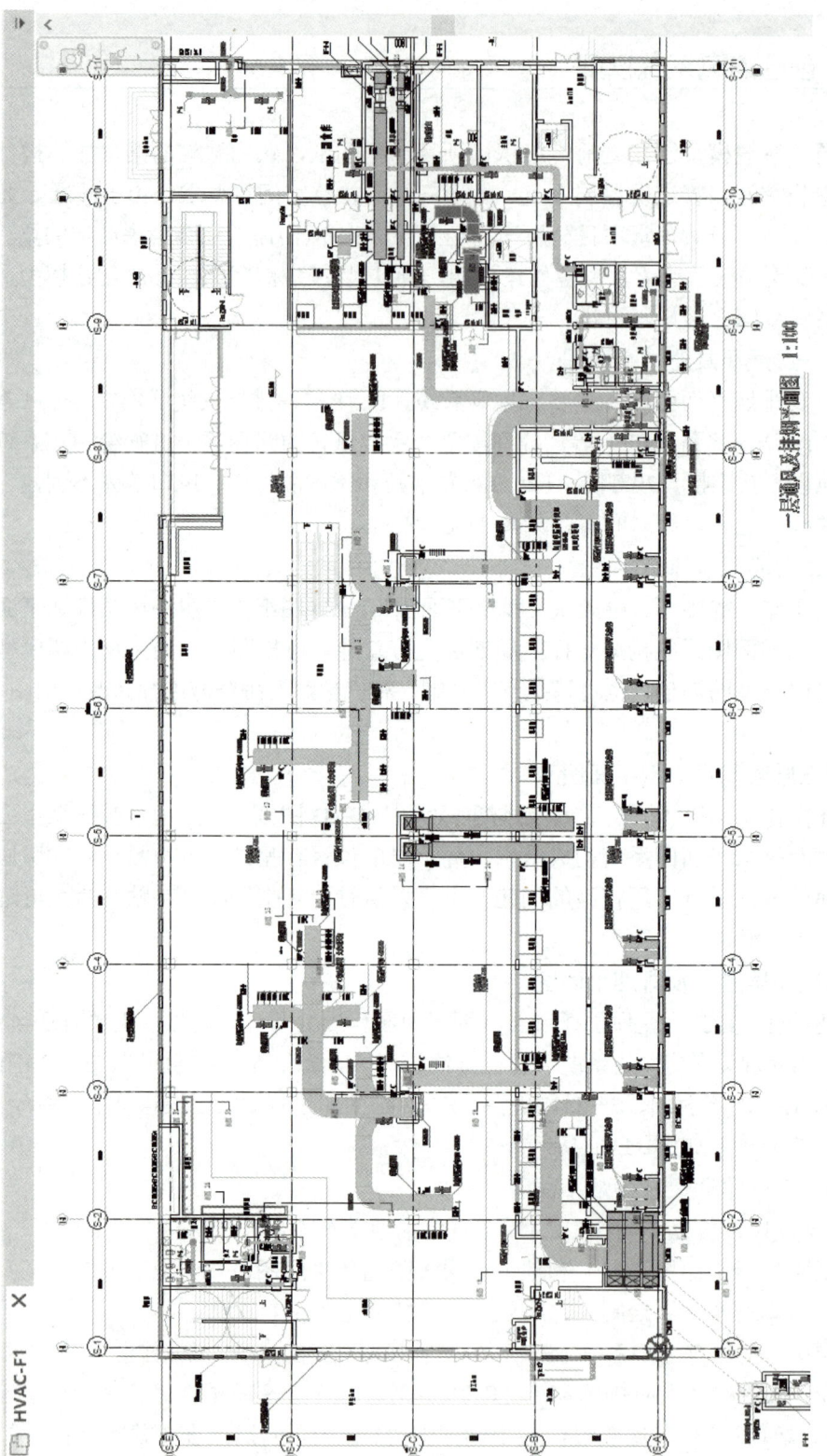

图 11-87　一层通风及排烟平面图 CAD 及 BIM

项目 11 通风空调系统

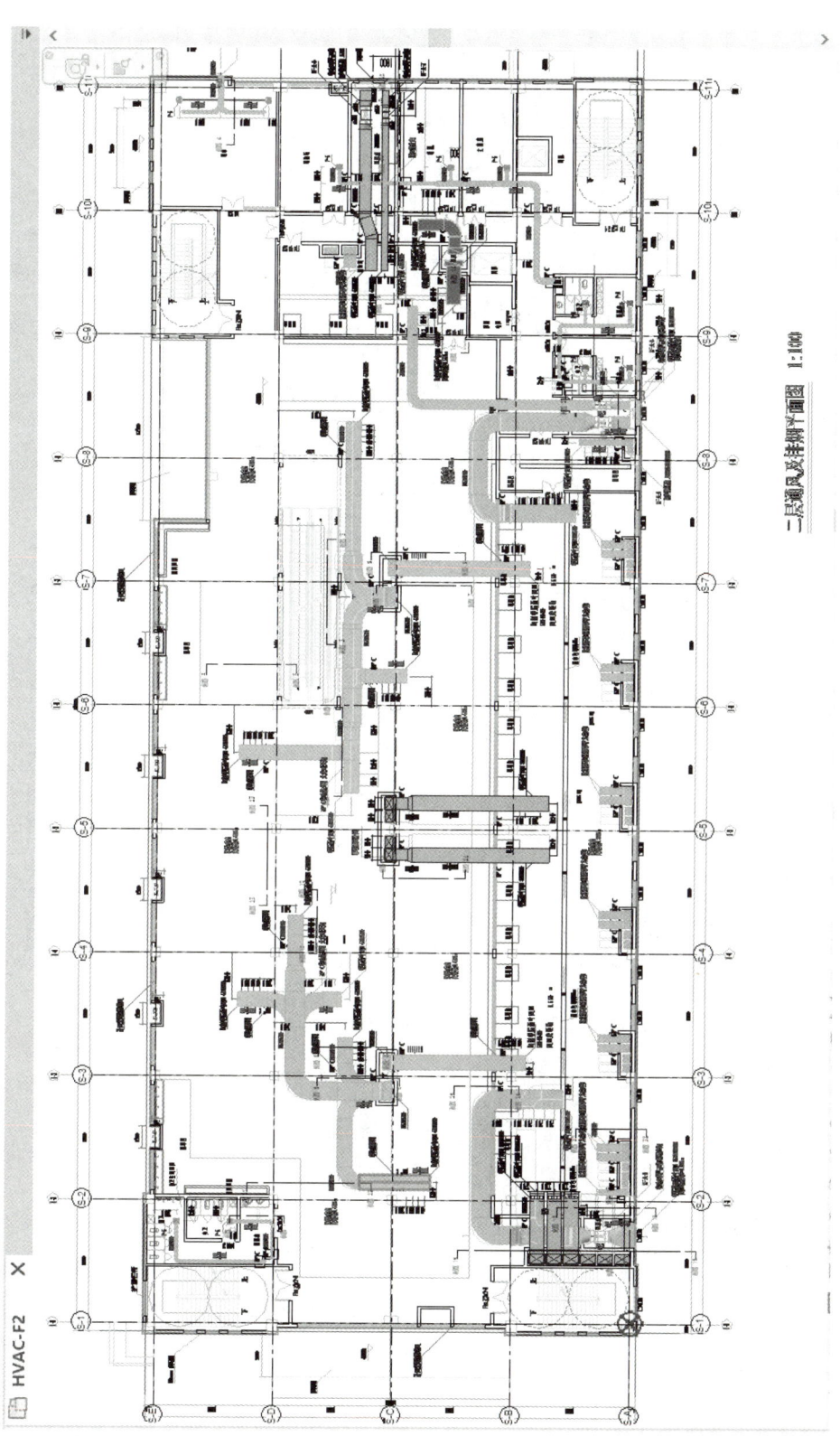

图 11-88 二层通风及排烟平面图 CAD 及 BIM

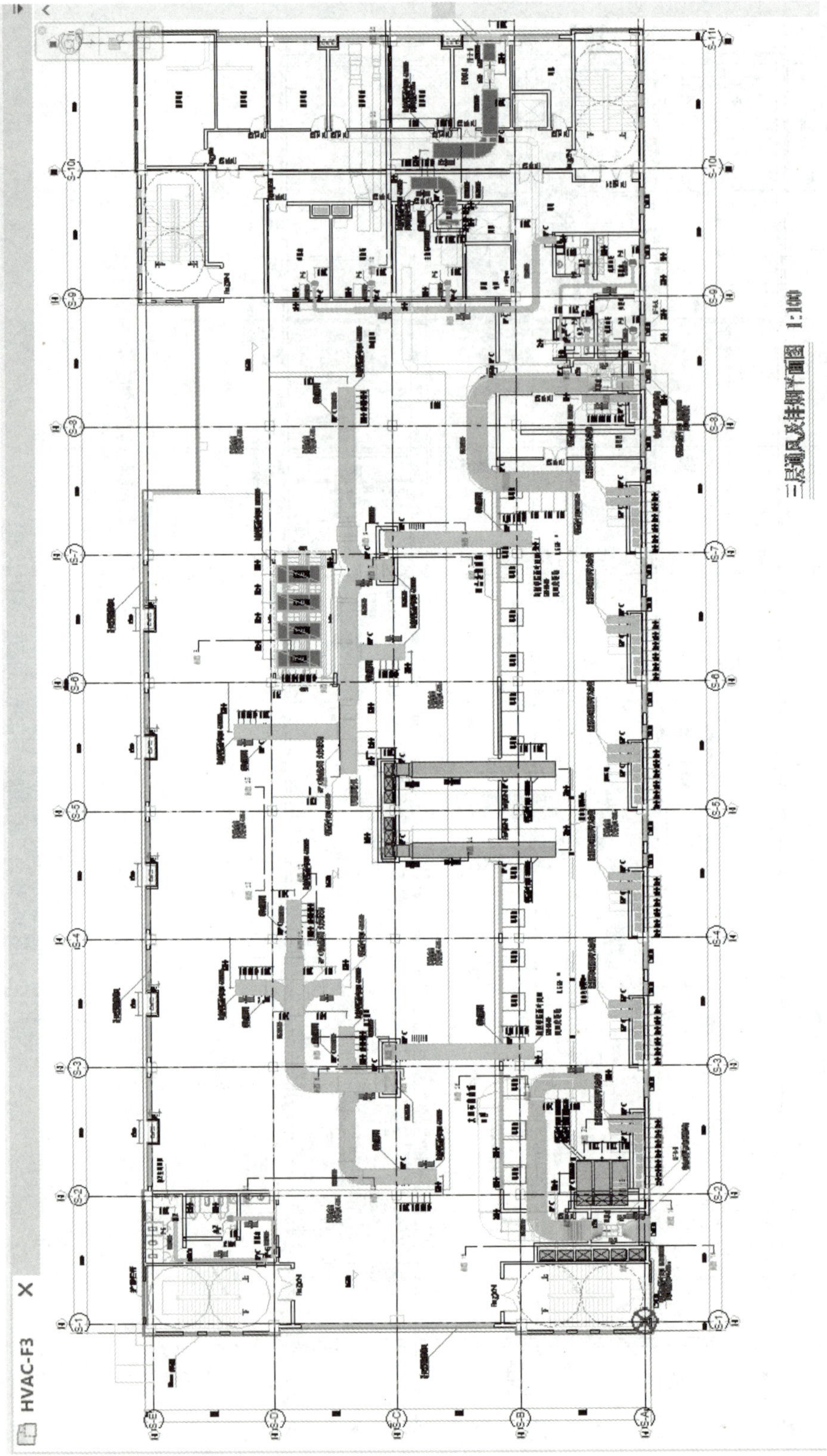

图 11-89　三层通风及排烟平面图 CAD 及 BIM

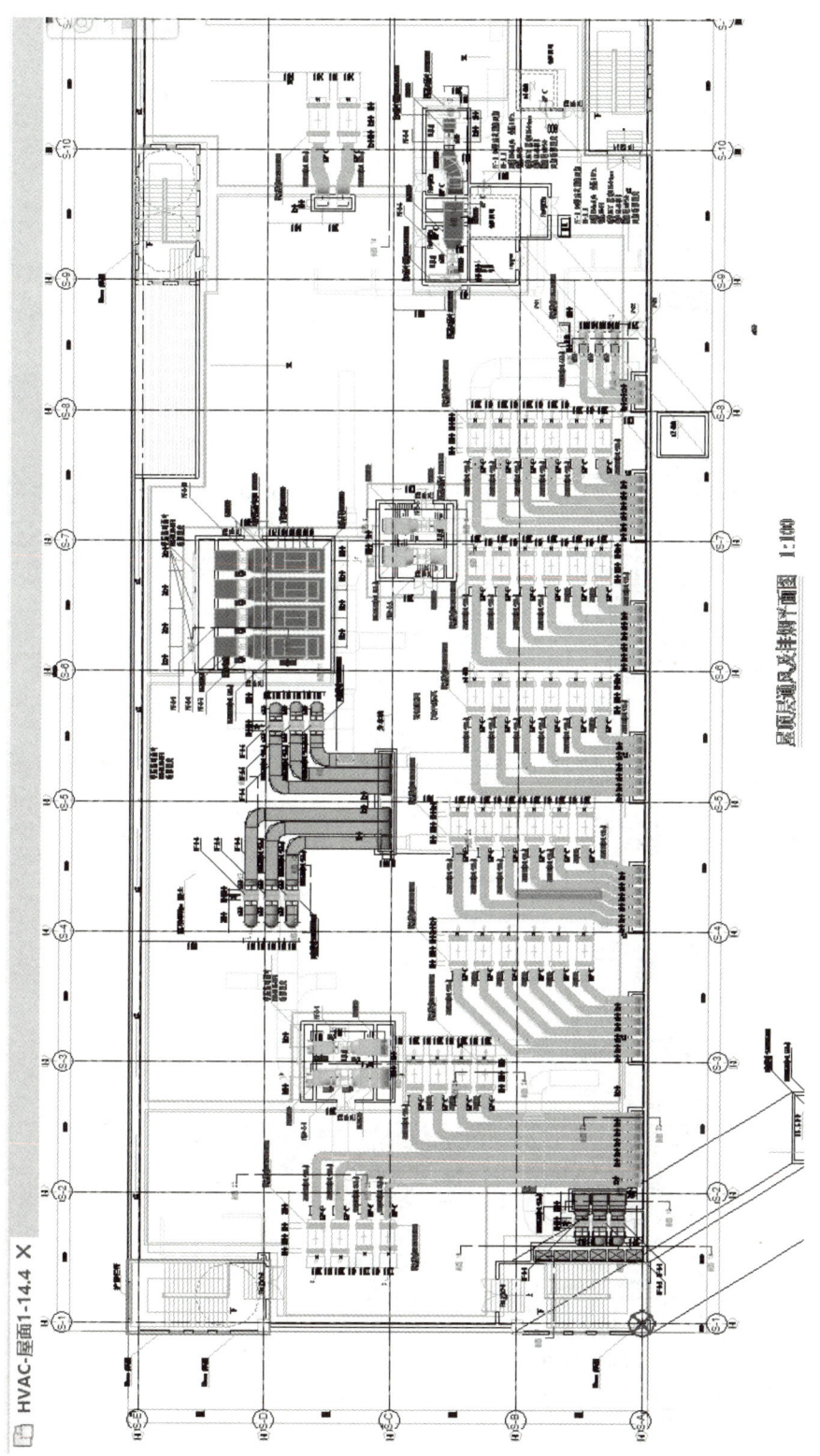

图 11-90 屋顶层通风及排烟平面图 CAD 及 BIM

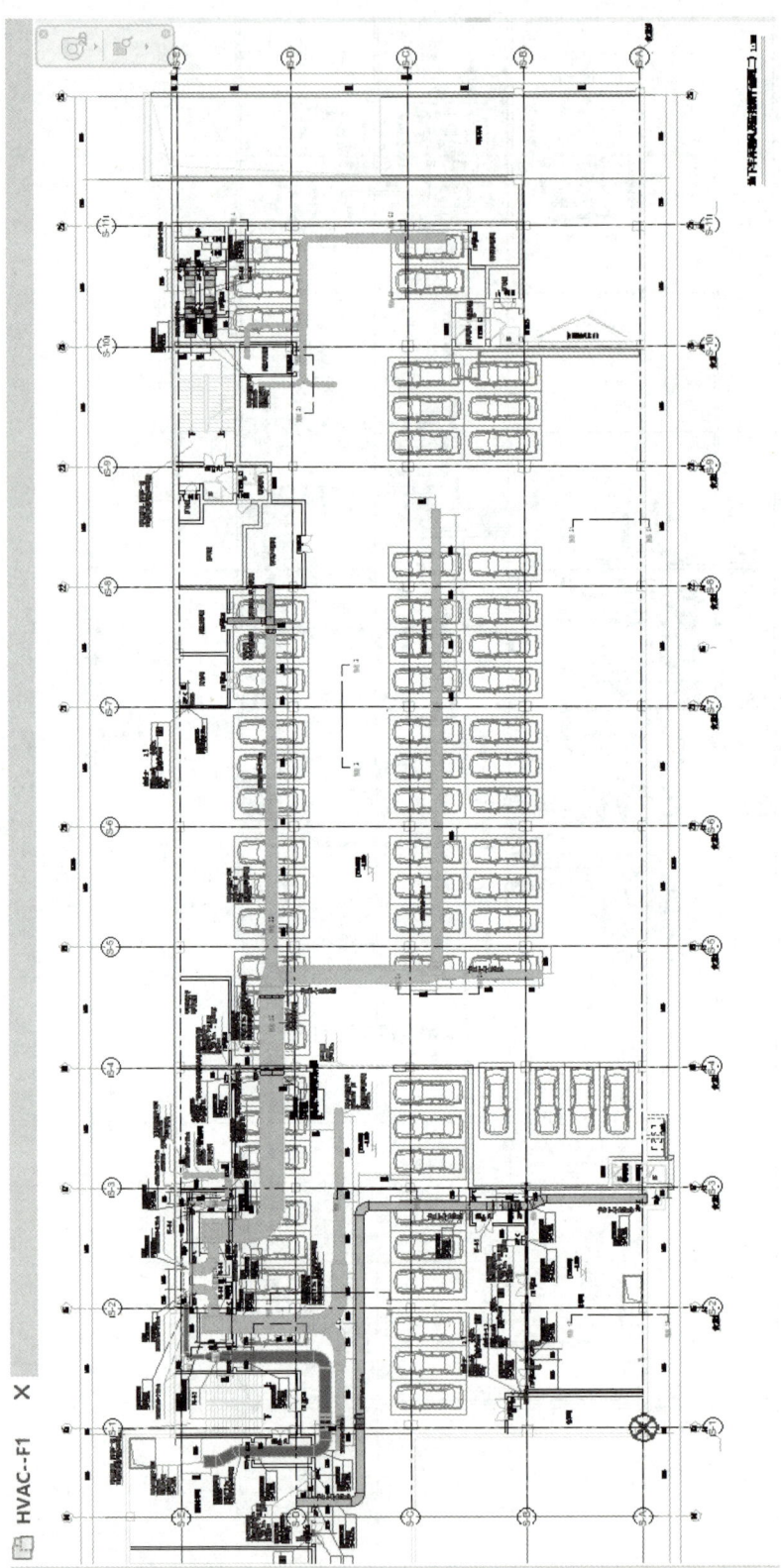

图 11-91 地下一层通风及排烟平面图 CAD 及 BIM

6. 三维视图和剖面视图

创建完成的食堂通风及排烟系统三维视图如图 11-92 所示，剖面视图如图 11-93 所示。

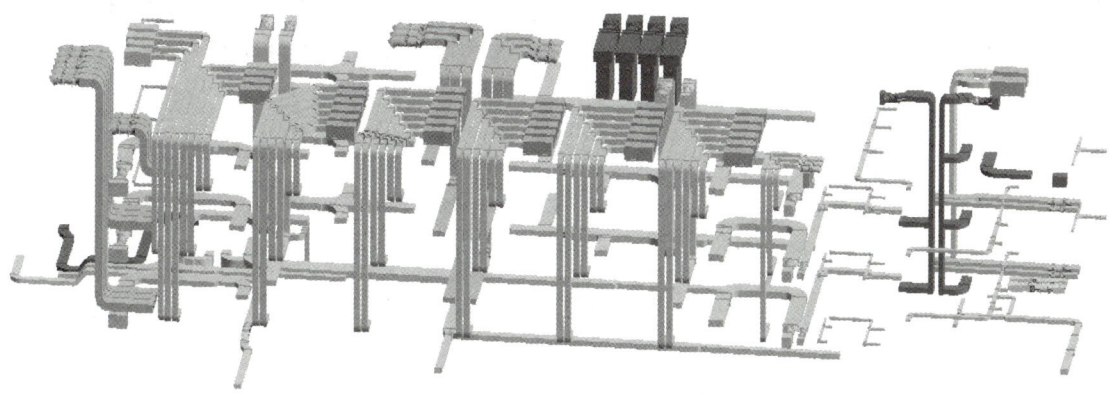

图 11-92　食堂通风及排烟系统三维视图

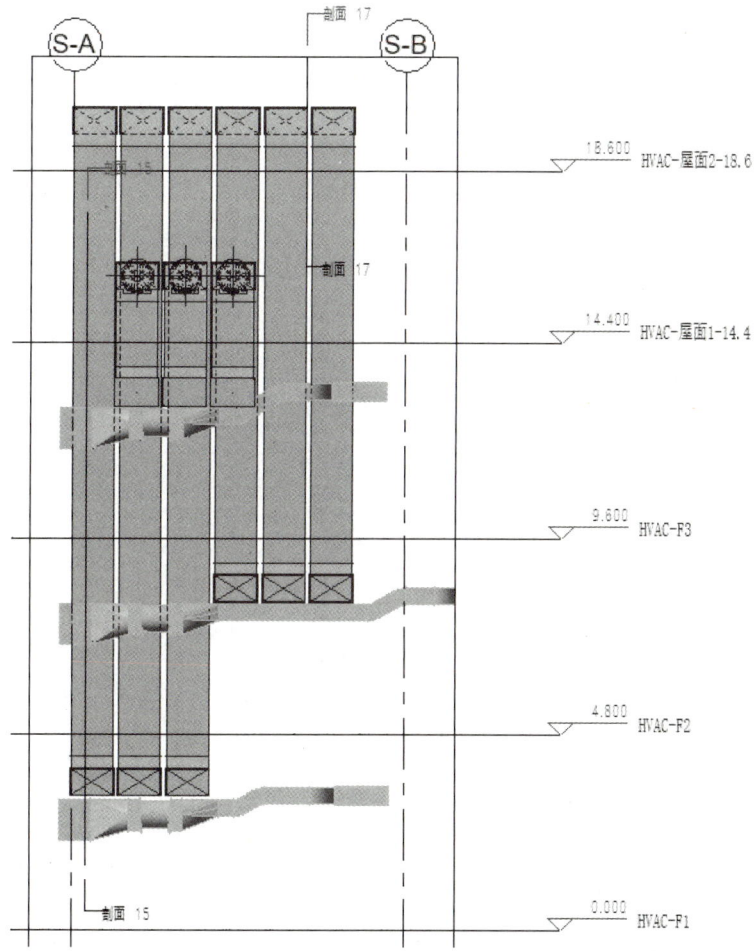

图 11-93　食堂通风及排烟系统剖面视图

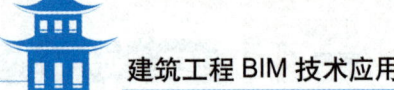

在通风及排烟系统模型创建过程中,应将平面视图、三维视图、剖面视图结合观察、边观察、边绘制、边检查,检查图纸和模型的一致性,及时发现错误。

通过本项目上述操作,食堂通风及排烟系统模型就创建完成了。在创建的过程中,我们在理解暖通专业原理的基础上,通过识图和创建模型,进一步加深了对暖通专业理论知识和相关规范的理解。

项目 12　电　气　系　统

思维导图

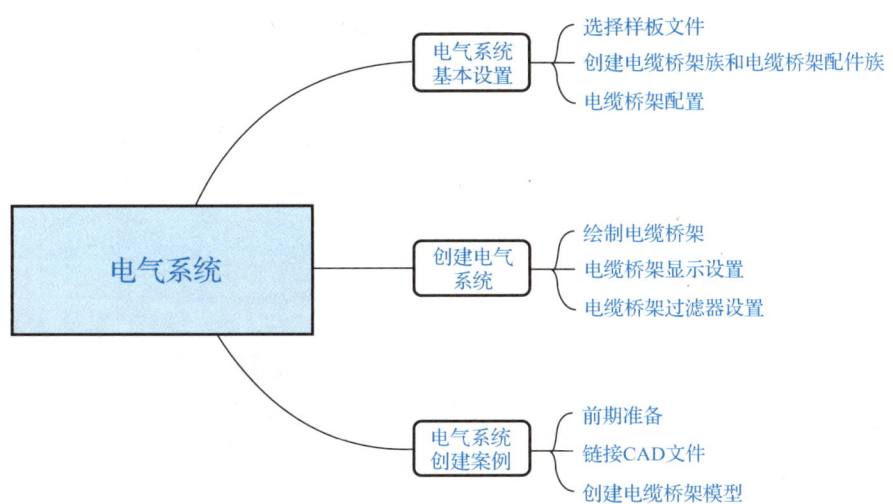

在建筑中，利用现代电气专业科学理论及技术（含电力技术、信息技术及智能化技术等），创造出的人性化生活环境电气系统，统称为建筑电气工程。

建筑电气工程的作用是服务于建筑内人们的工作、生活、学习、娱乐、安全等。电气系统分为强电系统和弱电系统。其中强电系统包括供配电系统、照明系统、接地系统；弱电系统包括火灾自动报警系统、安全防范系统、设备自动化系统、有线电视系统、综合布线、有线广播及扩声系统、会议系统等。

电气系统的组成主要包括成套配电柜，控制柜（屏、台）和动力、照明配电箱（盘），电缆桥架和桥架内敷设电缆，电缆沟内和电缆竖井内敷设电缆，电线、电缆导管和线槽，电线系统、电缆穿管和线槽，槽板和钢索配线，普通和专用灯具，插座，接地装置，避雷引下线和变配电室接地干线，接闪器及电位等。

12.1 电气系统基本设置

由于线管布置具有灵活性，实际施工中一般不会与其他构件产生碰撞，因此本节主要介绍电气系统中的电缆桥架模型的基本设置、绘制方法、配置、过滤器设置等。

12.1.1 选择样板文件

打开 Revit 2020 软件，新建项目，在弹出的对话框中选择"Systems-DefaultCHSCHS"或"Electrical-DefaultCHSCHS"，本项目以"Systems-DefaultCHSCHS"系统样板文件为例进行讲解，如图 12-1 所示。

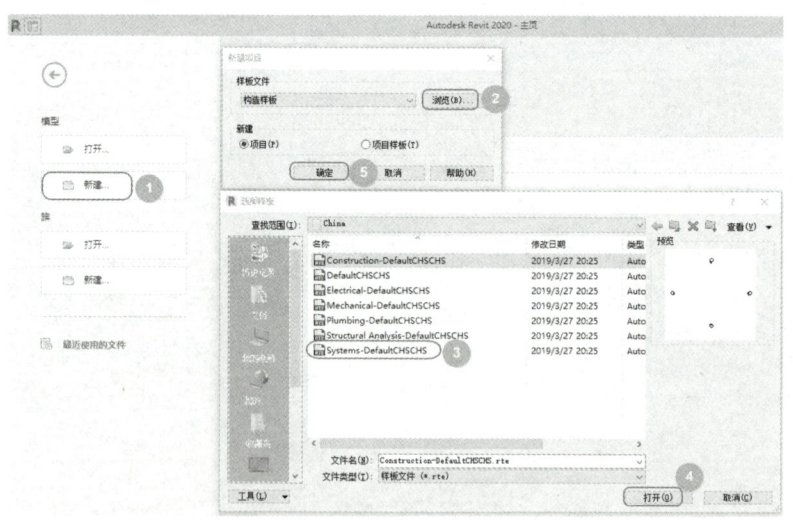

图 12-1　选择样板文件

项目 12 电气系统

如图 12-2 所示，单击"系统"选项卡下"电气"面板中的"电气设置"，或者单击"管理"选项卡下"设置"面板中"MEP 设置"下拉菜单里的"电气设置"，打开"电气设置"对话框。在"电气设置"对话框中，可以设置上下线管的遮挡隐藏方式，进行"配线""电缆桥架设置""线管设置"等。建议将"电缆桥架设置"中的"电缆桥架尺寸后缀"的"ϕ"删除，在进行 BIM 出图的时候，需要进行电缆桥架尺寸标注，如此设置是符合出图要求的。

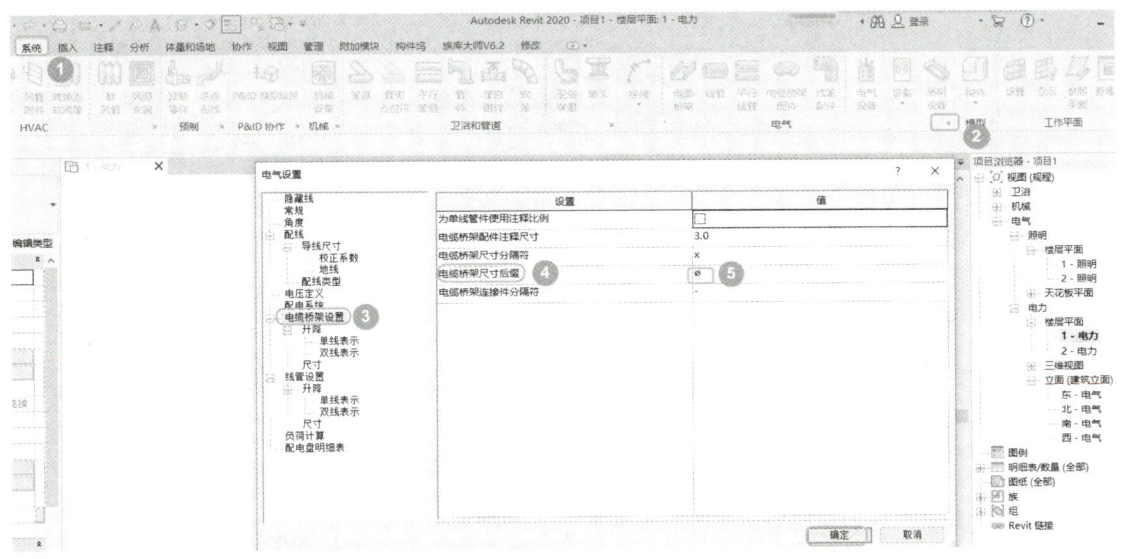

图 12-2　电气设置

12.1.2　创建电缆桥架族和电缆桥架配件族

1. 创建电缆桥架族

在项目浏览器中，依次打开"族""电缆桥架""带配件的电缆桥架"，如图 12-3（a）所示。"带配件的电缆桥架"中已经预设了"实体底部电缆桥架""梯级式电缆桥架""槽式电缆桥架"3 种类型的族，这 3 种族可以重命名，也可以删除。

右击"槽式电缆桥架"，选择"复制"，创建"槽式电缆桥架 2"族。重复上述操作创建"槽式电缆桥架 3""槽式电缆桥架 4"族。接着右击"槽式电缆桥架 2"，选择"重命名"，输入"强电桥架"。重复上述操作，将"槽式电缆桥架 3"和"槽式电缆桥架 4"重命名为"强电（消防）耐火桥架"和"强电（非消防）桥架"，如图 12-3（b）所示。

需要注意的是，创建电缆桥架类型名称时要和施工图纸（图 12-4）一致。根据本项目需要，我们还需要创建"消防报警用槽式耐火金属桥架""配电用槽式金属桥架""消防配电用耐火槽式金属桥架"等族。

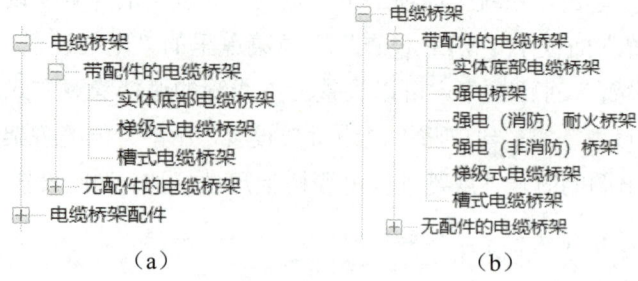

图 12-3 创建电缆桥架族

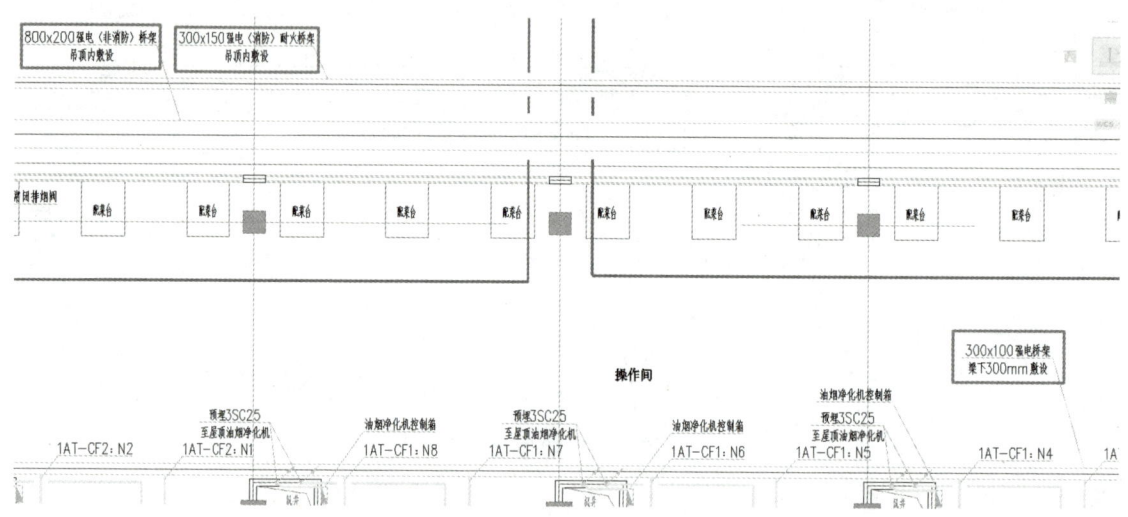

图 12-4 配电施工图纸

2. 创建电缆桥架配件族

在项目浏览器中,依次打开"族""电缆桥架配件""槽式电缆桥架配件"。"槽式电缆桥架配件"包括"槽式电缆桥架垂直等径上弯通""槽式电缆桥架垂直等径下弯通""槽式电缆桥架异径接头""槽式电缆桥架水平三通""槽式电缆桥架水平四通""槽式电缆桥架水平弯通""槽式电缆桥架活接头"共 7 种类型的族,如图 12-5(a)所示。

单击"槽式电缆桥架垂直等径上弯通"前的"+"号展开,只有一种"标准"类型。对应 3 种槽式电缆桥架类型,这里需要再创建与之匹配的槽式电缆桥架垂直等径上弯通配件族。右击"标准",通过"复制"创建"标准2""标准3"和"标准4"族,并分别重命名为"强电桥架""强电(消防)耐火桥架""强电(非消防)桥架",如图 12-5(b)所示。重复上述操作,在"槽式电缆桥架垂直等径下弯通""槽式电缆桥架异径接头""槽式电缆桥架水平三通""槽式电缆桥架水平四通""槽式电缆桥架水平弯通""槽式电缆桥架活接头"族下分别创建 3 种对应类型的配件族,结果如图 12-6 所示。

项目 12 电气系统

（a）　　　　　　　　　　　　（b）

图 12-5　创建电缆桥架配件族

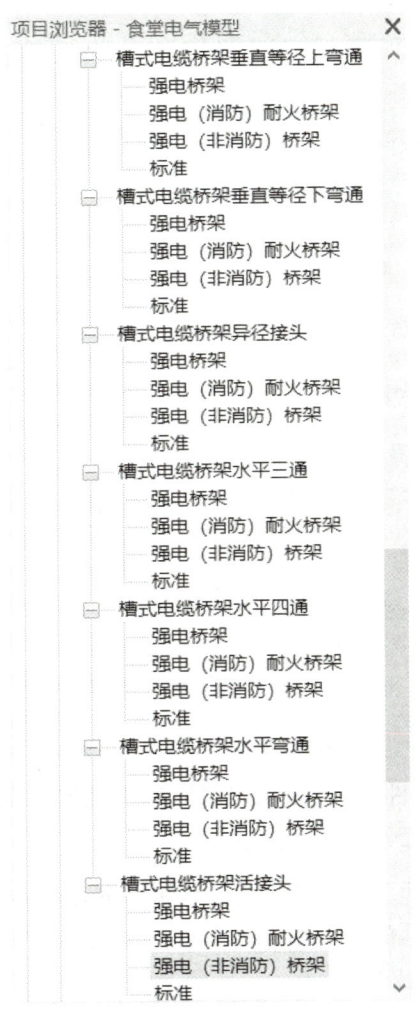

建立电缆桥架
类型名称

图 12-6　创建完成的全部电缆桥架配件族

12.1.3 电缆桥架配置

电缆桥架设计中，由于空间布局、管道路由变化，需要添加各种形式的配件，如弯头、三通、四通、接头、变径管等，建模时可以在类型属性进行相应的配置。

单击"系统"选项卡下"电气"面板中的"电缆桥架"。如图 12-7 所示，在"属性"选项板中单击下拉箭头选择"强电桥架"，接着单击"编辑类型"，打开"类型属性"对话框。

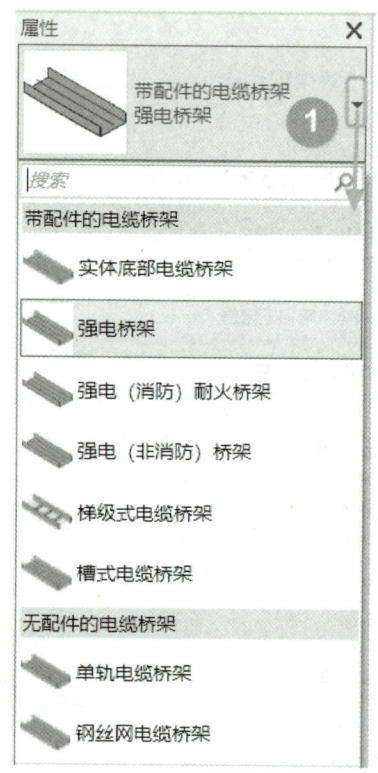
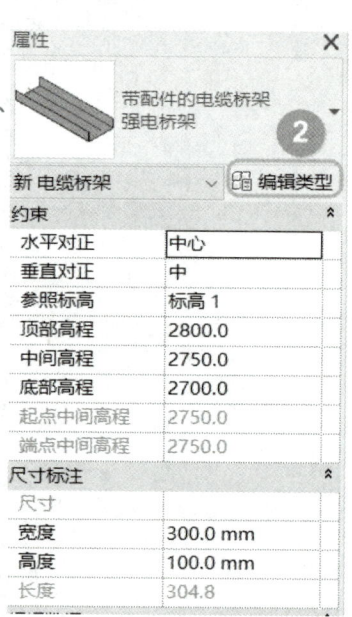

图 12-7　调用电缆桥架类型属性设置

在"类型属性"对话框中，"管件"参数下的"水平弯头""垂直内弯头""垂直外弯头""T 形三通""交叉线""过渡件""活接头"对应的都是槽式电缆桥架的"标准"类型，需要分别改为"强电桥架"类型，如图 12-8 所示。

参照上述操作，将"属性"选项板里的"强电（非消防）桥架"（图 12-9）、"强电（消防）耐火桥架"的管件一一匹配。

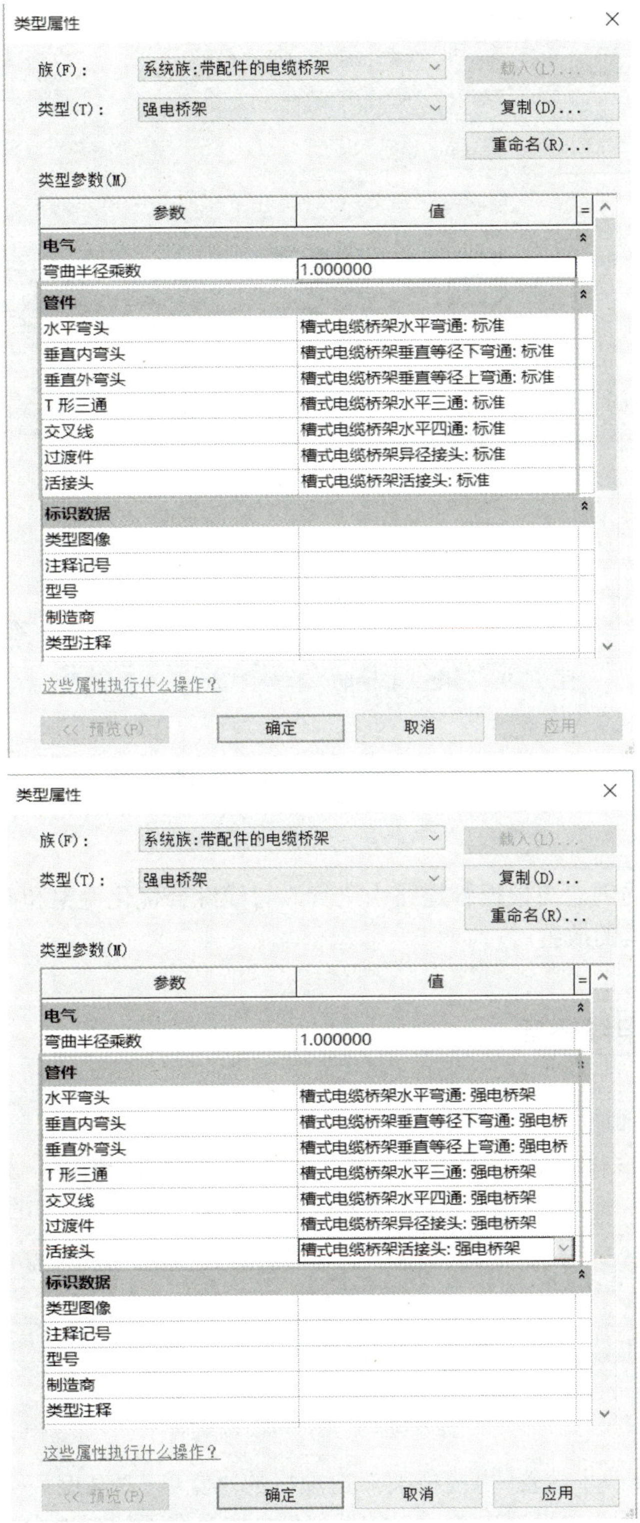

图 12-8　强电桥架"管件"参数设置

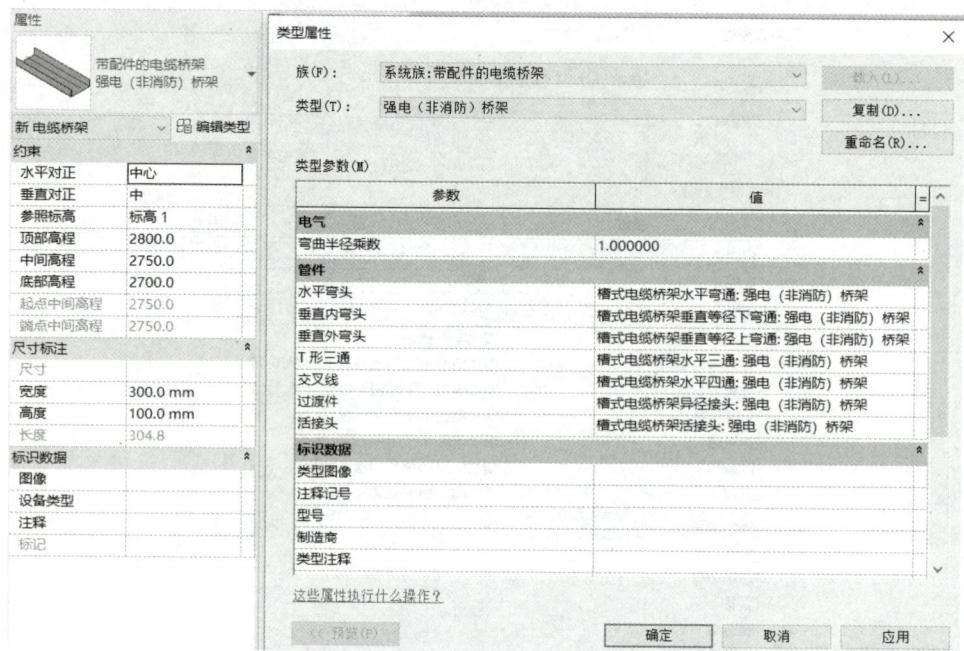

图 12-9　强电（非消防）桥架"管件"参数设置

12.2　创建电气系统

电缆桥架模型的创建需根据管道路由进行，管线综合优化调整和碰撞检查后，再进行配电柜、吊架、灯具的放置。

12.2.1　绘制电缆桥架

1. 电缆桥架绘制操作

Step01　单击"系统"选项卡下"电气"面板中的"电缆桥架"，如图 12-10 所示。此时，"修改 | 放置 电缆桥架"上下文选项卡和选项栏同时被激活，如图 12-11 所示。

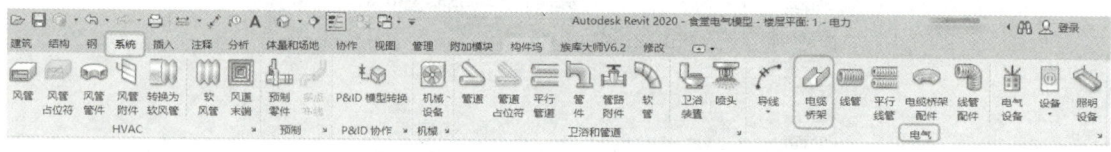

图 12-10　调用"电缆桥架"

Step02　在"修改 | 放置 电缆桥架"选项栏的"宽度""高度"下拉列表中选择电缆桥架尺寸，"底部高程"中设置电缆桥架的偏移量。如果在下拉列表中没有需要的尺寸和偏移量，可以直接在"宽度""高度""底部高程"中输入需要的数值。

项目 12　电气系统

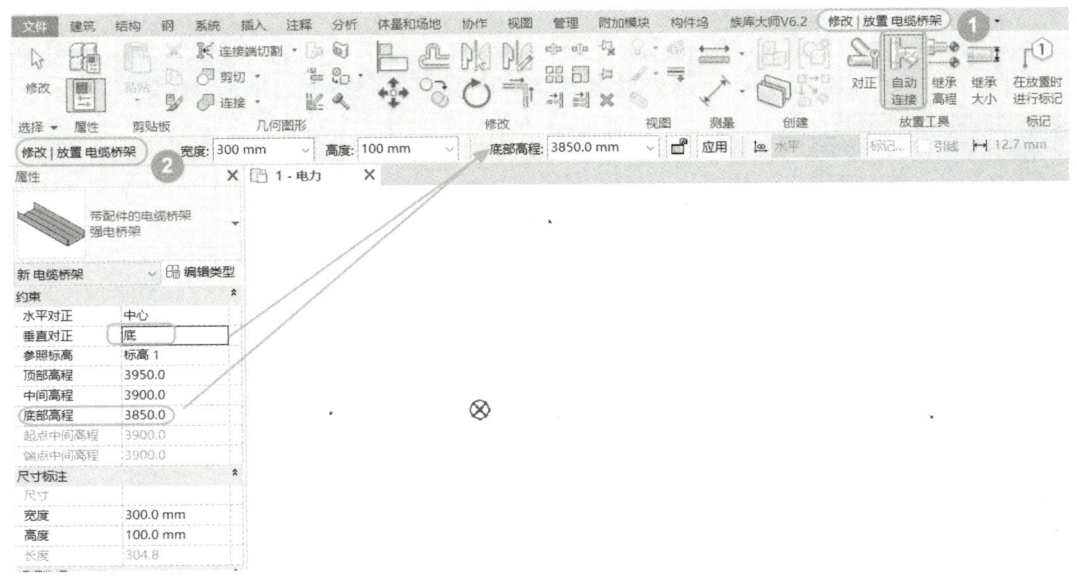

图 12-11　强电桥架"属性"选项板偏移设置

"修改|放置 电缆桥架"上下文选项卡中的"自动连接"用于某段电缆桥架开始或结束时自动捕捉相交的电缆桥架,并自动添加电缆桥架管件完成连接。默认情况下,这一选项是激活的,如果绘制两段不在同一高程的相交电缆桥架,将自动添加电缆桥架管件完成连接;如果取消激活"自动连接",绘制两段不在同一高程的相交电缆桥架,则不会生成配件完成自动连接。

绘制电缆桥架

"修改|放置 电缆桥架"上下文选项卡中的"继承高程"表示将忽略将要绘制的电缆桥架的高程,直接继承捕捉到的电缆桥架的高程,默认情况下是不激活的。

"修改|放置 电缆桥架"上下文选项卡中的"继承大小"表示将忽略将要绘制的电缆桥架的尺寸大小,直接继承捕捉到的电缆桥架的尺寸,默认情况下是不激活的。

偏移量是指电缆桥架中心线相对于当前平面标高的距离,如图 12-11 所示,"属性"选项板里的"垂直对正"由"底"改为"顶"或"中"时,"修改|放置 电缆桥架"选项栏中的"底部高程"会自动改为"顶部高程"或"中间高程"。在"底部高程"下拉列表中可以选择项目中已经用到的偏移量,也可以直接输入自定义的偏移量值,默认单位为毫米。默认选择"底",这是因为电气工程施工图中,电缆桥架的标高一般以桥架的底标高为准,特殊情况下需要查看设计施工说明里有关管道安装的标高说明。

"水平对正"表示电缆桥架安装布置时的水平对齐方式,可以选择中心对齐、左侧对齐或右侧对齐。"参照标高"指电缆桥架安装时参照的所在楼层的建筑标高。

Step03　将光标移至绘图区域,单击指定电缆桥架的起点,移动至终点位置再次单击,完成一段电缆桥架的绘制;或者在绘图区域单击一次确定电缆桥架管的起点,然后输入数值"5000",表示绘制了一段长为 5000mm 的电缆桥架。

根据设计要求调整电缆桥架宽度、高度或标高,继续绘制,完成如图 12-12 所示的电缆桥架。

233

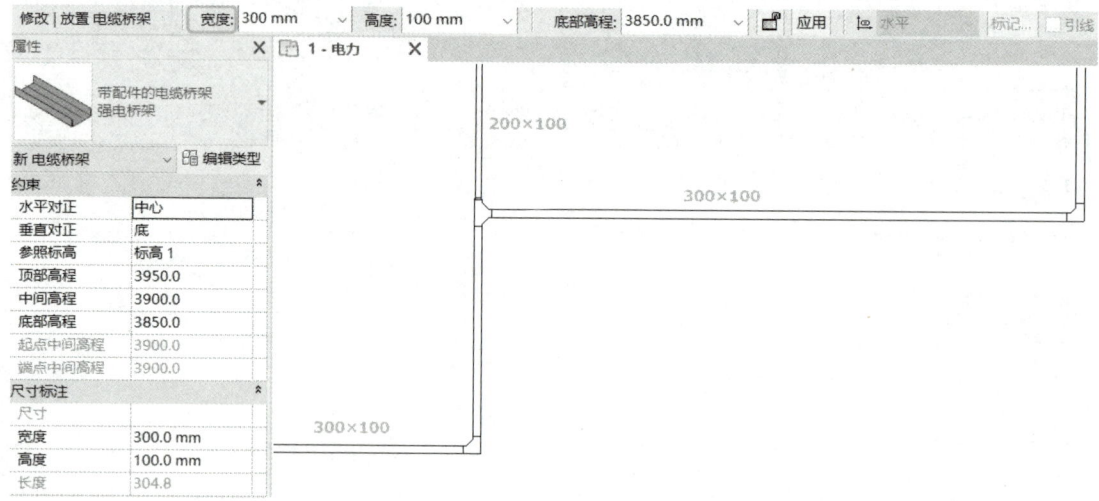

图 12-12 电缆桥架

Step04 绘制电缆桥架立管。可以采用在绘制电缆桥架过程中改变高程数据的方法；或者绘制完成后右击电缆桥架（如图 12-12 中右侧的一段桥架），选择"绘制电缆桥架"，更改电缆桥架的"底部高程"值（如输入数值"17650.0mm"），单击后面的"应用"按钮，如图 12-13 所示。两种方法均可以生成立管。

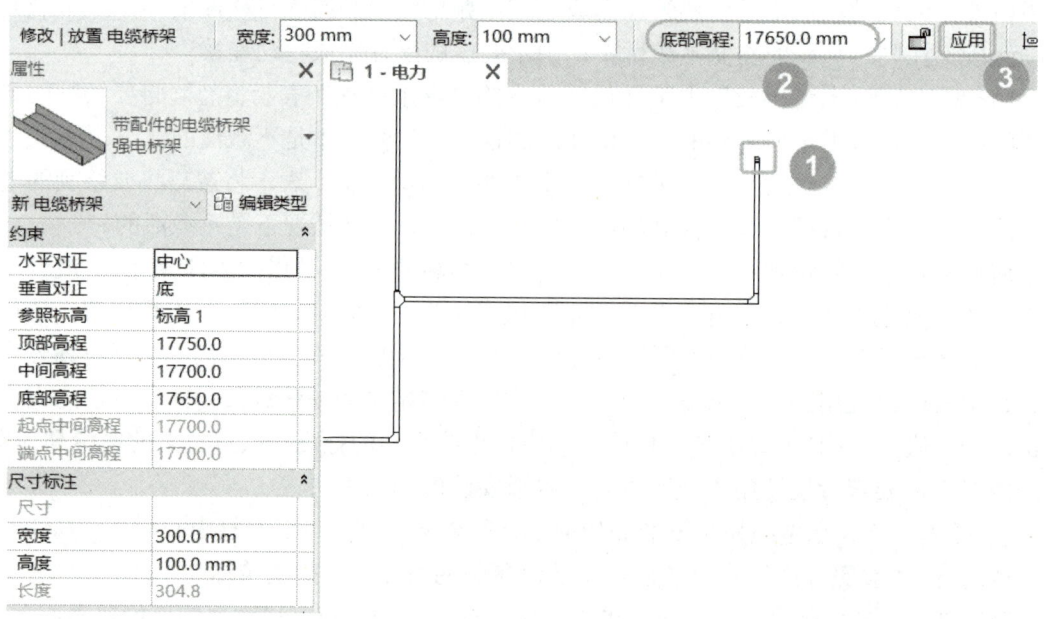

图 12-13 电缆桥架立管绘制

Step05 观察三维视图效果，在快速访问栏中选中"默认三维视图"，然后在绘图区域下侧单击"视觉样式"，选择"着色"模式，如图 12-14 所示。

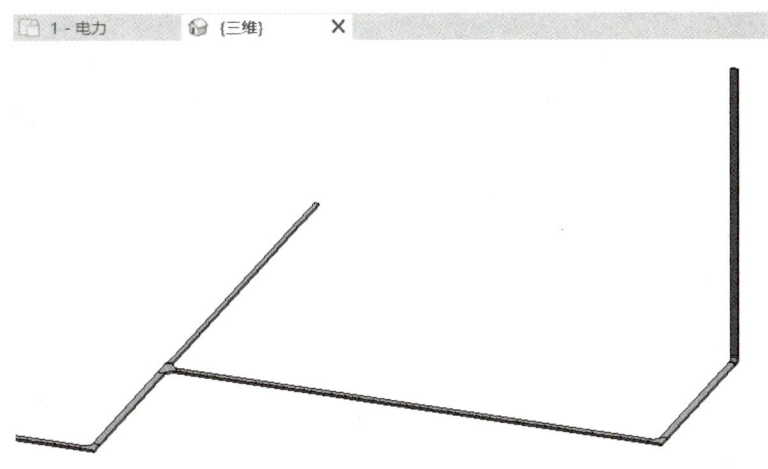

图 12-14 电缆桥架三维视图

2. 电缆桥架编辑修改操作

1）电缆桥架管件转换

在电缆桥架的绘制过程中,电缆桥架的弯头和三通之间、三通和四通之间可以相互转换。以弯头和三通为例,选中弯头,单击"+"符号,可将"弯头"转换为"三通",而选中"三通",单击"-",可将"三通"转换为"弯头",如图 12-15 所示。

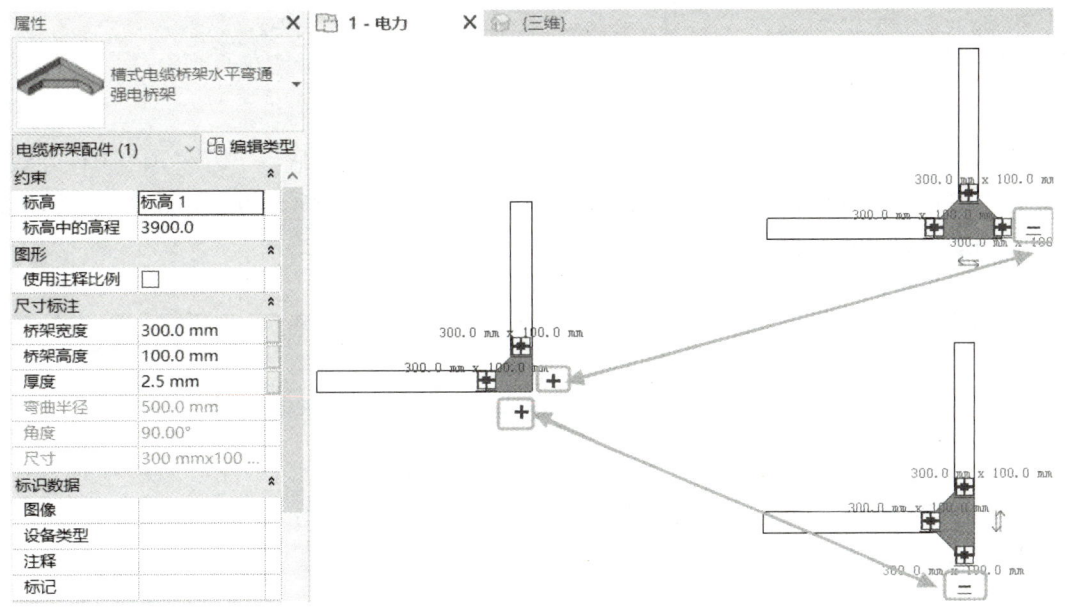

图 12-15 弯头和三通相互转换

2）电缆桥架对正编辑

电缆桥架之间的连接方式默认是中心对齐，在项目中，往往也需要电缆桥架采用顶对齐或者底对齐的方式布置。顶对齐的电缆桥架可以更好地贴合梁底布置，满足净高要求。

单击"系统"选项卡下"电气"面板中的"电缆桥架"，激活"修改 | 放置 电缆桥架"上下文选项卡，单击"放置工具"面板中的"对正"命令，如图12-16所示。这里的"对正设置"对话框和"属性"选项板里的"水平对正""垂直对正"是一一对应的。

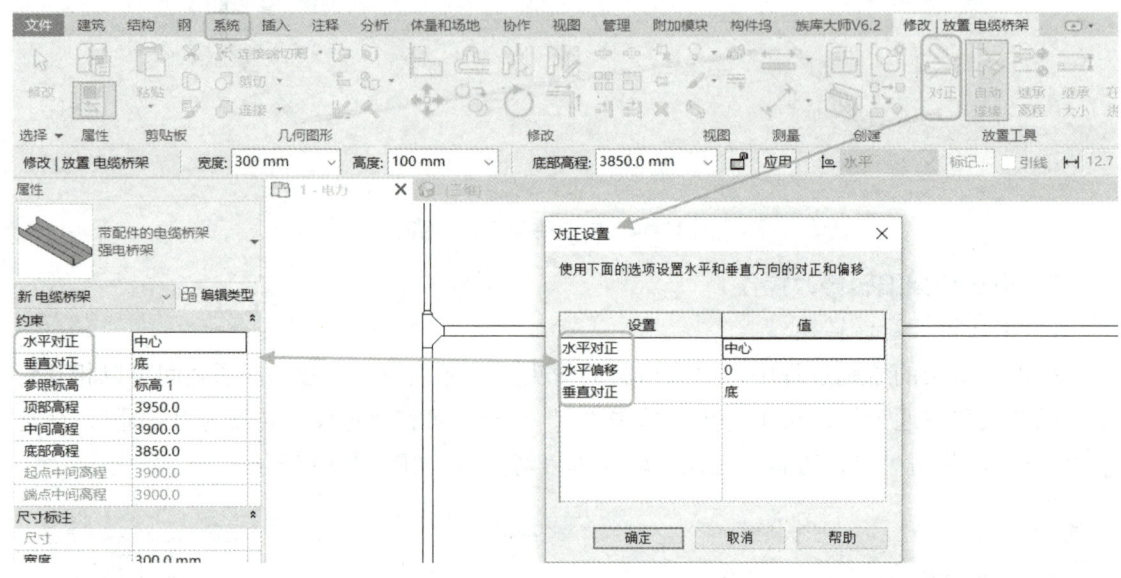

图12-16 对正设置

当保持"水平对正"为"中心"时，"垂直对正"设置为"底""中""顶"3种方式分别绘制两段规格为500mm×250mm和300mm×150mm，长度均为3000mm的电缆桥架，三维正视图显示效果如图12-17所示。

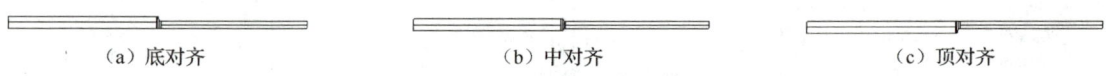

(a) 底对齐　　　　　　　　(b) 中对齐　　　　　　　　(c) 顶对齐

图12-17 三维正视图中桥架垂直对正方式的区别

当保持"垂直对正"为"中"时，"水平对正"设置为"中心""左""右"3种方式分别绘制两段规格为500mm×250mm和300mm×150mm、长度均为3000mm的电缆桥架，平面视图显示效果如图12-18所示。

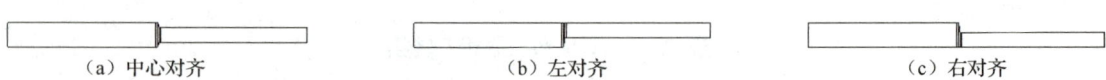

(a) 中心对齐　　　　　　　(b) 左对齐　　　　　　　　(c) 右对齐

图12-18 平面视图中桥架水平对正方式的区别

项目 12 电气系统

对于已经绘制完成的电缆桥架，需要调整对正方式时，可以首先选择需要调整对齐的多个电缆桥架，采用从右往左交叉框选的方式选中，激活"修改｜选择多个"上下文选项卡，"对正"面板的九宫格里包含水平和垂直方向电缆桥架的 9 种对正类型。单击"控制点"，则箭头符号会在左右两个电缆桥架段之间切换，以箭头所在的电缆桥架为基准，单击选择所需要的对正类型，单击"完成"按钮，则邻近的电缆桥架会进行相应的对齐，如图 12-19 所示。

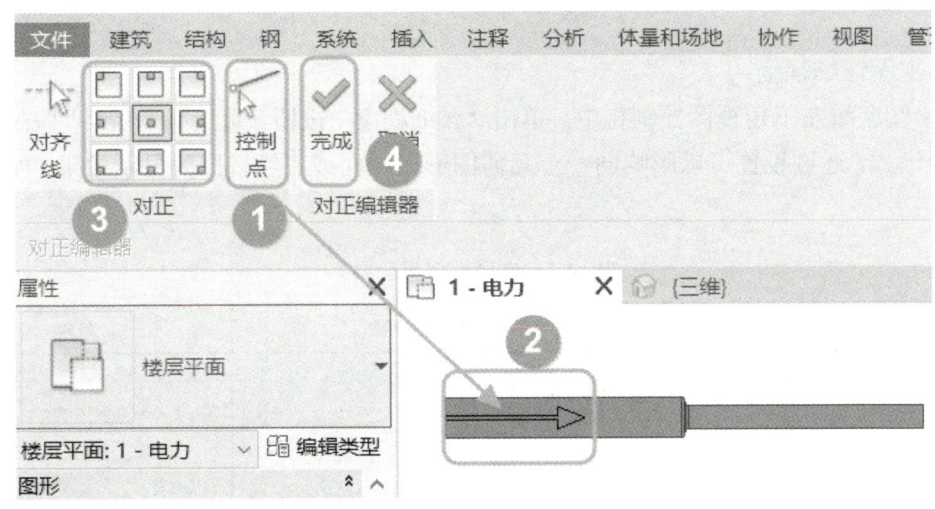

图 12-19 调整对正方式

3）电缆桥架翻弯处理

由于结构的梁、板、柱的影响，或者电缆桥架可能与其他机电系统线管产生碰撞冲突，有时需要对局部风管进行上下、左右翻弯处理，以避免发生碰撞。现以上下弯翻为例说明两种翻弯方法。

（1）绘制时翻弯。

在绘制的过程中，遇到需要上下翻弯（即转换标高）的部位，直接输入电缆桥架的"底部高程"的偏移量后继续绘制，则会在标高转换的部位自动生成管件翻弯。

（2）绘制后编辑。

一般进行各专业管线综合碰撞检查后，需要进行局部电缆桥架的翻弯处理。此时可以将需要电缆桥架翻弯的部位，利用"修改"选项卡下的"拆分图元"命令打断，一个部位要打断两次（图 12-20 中标记①和标记②段），然后删除打断部位，将电缆桥架翻弯部位分离开。此时需要将打断部位两端生成的活接头删掉，单击打断位置的两侧电缆桥架的端点（图 12-20 中标记③～标记⑥处），看是否为活接头，如果是的话直接按 Delete 键删除。接着更改中间电缆桥架底部高程的偏移量（偏移量建议更改为"100.0mm"或以上，以便于生成来回弯），拖曳电缆桥架连接件进行连接，电缆桥架将自动生成管件（图 12-20 中标记⑦和标记⑧段）。

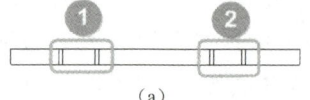 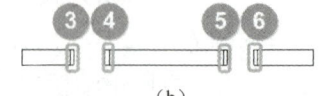 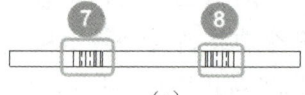

(a)　　　　　　　　　　　(b)　　　　　　　　　　(c)

图 12-20　电缆桥架的打断和连接

12.2.2　电缆桥架显示设置

1. 视图详细程度

在绘图区域左下角视图控制栏中，单击"详细程度"按钮，可选择"粗略""中等""精细"3 种模式，通过设置可以影响同一个几何图形在平面或三维视图的显示效果，如表 12-1 所示。

表 12-1　电缆桥架显示效果

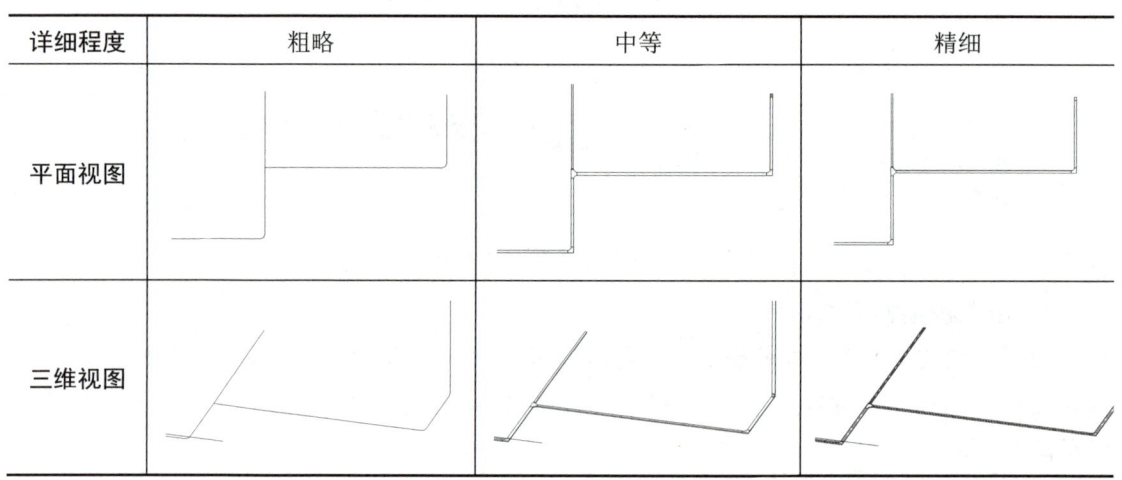

详细程度	粗略	中等	精细
平面视图			
三维视图			

2. 视觉样式

为了满足不同的表达需求，可以切换不同的视觉样式。在任意视图（平面视图、三维视图、剖面视图等）中，单击绘图区域左下角的视图控制栏中的"视觉样式"按钮，弹出视觉样式列表。分别切换至不同的视觉样式，当前的视图将以所选择样式进行显示。需要注意的是，修改视觉样式仅会影响当前视图，不会影响其他视图。

3. 可见性/图形替换

单击"视图"选项卡下的"可见性/图形"按钮（快捷键为 VV 或 VG），弹出"楼层平面：1-电力的可见性/图形替换"对话框，选择对话框里的"模型类别"，拖动右侧的滚动条，将对应的"电缆桥架""电缆桥架配件"勾选，则所绘制的电缆桥架模型会在当前视图显示；取消勾选，则不显示，如图 12-21 所示。

项目 12 电气系统

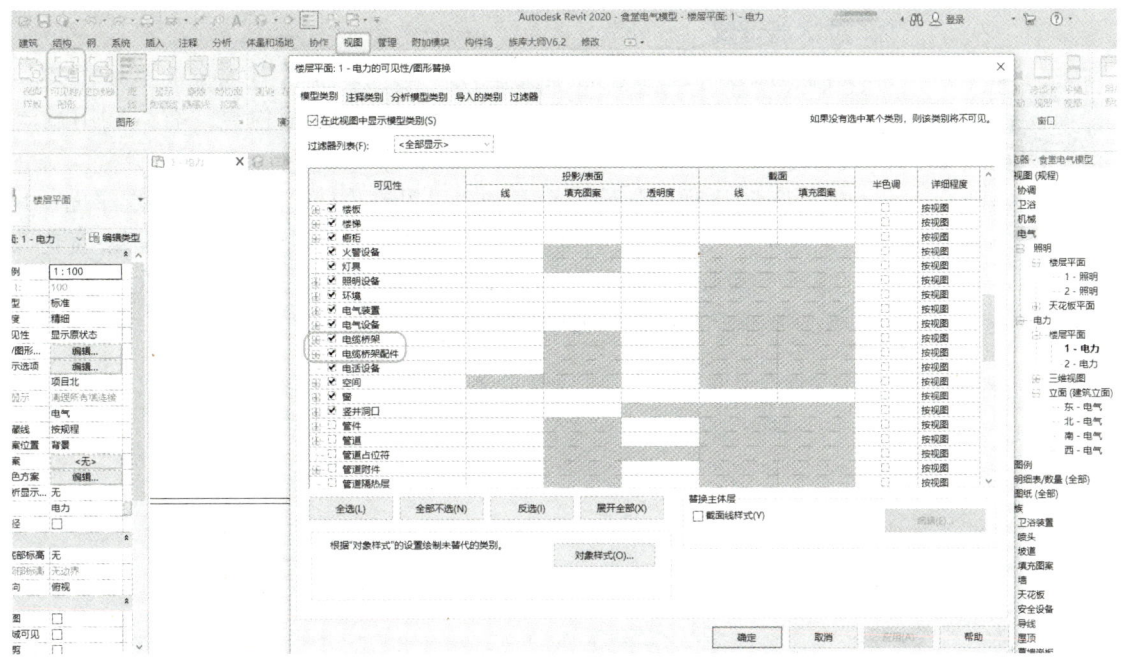

图 12-21 可见性/图形替换设置

12.2.3 电缆桥架过滤器设置

1. 颜色设置

表 11-3 所示为《建筑工程设计信息模型制图标准》的颜色设置要求,但是电气系统管线复杂,建议参考河南省工程建设标准《民用建筑信息模型应用标准》(DBJ 41/T 201—2018)附录 A.0.3 电气、智能化专业系统管道命名及颜色标识(表 12-2)的要求。

表 12-2 电气、智能化专业系统管道命名及颜色标识

桥架类型名称	系统代码	基本识别色	RGB 颜色代码	
配电桥架、线管	PD	红色	255,0,0	#FF0000
照明桥架、线管	ZM	淡珊瑚色	240,128,128	#F08080
动力配电桥架、线管	DL	红色	255,0,0	#FF0000
母线槽	MX	粉色	255,192,203	#FFC0CB
消防自控桥架、线管	XF	深紫	110,0,250	#6E00FA
综合布线桥架、线管	ZH	紫色	160,32,240	#A020F0
安防桥架、线管	AF	紫兰	160,102,211	#A066D3
火灾报警桥架、线管	HZ	紫兰	160,102,211	#A066D3
广播桥架、线管	GB	淡紫	218,112,214	#DA70D6
自控桥架、线管	ZK	紫红色	255,0,255	#FF00FF

239

2. 过滤器设置

建立电缆桥架过滤器

系统模型涉及专业多，管道类型多，电气专业含有大量的电缆桥架和金属线槽，为了更直观地展现，便于管线综合和碰撞检查，有效利用过滤器功能将带来很大的便利。

Step01　单击"视图"选项卡下的"可见性/图形"，弹出"楼层平面：1-电力的可见性/图形替换"对话框，选择"过滤器"选项卡，单击"编辑/新建"，弹出"过滤器"编辑对话框，单击新建过滤器按钮，在弹出的对话框中输入名称"强电桥架"，单击"确定"按钮，如图12-22所示。

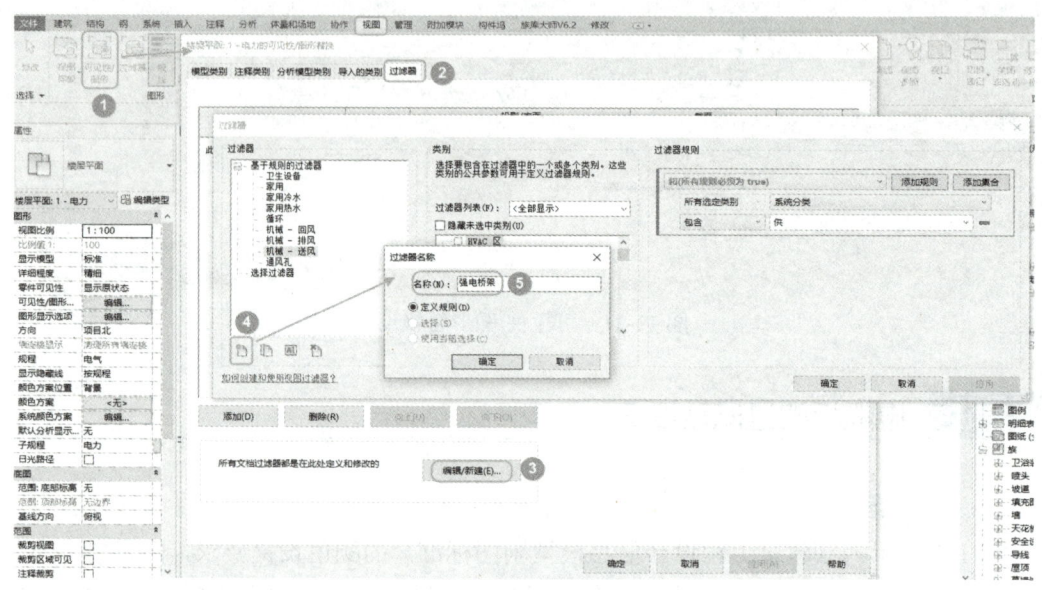

图12-22　新建过滤器

Step02　在过滤器"类别"中，勾选"电缆桥架""电缆桥架配件"。在"过滤器规则"中，"所有选定类别"里选择"类型名称"，操作符选择"等于"，值选择"强电桥架"，单击"确定"按钮，如图12-23所示。

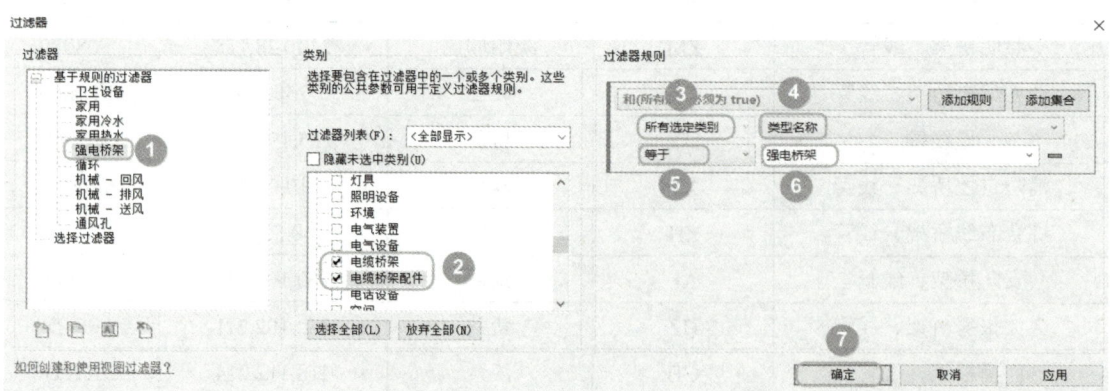

图12-23　过滤器设置

Step03 在"楼层平面:1-电力的可见性/图形替换"对话框中的"过滤器"选项卡下单击"添加"按钮,弹出"添加过滤器"对话框,单击选中刚创建的"强电桥架",单击"确定"按钮,则"强电桥架"过滤器就加载进来了。参照上述步骤再创建"强电(非消防)桥架""强电(消防)耐火桥架"过滤器,如图12-24所示。

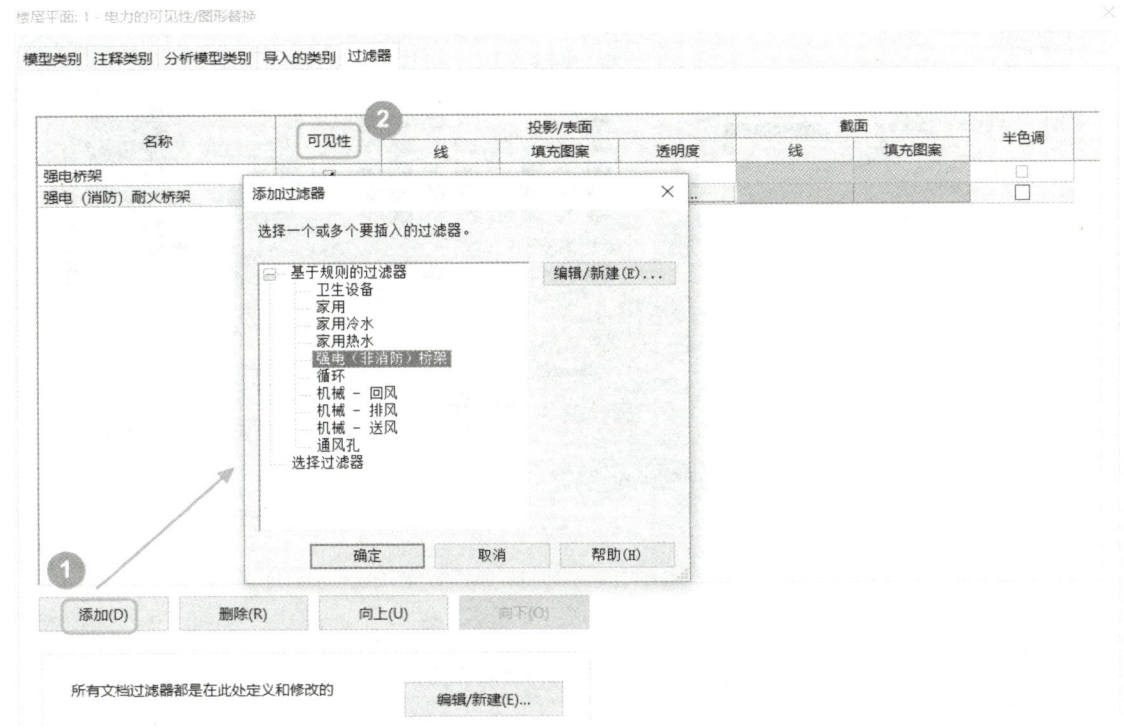

图12-24　添加其他过滤器

Step04 检验过滤器设置是否正确。回到楼层平面,输入快捷键VV打开"楼层平面:1-电力的可见性/图形替换"对话框,单击"过滤器"选项卡,尝试取消选中其中一个过滤器的"可见性",单击"确定"按钮。如果此时发现楼层平面中相应桥架模型不再显示,则该过滤器设置正确。接着再分别检验其他桥架的过滤器是否正确。

Step05 打开"楼层平面:1-电力的可见性/图形替换"对话框,在"过滤器"选项卡下单击强电桥架"投影/表面"的"填充图案",按照《建筑工程设计信息模型制图标准》(表11-3)的要求进行设置。"红(R)"设为"255","绿(G)"设为"0","蓝(U)"设为"0",设置完成后单击"确定"按钮,如图12-25所示。

Step06 在楼层平面视图中,更改视图控制栏上的"视觉样式",将"带边框着色"改为"着色",如图12-26所示。

Step07 为了后期出图的方便,还需要设置电缆桥架线框的颜色。打开"楼层平面:1-电力的可见性/图形替换"对话框,在"过滤器"选项卡中,单击强电桥架"投影/表面""线"下的"替换…"按钮,如图12-27所示设置,完成后单击"确定"按钮。在楼层平面视图里检查相应的强电桥架模型是否显示为所设定的颜色。

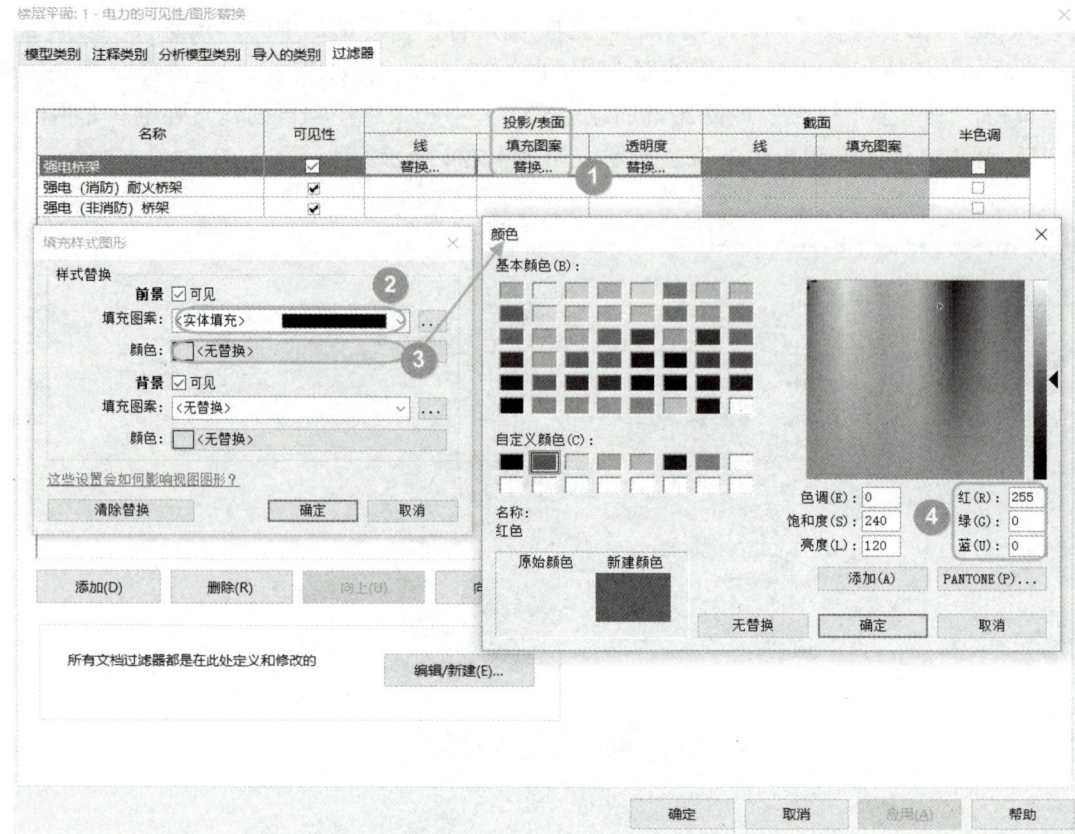

图 12-25　设置桥架过滤器"填充图案"颜色

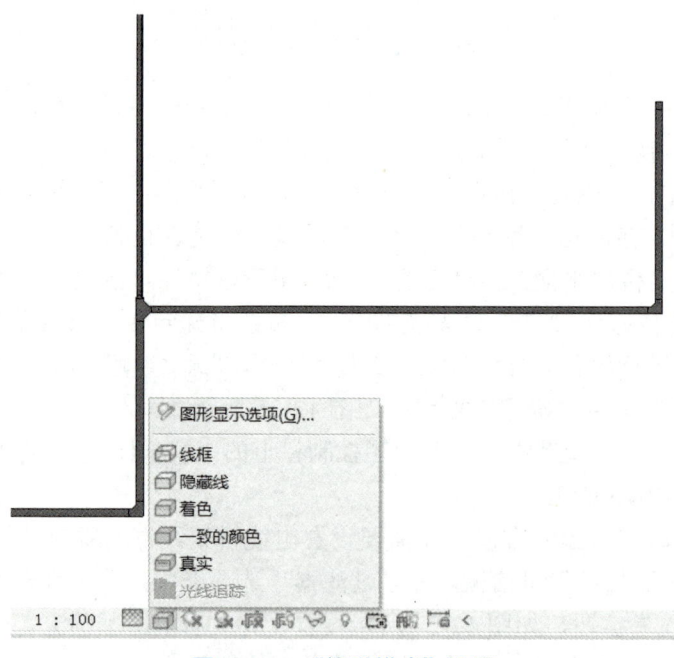

图 12-26　"视觉样式"设置

项目 12 电气系统

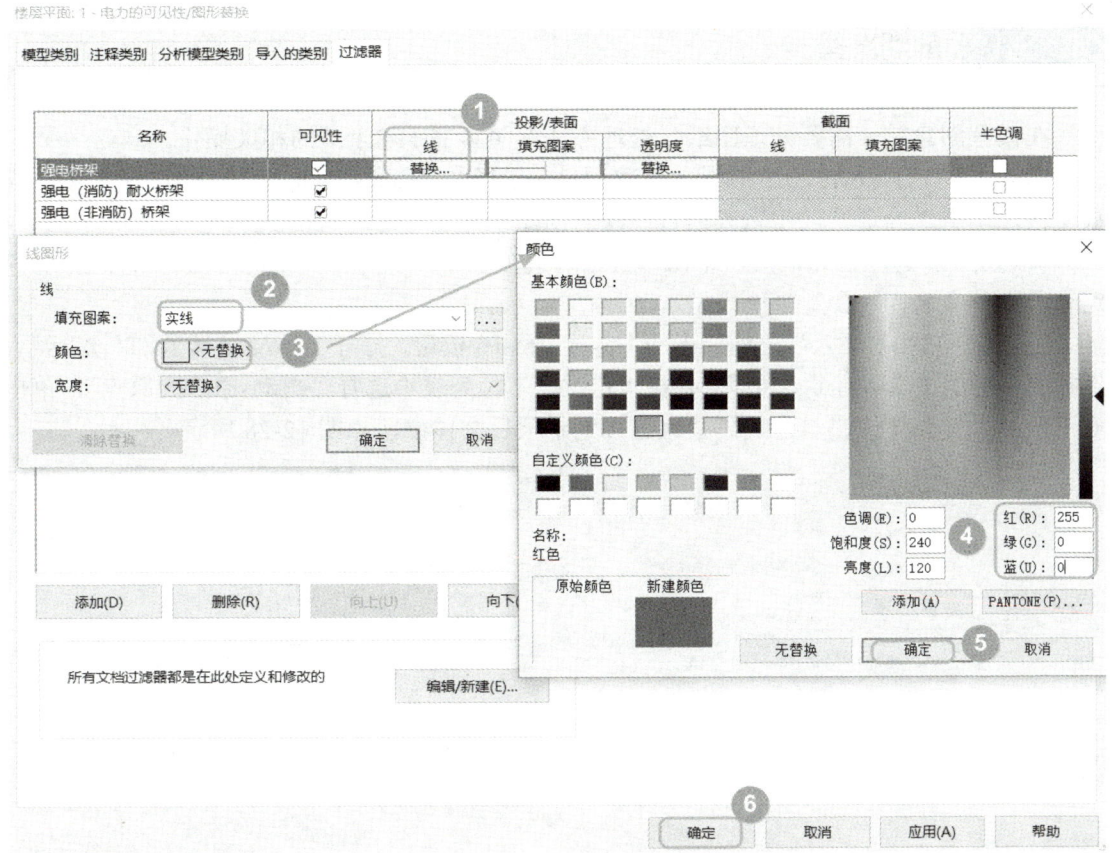

图 12-27 设置桥架过滤器"线"颜色

在相应楼层平面视图中设置的过滤器，在其他楼层平面视图和三维视图中并不适用，需要分别重新添加过滤器，并设置颜色。这样的工作量会比较大，为避免重复工作，可设置好一个平面视图的过滤器，然后创建一个视图样板，在其他视图中应用这个视图样板即可。

12.3 电气系统创建案例

本节案例配套图纸为某食堂电气平面图，包括一层配电平面图、二层配电平面图、三层配电平面图、屋顶层配电平面图、一层综合布线和有线电视平面图、二层综合布线和有线电视平面图、三层综合布线和有线电视平面图，该工程总建筑面积为 13730.84m^2，地下 1 层，地上 3 层。

12.3.1　前期准备

在模型创建前，需要处理图纸，处理方法参照本书 11.3.1 节的相关操作。

Step01　打开 Revit 2020 软件，新建项目，选择"Systems-DefaultCHSCHS.rte"系统样板文件，单击"确定"按钮完成项目文件的创建。

Step02　新建项目完成后，单击"文件"选项卡下"另存为"中的"项目"，选择保存路径，文件命名为"食堂电气模型"。

Step03　单击"插入"选项卡下的"链接 Revit"按钮，打开"导入/链接 RVT"对话框，选择要链接的"食堂建筑模型"，并在"定位"下拉列表中选择"自动-原点到原点"，单击右下角的"打开"按钮，建筑模型就链接到了项目文件中，如图 12-28 所示。

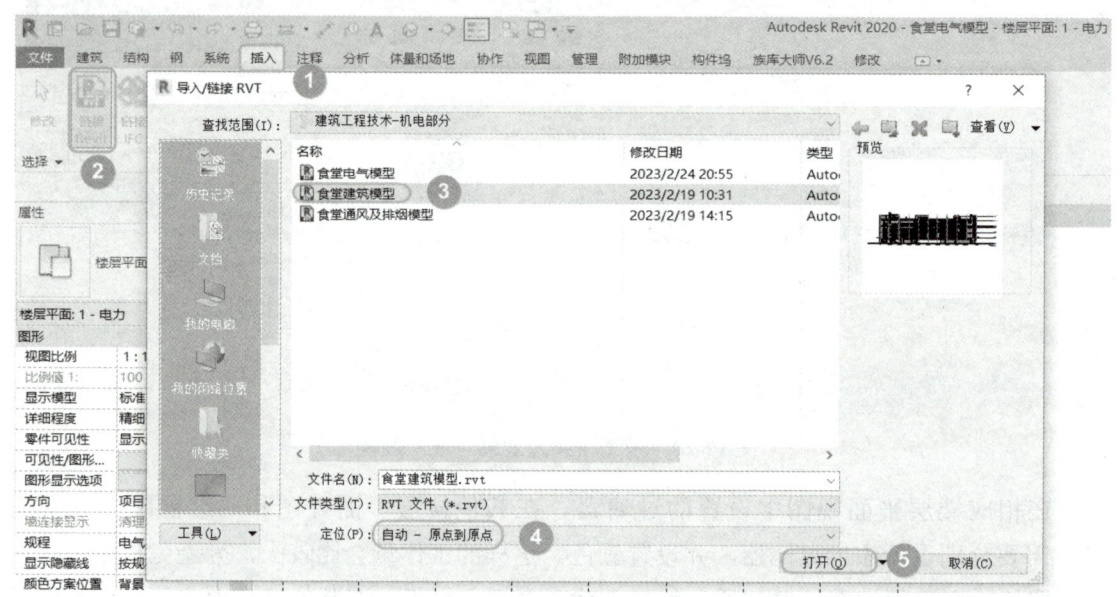

图 12-28　链接建筑模型

Step04　单击"协作"选项卡下"复制/监视"下拉菜单里的"选择链接"，复制链接的建筑模型的轴网和标高，具体方法参照本书 11.3.3 节中的相关操作。

Step05　单击"视图"选项卡下"创建"面板中"平面视图"下拉菜单里的"楼层平面"，打开"新建楼层平面"对话框，单击"编辑类型…"，打开"类型属性"对话框。在"标识数据"下的"查看应用到新视图的样板"后单击"机械平面"，打开"指定视图样板"对话框。选择"电气平面"，单击"确定"按钮，再单击"类型属性"对话框下的"确定"按钮。在"新建楼层平面"对话框中，按住 Shift 键把楼层平面全部选中，单击"确定"按钮，这样 6 个楼层平面视图就创建完成了，如图 12-29 所示。

Step06　在项目浏览器中，依次选择"视图（规程）""电气""电力""楼层平面"，把图 12-30（a）所示的楼层平面重命名为图 12-30（b）所示的楼层平面（"EE"为电气工程简称）。

项目 12 电气系统

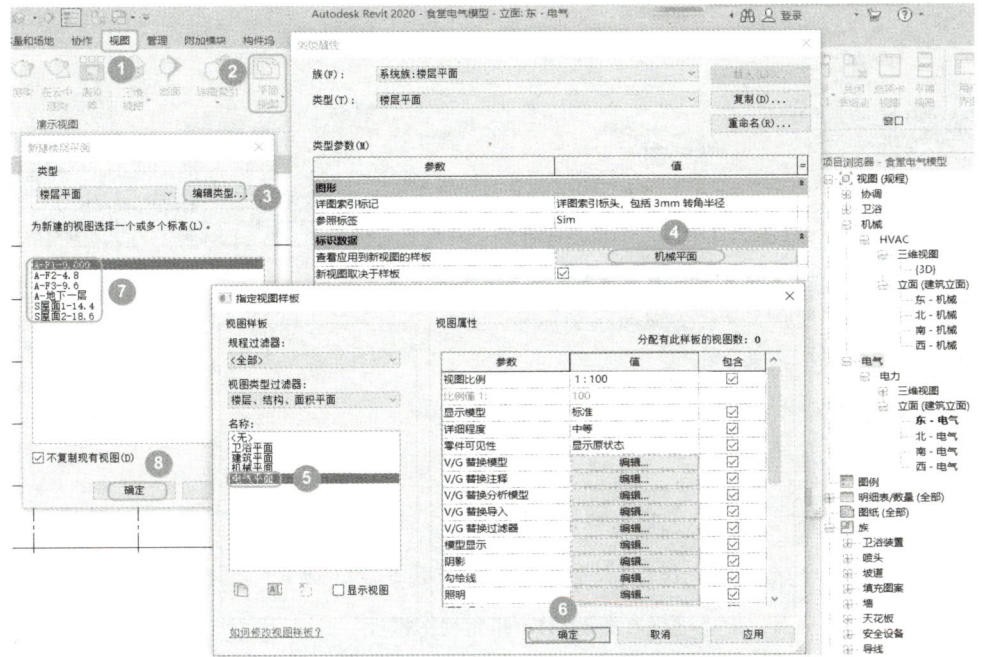

图 12-29 全部楼层电气平面视图的创建

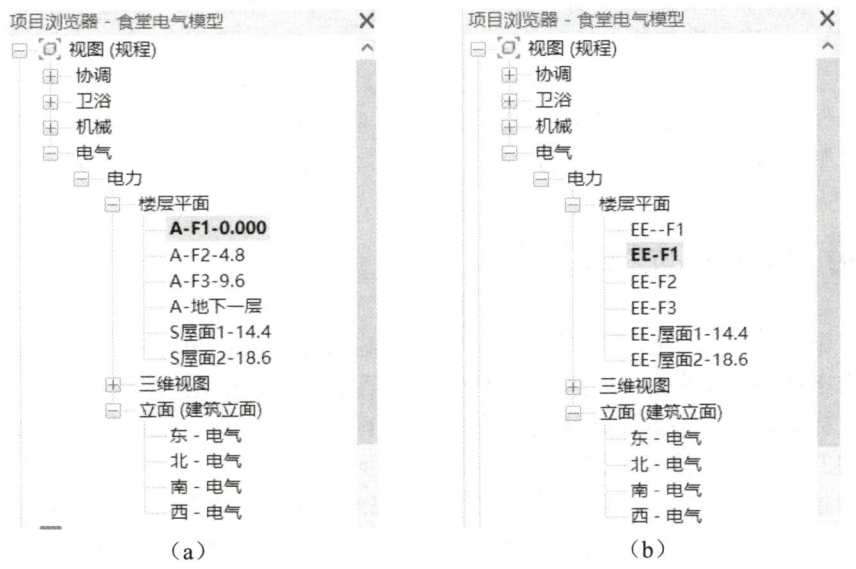

图 12-30 电气楼层平面重命名

12.3.2 链接 CAD 文件

Step01 在"EE-F1"楼层平面视图中,在"属性"选项板中,单击"标识数据"中"视图样板"后的"电气平面",打开"指定视图样板"对话框,选择"〈无〉",单击"确定"按钮,如图 12-31 所示。

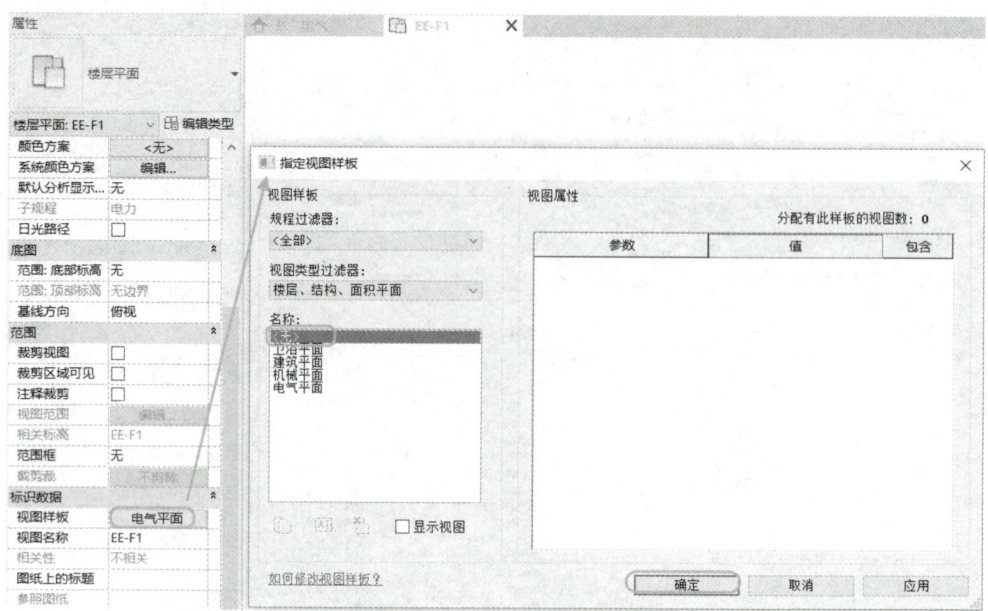

图 12-31　指定视图样板

Step02　单击"视图"选项卡下的"可见性/图形",打开"楼层平面:EE-F1 的可见性/图形替换"对话框,在"模型类别"选项卡中的"可见性"下找到"场地",展开后勾选"项目基点",单击"确定"按钮。

Step03　单击"插入"选项卡下的"链接 CAD",选择"一层配电平面图","导入单位"选择"毫米","定位"选择"自动-原点到原点"。将 CAD 图形轴线 S-A 和轴线 S-1 的交点定位到项目基点位置。

12.3.3　创建电缆桥架模型

在进行电缆桥架模型创建之前,应识读项目结构图纸,熟知结构的梁、柱等构件的尺寸,并考虑电缆桥架间距、安装空间、检修空间等要求。由于电气图纸未详细标注出电缆桥架的安装标高,有的根据设计说明应安装在梁下 300mm,有的是在吊顶内敷设,需要综合考虑结构的梁、板、柱、桥架尺寸及支吊架等因素。

模型创建初期,暂以一层电缆桥架底标高为 3.800m 创建模型,后续根据各系统模型管线综合的结果进行调整。图 12-32 所示的一层配电平面图中,主要有强电桥架、强电(非消防)桥架、强电(消防)耐火桥架,为便于标识,强电桥架 RGB 设为"255,0,0",强电(消防)桥架 RGB 设为"110,0,255",强电(非消防)耐火桥架 RGB 设为"255,0,255"。

二层配电平面图中只有强电桥架,为便于标识,强电桥架 RGB 设为"255,0,0"。按照前述操作,链接"二层配电平面图"CAD 图纸,二层配电平面图和一层配电平面图都有强电桥架,局部位置有差异,可按照一层电气系统模型创建的方法进行二层电气系统模型的创建,也可以复制一层电气系统模型再进行修改操作,如图 12-33 所示。

参照一层和二层电气系统的创建方法完成所有电气系统的创建,并设置过滤器。

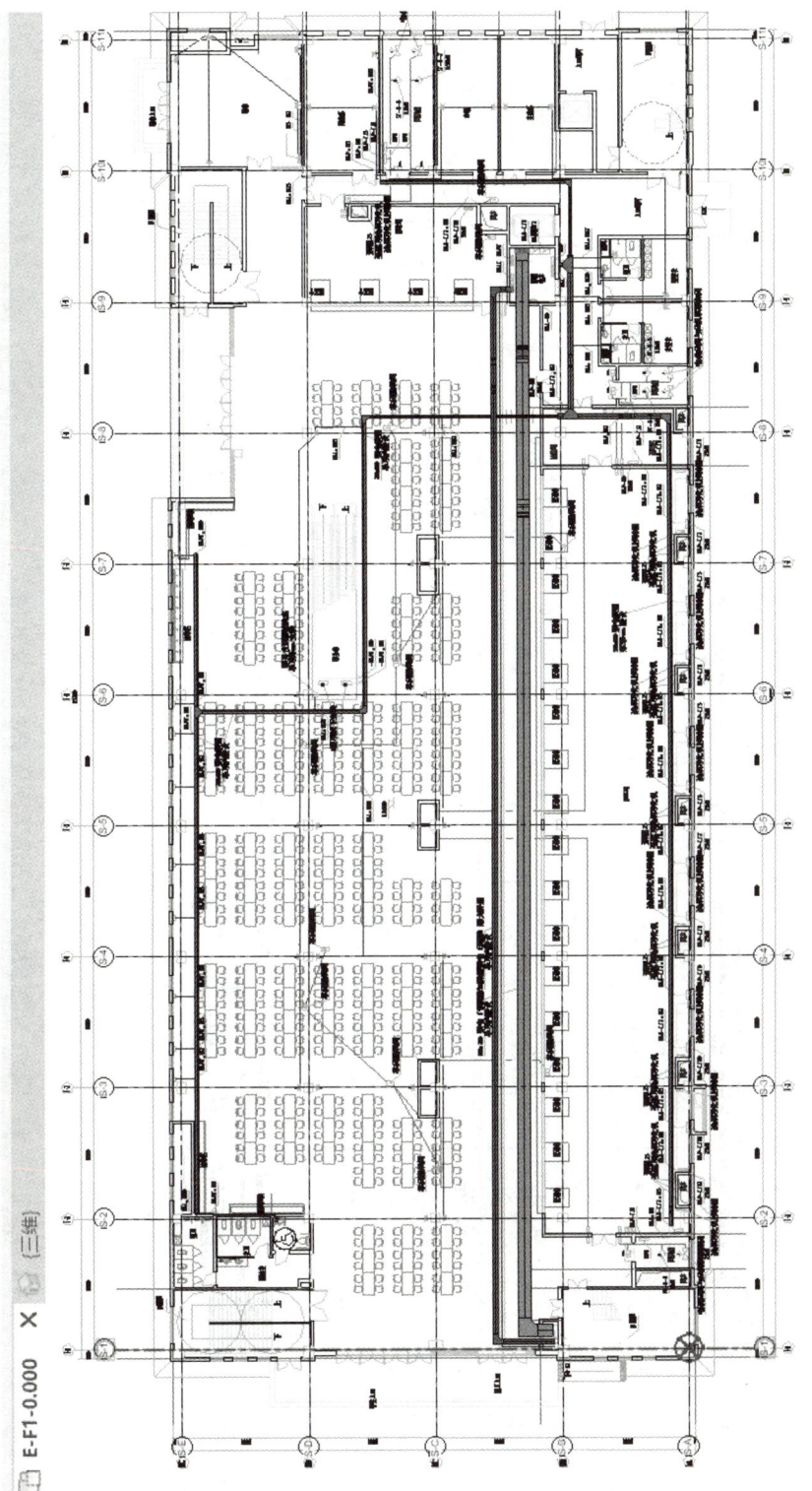

图16-32 一层配电平面图 CAD 及 BIM

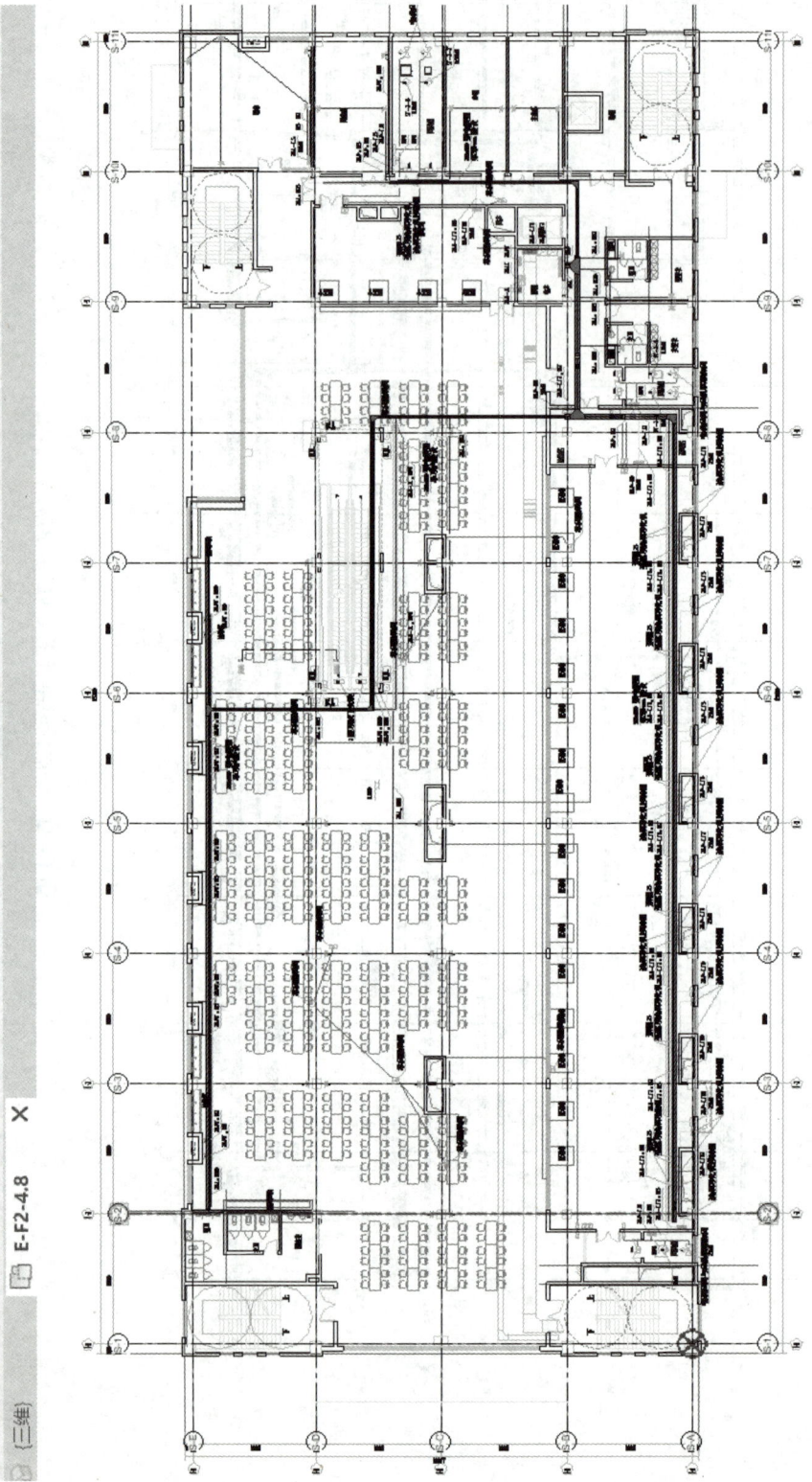

图12-33 二层配电平面图CAD及BIM

项目 **12** 电 气 系 统

创建完成的食堂配电电缆桥架模型三维视图如图 12-34 所示。

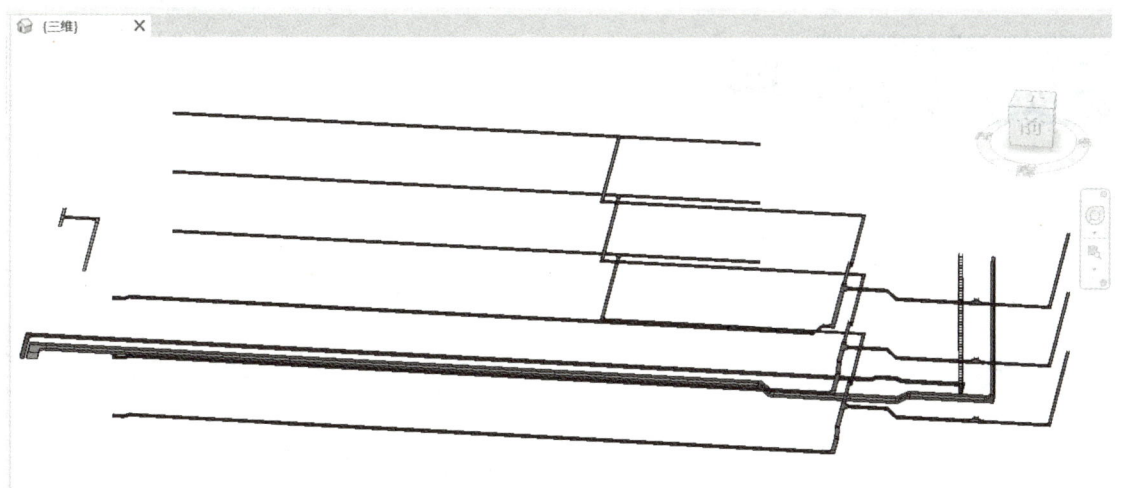

图 12-34　食堂配电电缆桥架模型三维视图

在创建的过程中，我们在理解电气专业设计原理的基础上，通过识图和创建模型，进一步加深了对电气专业理论知识和相关规范的理解。

一个现代化的建筑，离不开各个系统专业创建的完整的给排水、暖通和电气系统，各专业必须协调施工，保证设计、施工、运维协调，实现最大的经济效益和社会效益。

建立电力电缆桥架的标注族

进行电缆桥架的标注

管线综合中的模型链接和解组

碰撞检查

项目 13　族

思维导图

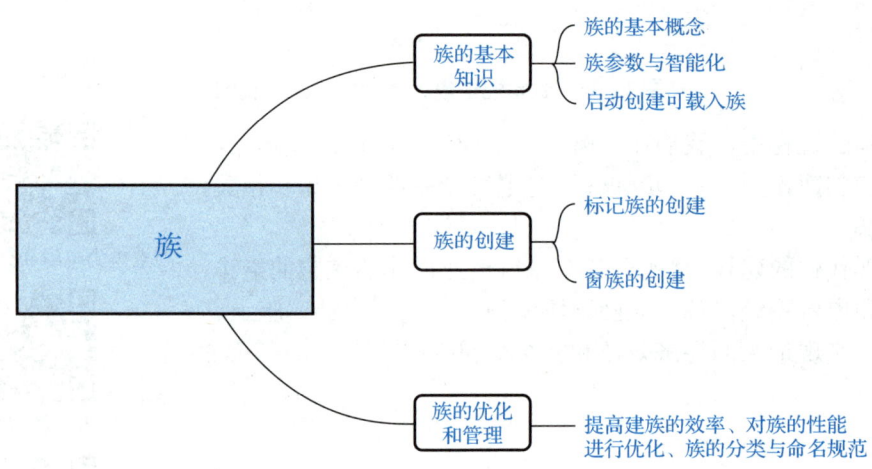

项目 13 族

13.1 族的基本知识

13.1.1 族的基本概念

在 Revit 中，族是建模的核心元素，在建筑、结构，以及系统各专业中发挥着重要作用。通过族的模块化和参数化设计，可以提高建模效率，标准化构件，减少重复工作，确保设计的一致性和规范性。族不仅包含几何信息，还能存储材料、成本、性能等 BIM 数据，辅助施工文档生成、工程量计算和项目运维管理。不同专业可利用族优化设计，如建筑中的门、窗、楼梯，结构中的梁、柱，系统中的管道、设备等，满足项目个性化需求。族可重复性使用的特点鼓励了企业建立标准族库，进而提高设计质量。族适用于项目的方案设计、施工图绘制、施工管理及运维管理等各阶段。合理使用族能提升 BIM 数据管理能力，优化施工精度，并推动建筑全生命周期的高效管理与智能化应用。族的创建与使用是高效运用 Revit 解决实际工程问题的关键技能。

Revit 的系统族、可载入族和内建族 3 种族类型在本书 1.1.3 节中已有初步介绍。其中，可载入族可以导入或导出项目，独立保存为 RFA 格式文件（族文件）；而内建族是在当前项目中创建的族，只能存储在当前的项目文件里，不能单独保存成 RFA 格式文件。可载入族是最常用的新建族类型，是族相关知识最重要的部分，其创建方法是本项目的重点学习内容。

13.1.2 族参数与智能化

族的参数化使 Revit 族更加智能和灵活，族参数主要分为以下几种类型。

（1）类型参数：影响所有相同类型族的参数，如某种门的宽度、高度。

（2）实例参数：只影响单个实例的参数，如某个窗户距离地面的高度。

（3）共享参数：可跨项目和族文件共享的参数，如构件工程编号、构件尺寸等。该参数需要体现到构件明细表中。

（4）公式参数：使用数学公式自动计算的尺寸参数，如"宽度=高度×2"。在编写公式时一定注意单位一致。

（5）可见性控制参数：该参数用于控制族的不同部分在不同视图中的显示情况。例如，在三维视图显示复杂模型，在平面视图显示简化模型；在不同尺寸范围内，构件模型显示内容不同；等等。

13.1.3 启动创建可载入族

打开 Revit 2020，单击"主页"界面左侧"族"下的"新建…"（图 13-1），打开"新

族-选择样板文件"对话框,在对话框中选中需要的族样板文件,单击"打开"按钮(图 13-2),即可以进入创建的族用户界面。

图 13-1 Revit 2020 "主页"界面

图 13-2 通过选择样板文件新建族

项目 **13** 族

用户界面的功能区提供了创建族所需的全部工具。"创建"选项卡下包含"选择""属性""形状""模型""控件""连接件""基准""工作平面"和"族编辑器"面板，如图 13-3 所示。

图 13-3 "创建"选项卡

下一节将以标记族和窗族的创建为例介绍族的创建方法。

13.2 族的创建

13.2.1 标记族的创建

Step01 根据上节所学内容，在"新族-选择样板文件"对话框中选择"注释"文件夹中的"公制窗标记.rft"并打开。

Step02 单击"创建"选项卡下"文字"面板中的"标签"命令（图 13-4），此时光标将带有标签标识。在绘图区域的参照平面交点处单击，弹出"编辑标签"对话框。

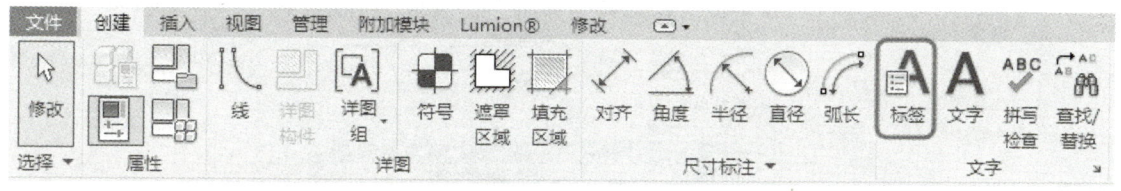

图 13-4 调用"标签"命令

在对话框的"类别参数"中选择"类型注释"，单击"将参数添加到标签"按钮，"类型注释"随即出现在右侧的"标签参数"列表中。可将"样例值"改为"C1218"，便于识别该标签用于窗的标记。单击"确认"关闭对话框，如图 13-5 所示。

Step03 在绘图区域中调整标签到合适位置。在"属性"选项板中单击"编辑类型"按钮，在弹出的"类型属性"对话框中可以对"颜色""文字字体""文字大小"等属性进行修改，如图 13-6 所示。

建筑工程 BIM 技术应用

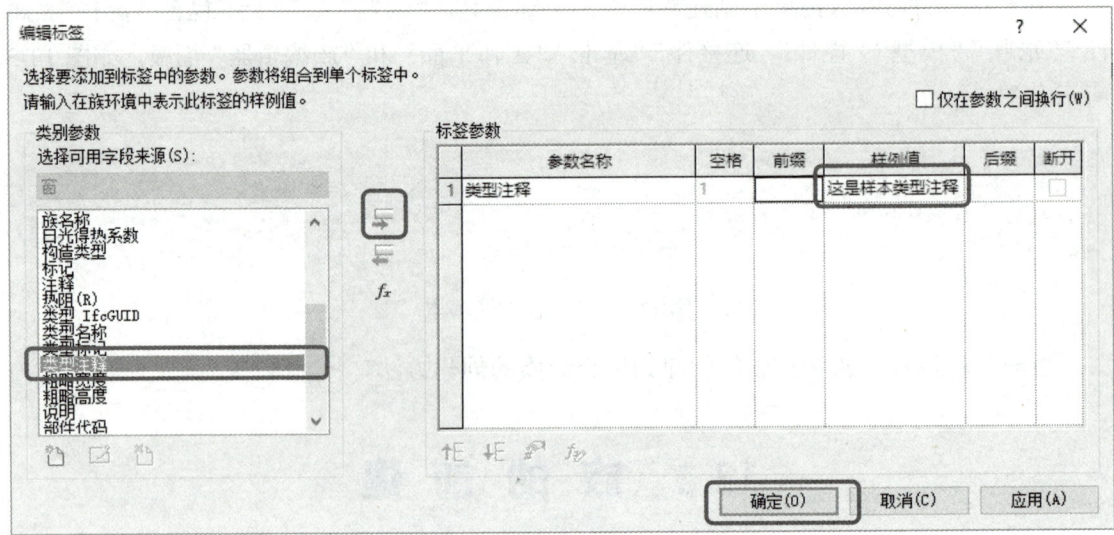

图 13-5 "编辑标签"对话框

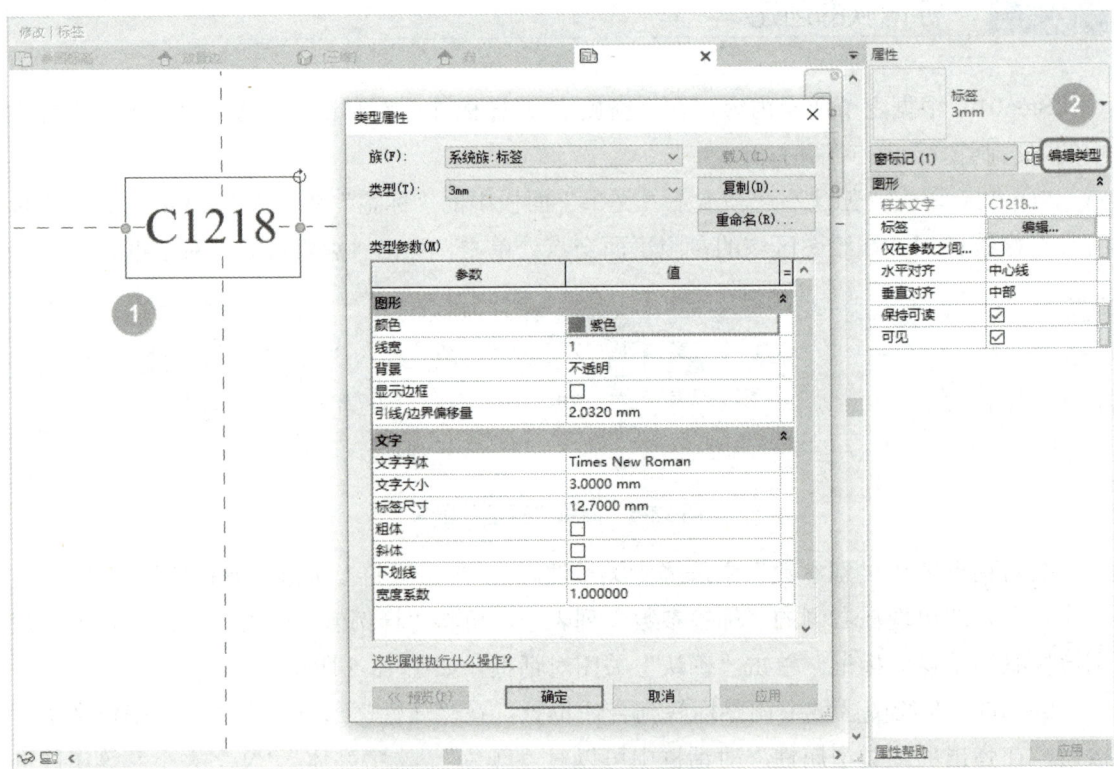

图 13-6 修改标签的类型属性

Step04 标签创建完成后，单击"文件"选项卡下的"保存"按钮，保存窗标记族文件。单击"族编辑器"面板中的"载入到项目"，此后即可在项目文件中通过"注释"选项卡下"标记"面板中的"按类别标记"命令对窗进行标记，如图 13-7 所示。

图 13-7　标记窗

13.2.2　窗族的创建

构件族的创建比符号族复杂，创建步骤包括：族创建构思→族创建初期设置→族几何形体的绘制和参数化设置→族的其他特性设置→族文件的测试。

1. 族创建构思

要创建的窗族由窗边框、窗内框、玻璃嵌板构成，需要将窗户洞口的宽度和高度、窗框的厚度和宽度、玻璃厚度等参数化。

对于刚接触族的初学者，窗族的创建略显复杂，为了便于学习，本书对窗族创建进行适当简化，如二维图显示设置（"符号线""遮罩区域"）、玻璃嵌板的嵌套等没有涉及。

2. 族创建初期设置

Step01　在"新族-选择样板文件"对话框中选择"基于墙的公制常规模型.rft"族样板文件并打开，如图 13-8 所示。

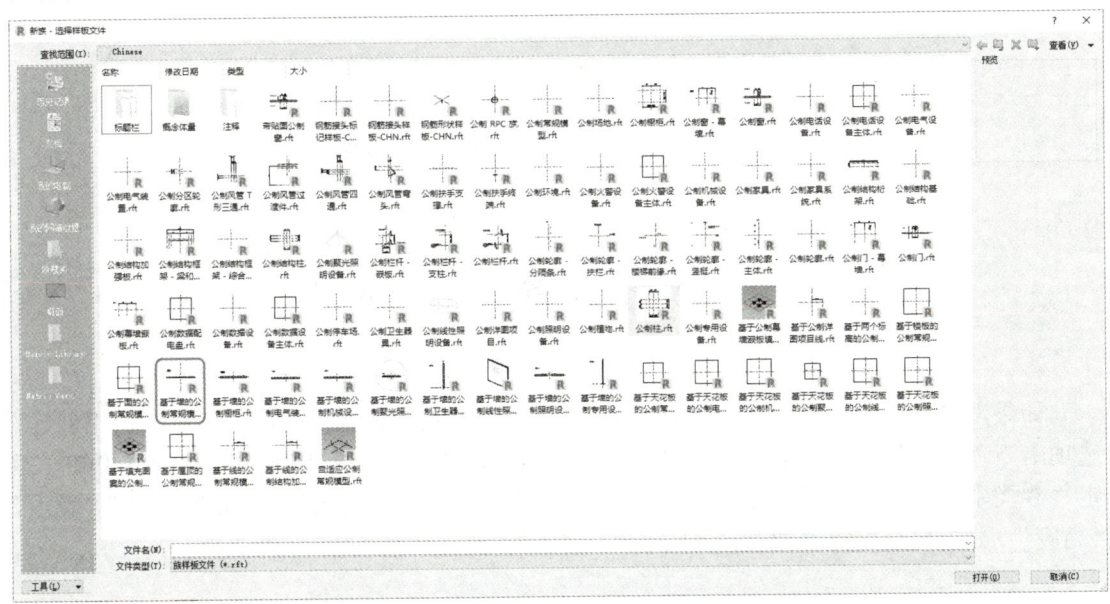

图 13-8　打开"基于墙的公制常规模型.rft"族样板文件

Step02 单击"创建"选项卡下"属性"面板中的"族类别和族参数"(图 13-9),在弹出的对话框中选择"族类别"为"窗"(图 13-10)。

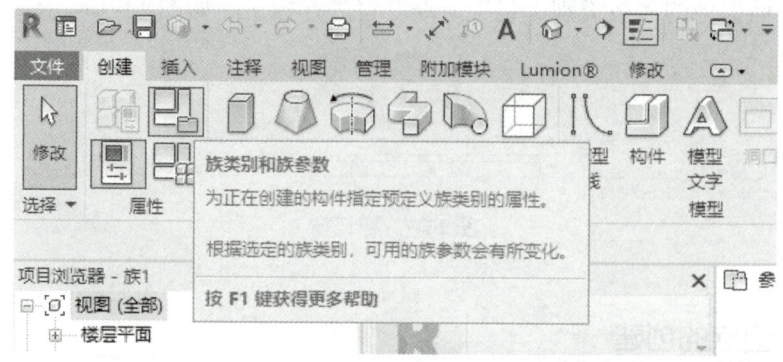

图 13-9 调用"族类别和族参数"命令

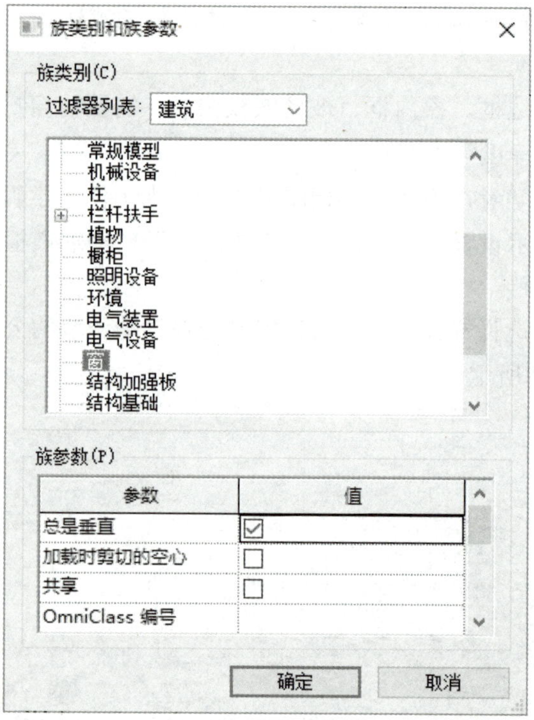

图 13-10 指定"族类别"为"窗"

如果没有指定"族类别",新建族的"族类型"参数会有所不同,可通过单击"创建"选项卡下"属性"面板中的"族类型"查看。对比图 13-11(a)和图 13-11(b)可知,指定"族类别"为"窗"后,新建族自动新增"构造类型""粗略宽度""粗略高度""宽度""高度""分析构造"等参数。

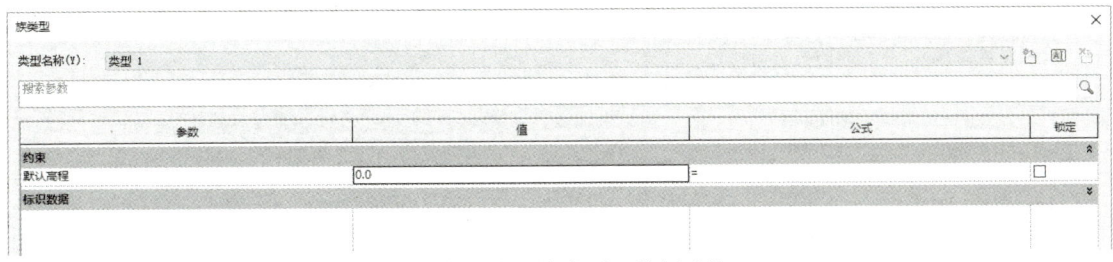

（a）未指定"族类别"的新建族

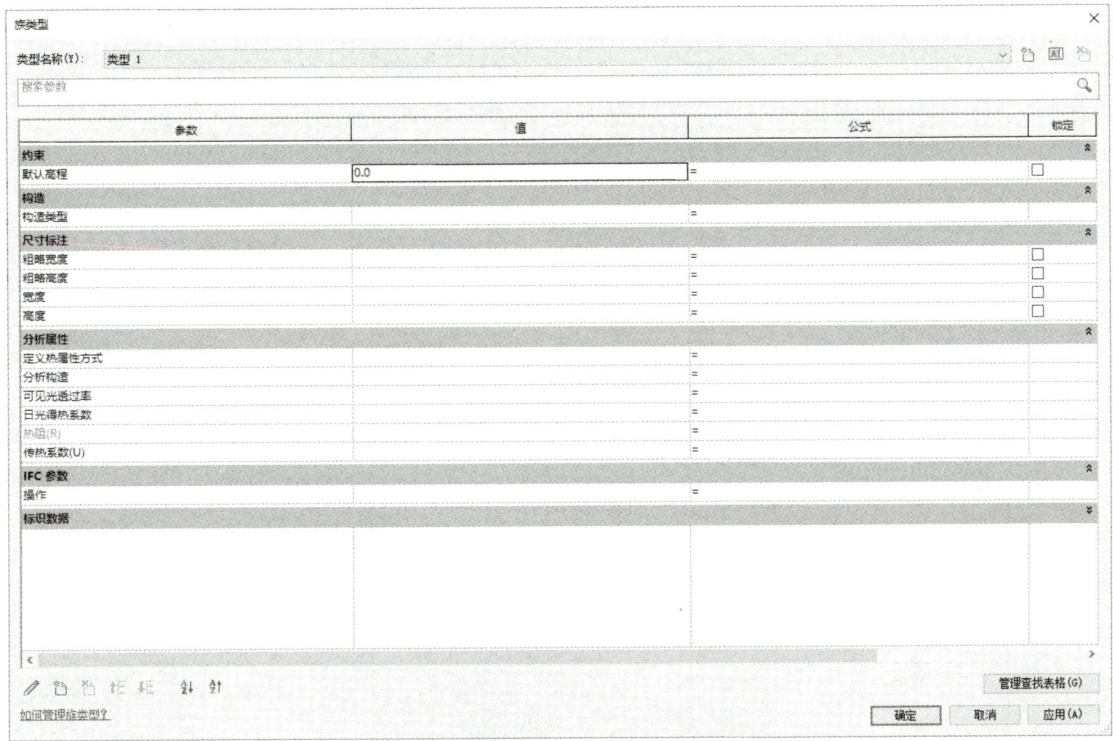

（b）指定"族类别"为"窗"的新建族

图 13-11　指定"族类别"前后"族类型"参数对比

3．族几何形体的绘制和参数化设置

Step01　在项目浏览器中打开"放置边"立面视图，单击"创建"选项卡下"基准"面板中的"参照平面"，绘制 4 个参照平面作为洞口边界，如图 13-12 所示。标注参照平面尺寸。

Step02　依次选中标注，单击"修改 | 尺寸标注"选项卡下"标签尺寸标注"面板中"标签"的下拉箭头，分别将洞口"宽度""高度"参数与标注关联，如图 13-13 所示。关联结果如图 13-14 所示。

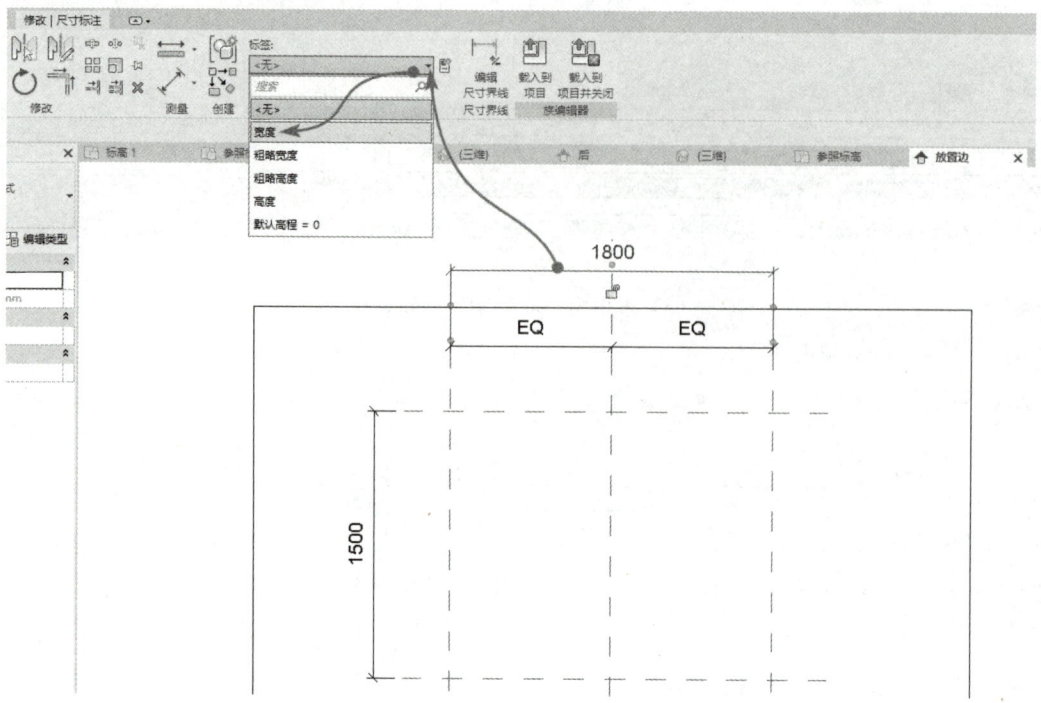

图 13-12 绘制、标注参照平面并关联其标注参数

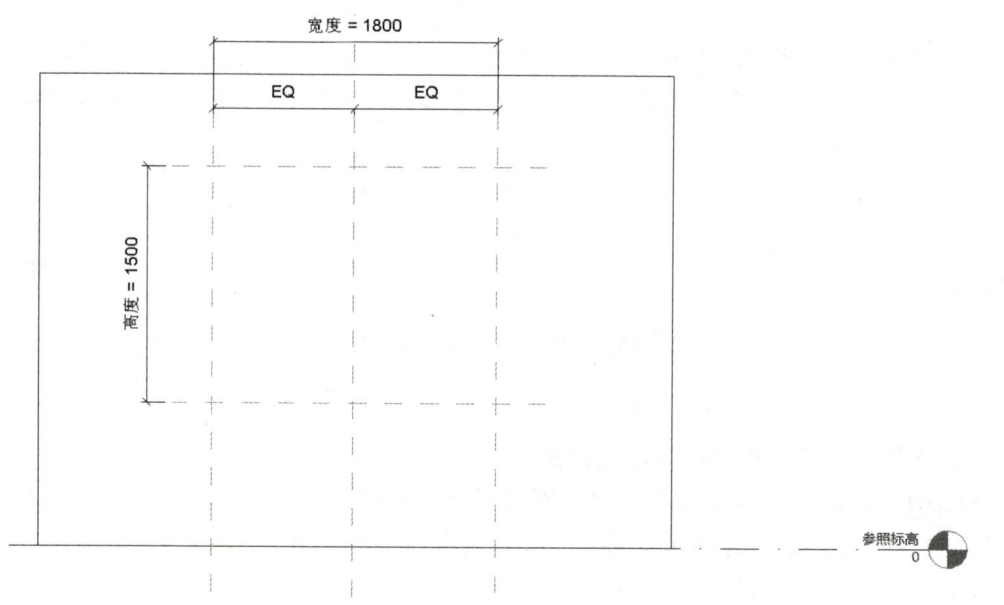

图 13-13 参数关联完成后的参照平面

Step03 单击"创建"选项卡下"模型"面板中的"洞口"(图 3-14),在绘图区域沿着洞口边界绘制洞口。洞口绘制完成后,单击"完成编辑模式"按钮,如图 3-15 所示。

单击"创建"选项卡下"属性"面板中的"族类型",在弹出的对话框中修改"宽度"和"高度"值,查看修改的参数是否可以影响洞口大小,确认可以后进行后续操作。

项目 13 族

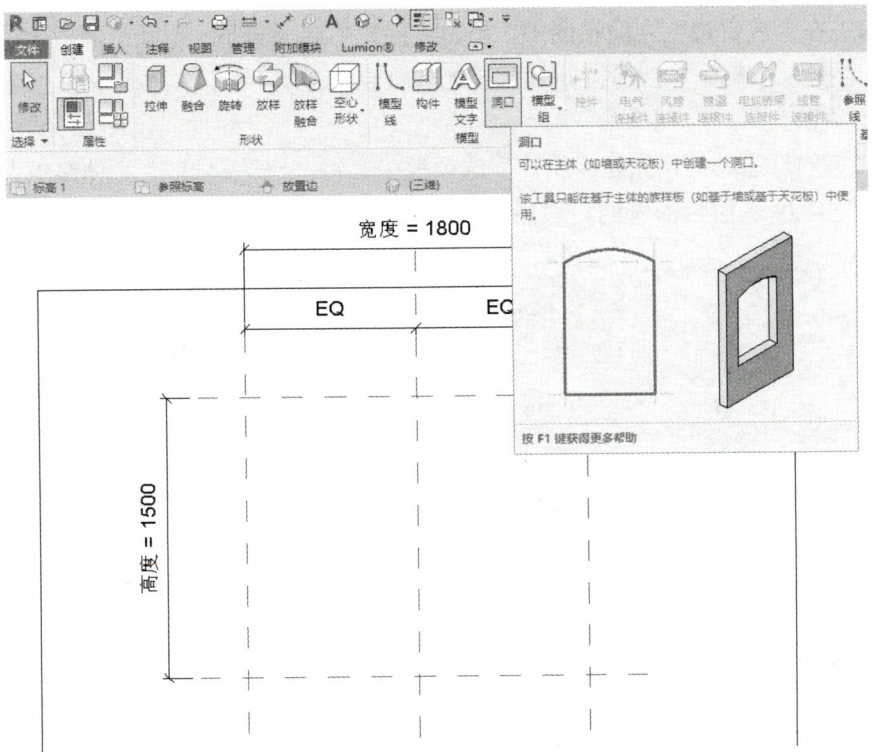

图 13-14 调用"洞口"命令

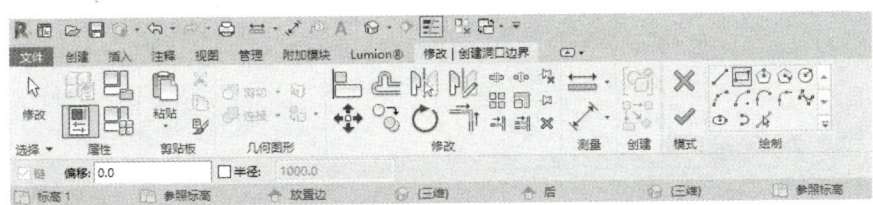

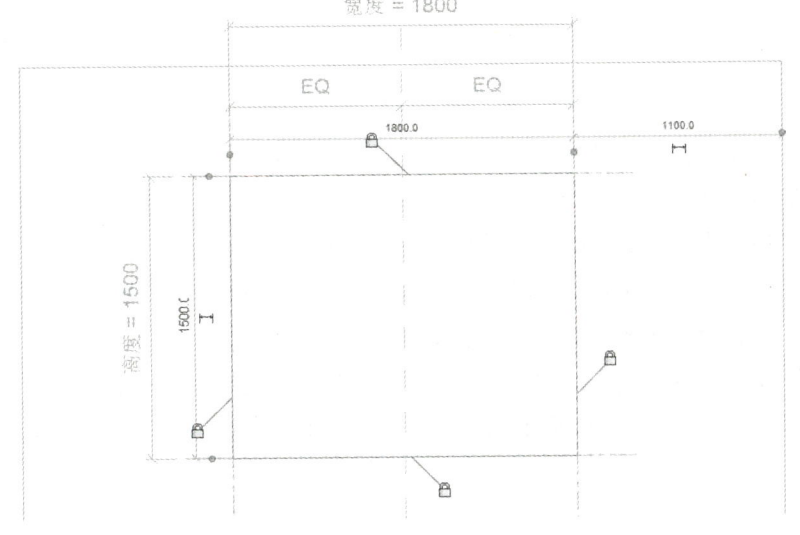

图 13-15 绘制洞口

259

Step04 在"放置边"立面视图中,单击"创建"选项卡下"形状"面板中的"拉伸",Revit 自动切换到"修改 | 创建拉伸"上下文选项卡,选择"绘制"面板中的"矩形"工具,开始绘制窗边框。

激活"矩形"工具后,先在"属性"选项板中,将"拉伸起点""拉伸终点"分别设置为"40.0""-40.0"。然后沿着洞口边界绘制窗边框的外边界,如图 13-16 所示。

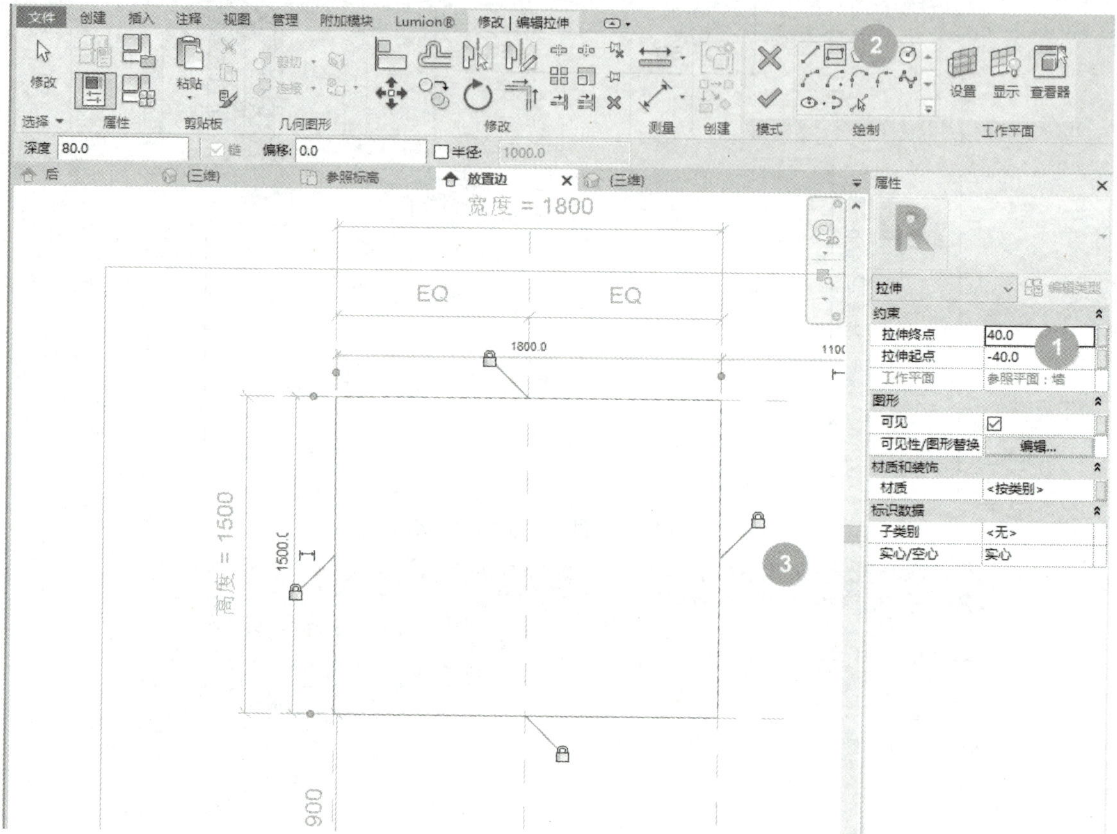

图 13-16 绘制窗边框的外边界

绘制完成后单击外边界线上的小锁图标,使其为锁定状态(图 13-16 中的标记③),这样操作的目的是给窗边框的外边界线与洞口参照平面创建约束,确保其能随洞口变化。

继续使用"矩形"工具绘制窗边框的内边界。根据窗边框厚度为 60mm,先将选项栏中的"偏移"值修改为"-60.0",再沿着外边界绘制,即可得到向内偏移 60mm 的内边界,如图 13-17 所示。单击"完成编辑模式"按钮退出。

对窗边框厚度进行尺寸标注。为了简化操作步骤,仅通过尺寸标注对窗边框厚度进行约束,无须将厚度参数化,确保窗边框厚度不会受其他参数变化的影响即可,如图 13-18 所示。

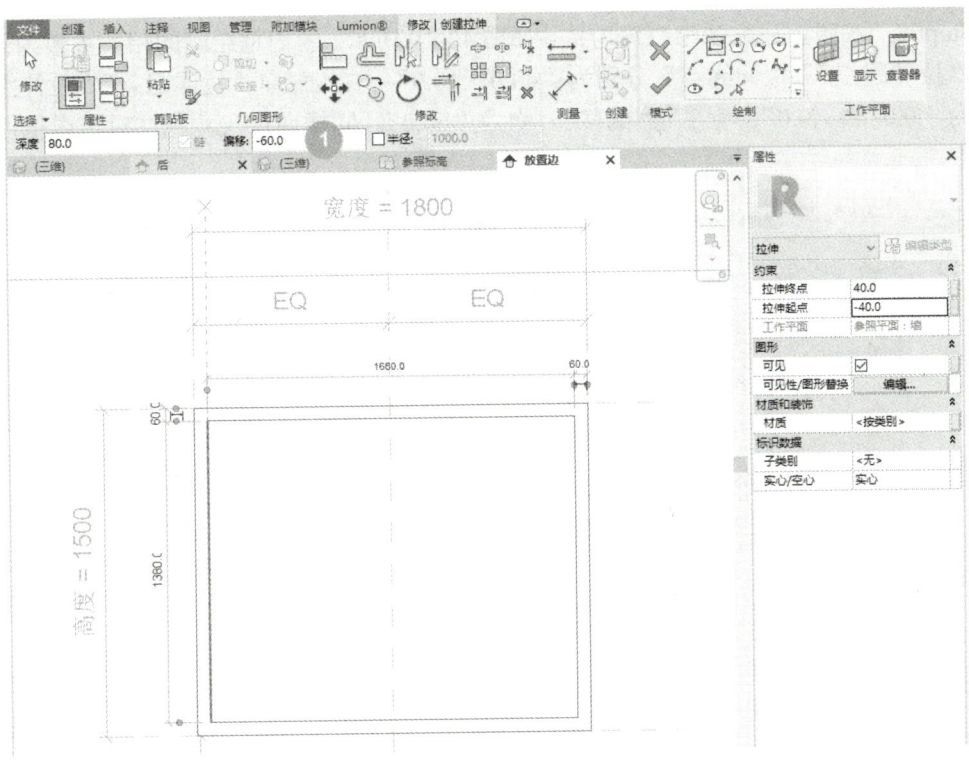

图 13-17　绘制窗边框的内边界

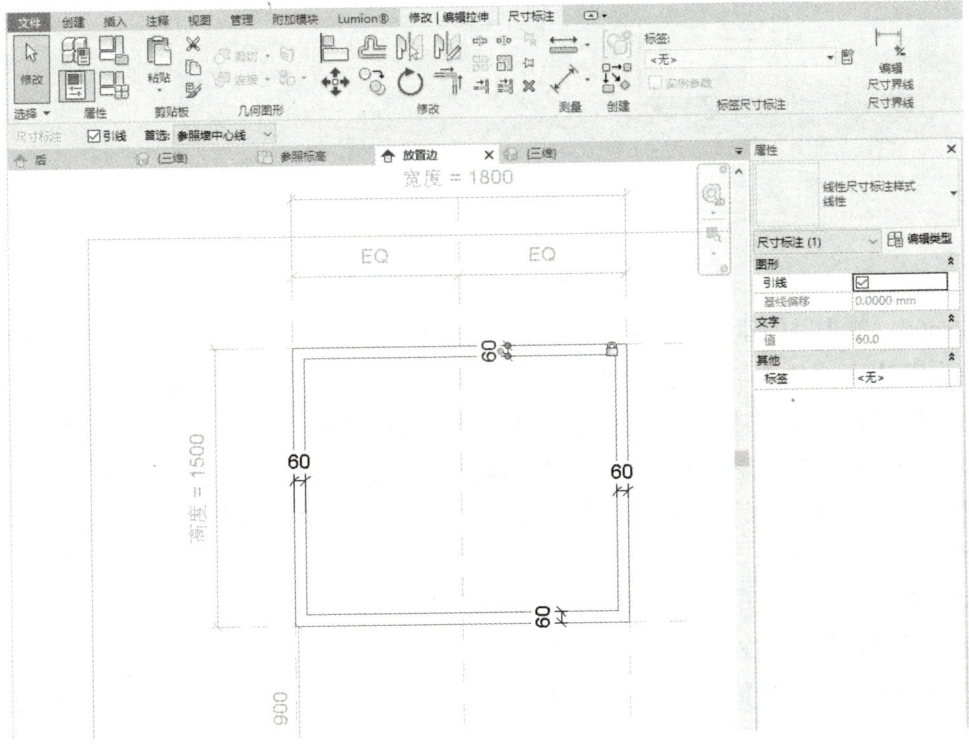

图 13-18　通过尺寸标注对窗边框厚度进行约束

Step05 参照上述方法绘制窗内框，如图 13-19 所示。窗内框绘制的相关参数为：左侧窗扇"拉伸起点""拉伸终点"分别为"40.0""0.0"，右侧窗扇"拉伸起点""拉伸终点"分别为"0.0""-40.0"；宽度（"偏移"）均为"60.0"。同样通过尺寸标注对窗内框厚度进行约束。

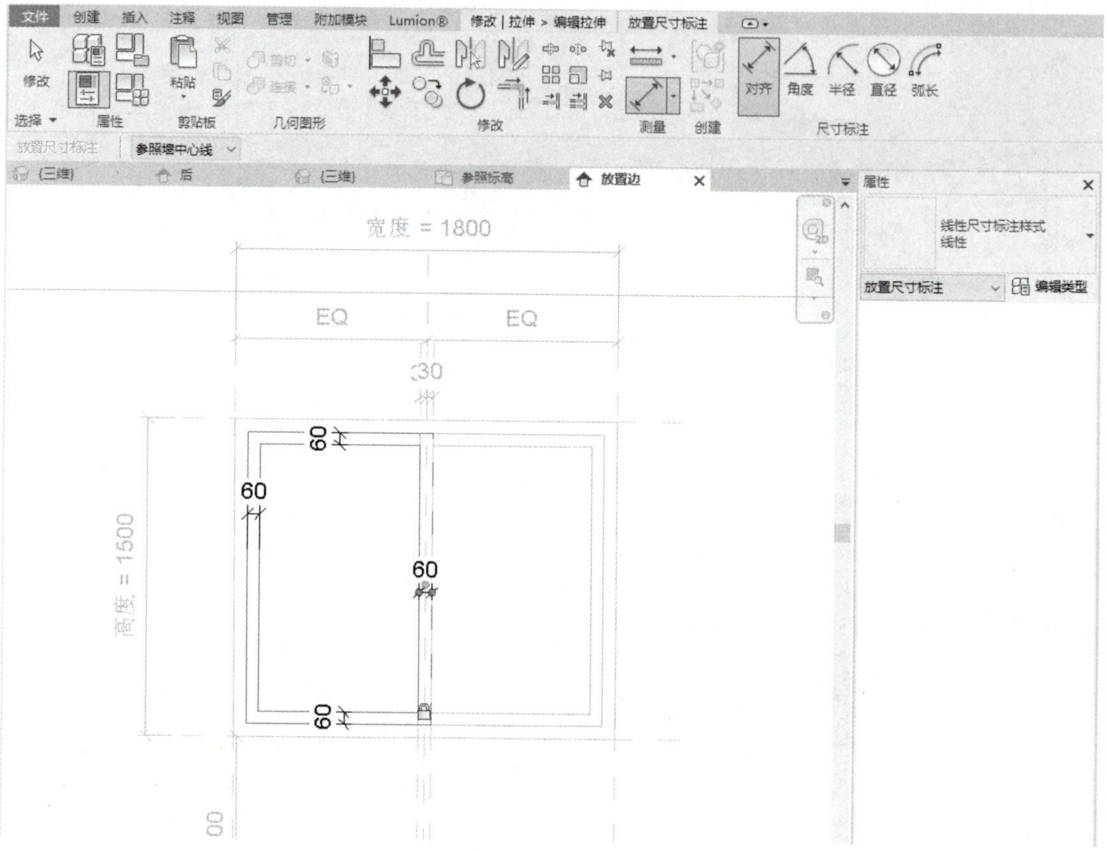

图 13-19 绘制完成的窗内框

Step06 单击"创建"选项卡下"形状"面板中的"拉伸"，Revit 自动切换到"修改 | 创建拉伸"上下文选项卡，选择"绘制"面板中的"矩形"工具，为窗绘制玻璃嵌板。在"属性"选项板中，将"拉伸起点""拉伸终点"分别设置为"22.0""18.0"，沿窗内框的内边界线绘制左侧窗扇玻璃嵌板（注意将玻璃嵌板与窗内框的内边界线进行约束，如图 13-20 所示）；再将"拉伸起点""拉伸终点"分别修改为"-22.0""-18.0"，沿窗内框的内边界线绘制右侧窗扇玻璃嵌板。

Step07 定义窗的子类别，以及窗框和玻璃嵌板的材质。

选中窗框，在"属性"选项板中，将"标识数据"下的"子类别"设置为"框架/竖梃"；找到"材质和装饰"下的"材质"，单击其后的"..."按钮，弹出材质浏览器对话框，如图 13-21 所示。

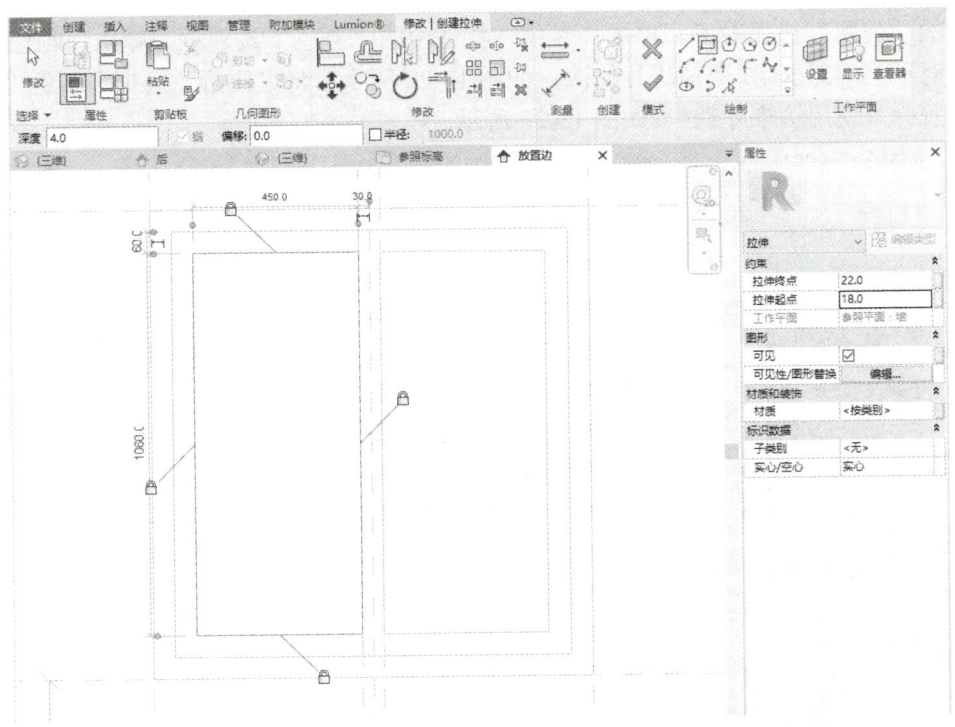

图 13-20　与窗内框的内边界线约束完成的左侧窗扇玻璃嵌板

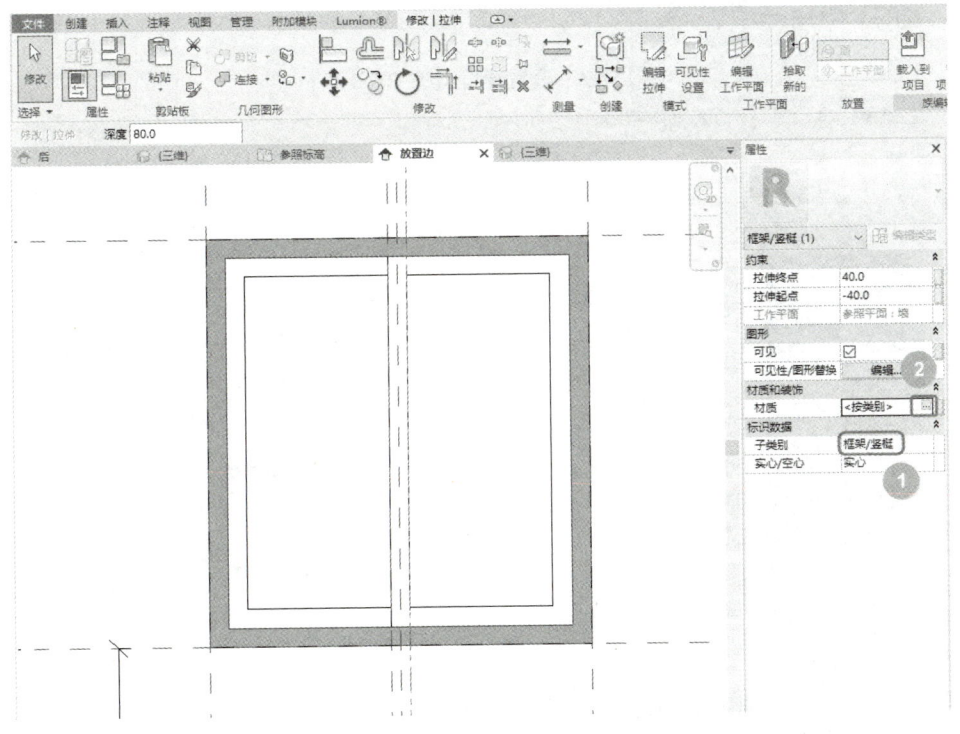

图 13-21　定义窗框子类别和材质

在"材质库"中找到"默认"材质，右击并复制出新材质，将新材质重命名为"窗框"。

在右侧的"外观"选项卡下,单击"常规"特性中的"颜色"设置框,弹出"颜色"对话框,在对话框中对 RGB 数值进行修改,如图 13-22 所示。将"图形"选项卡下的"着色"特性设置为"使用渲染外观",如图 13-23 所示。

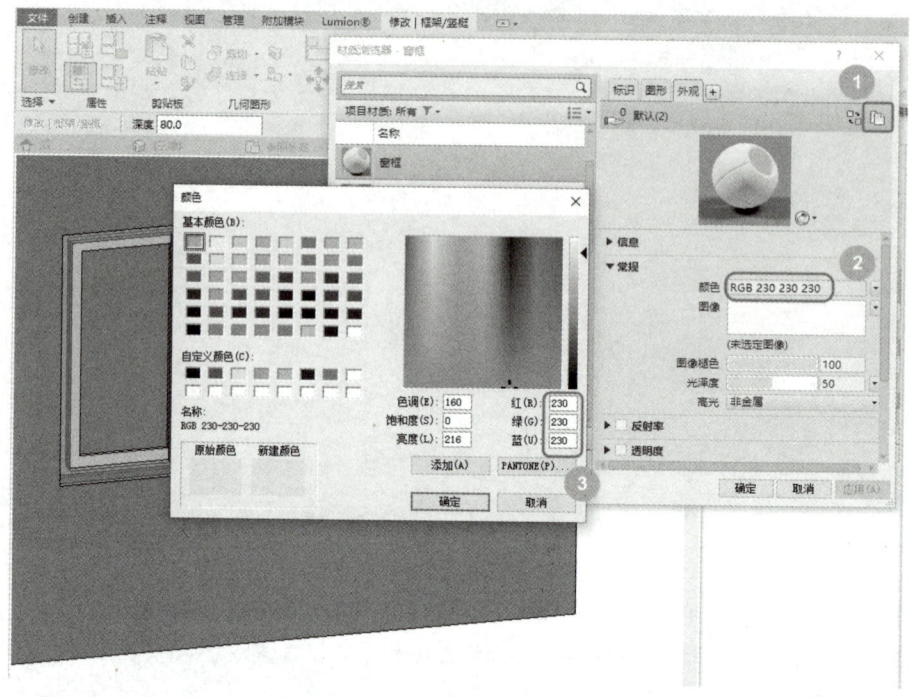

图 13-22　设置窗框材质 RGB 颜色

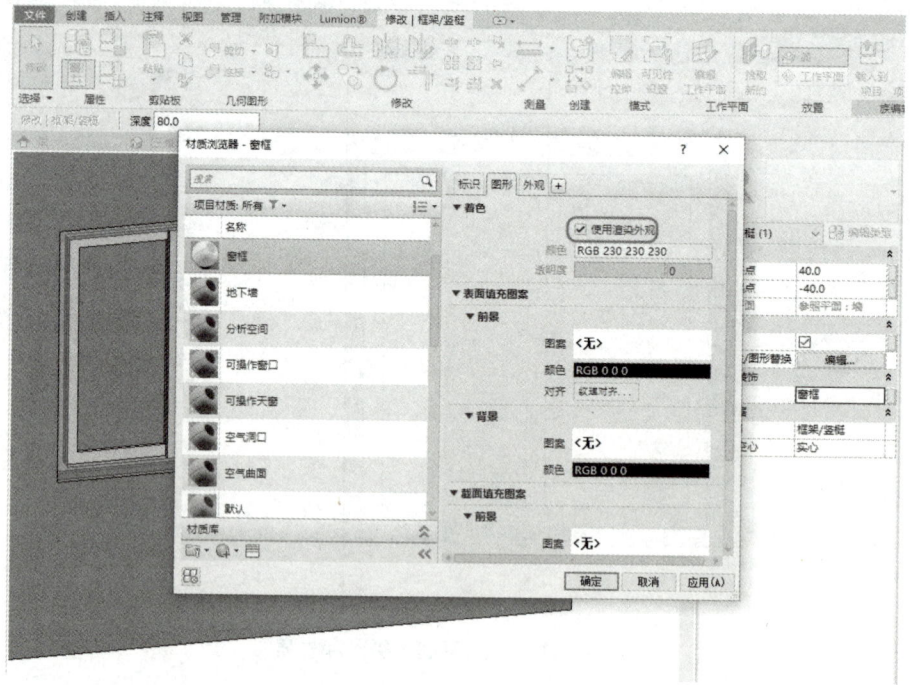

图 13-23　"着色"显示设置

参照上述方法定义玻璃嵌板的子类别为"玻璃"并打开材质浏览器对话框。在"材质库"中找到"玻璃",复制出新材质"窗户玻璃",其他保持默认即可。

4.族的其他特性设置

根据建筑制图标准,需要在二维图纸上对三维图元的平面、立面和剖面表达进行简化,具体方法如下。

(1)运用"属性"选项板中"图形"的"可见性/图形替换"来打开或关闭三维图元在平面或剖面的显示。

(2)运用"属性"选项板中"图形"的"可见性/图形替换"设置族图元显示的"详细程度"。

(3)将窗框、玻璃嵌板等三维图元通过调用"注释"选项卡下"详图"面板中的"符号线""遮罩区域"等二维图元来替代。

5.族文件的测试

前文提到过,窗族的参数化设置后,应测试任意修改宽度、高度参数,族是否会随之改变,如图13-24所示。将窗族载入到项目后应再次进行测试。

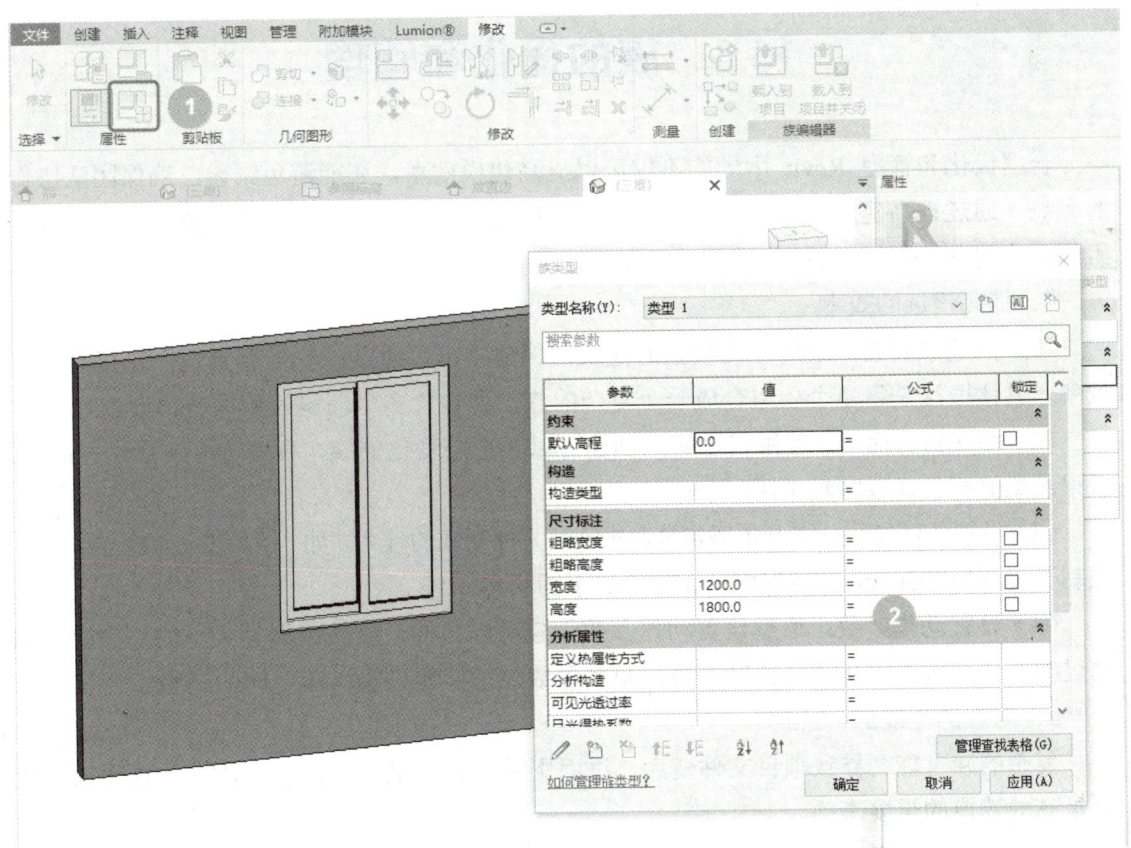

图13-24　窗族参数测试

对族的测试需要贯穿整个建族过程，尤其是参数较多、公式复杂的族，不能到最后一步再进行数据测试，否则一旦早期参数错误，且没有得到及时更正，后续很多工作就需要返工。

测试无误后，通过"管理"选项卡下"设置"面板中的"清除未使用项"清除未使用对象，以减小族文件大小，如图 13-25 所示。最后保存族文件。

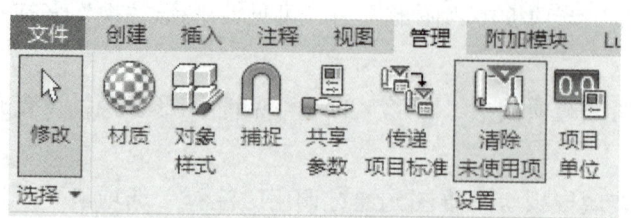

图 13-25　清除未使用项

族是 Revit 软件进行项目建模的一个非常重要的工具，涉及的知识点较多，如可见性、公式等功能的应用。有兴趣的读者可以进行族相关知识的拓展学习。

13.3　族的优化和管理

合理优化和管理 Revit 中的族不仅可以提高建模效率，还能避免错误，确保团队协作的顺畅。通过提高建族的效率、对族的性能进行优化和族的分类与命名规范，能够更好地组织和应用 Revit 的族功能，提高项目建模质量。

1. 提高建族的效率

（1）创建嵌套族：通用性比较强的建筑部件建族可以通过族的嵌套实现，以提高建族效率，具体做法是将多个族组合成一个复杂的族，如包含多个门扇的可调节门族。

（2）创建自适应族：使用自适应点创建可以随形态变化的族，幕墙、地铁管片、铝板、桥梁箱梁等构件建族时较常用。

（3）设置条件参数：使用 if 语句等逻辑判断来控制族的行为，如 "if(长度>2000mm,1,0)"，控制长度在>2000mm 和≤2000mm 时族的不同状态。

（4）设置动作参数：通过设置动作参数创建可以拉伸、旋转或调整大小的动态族，如通过参照平面或参照线结合长度参数、角度参数控制拉伸位置，实现族的调整。

2. 对族的性能进行优化

复杂的族可能会导致项目文件变大，进而影响 Revit 的运行速度。因此，优化族的性能是高效建模的重要事项。

（1）避免过度复杂的几何体，尽量使用简单的形状，如"形状"面板中的"拉伸""放样"等，减少不必要的细节。

（2）避免使用高细节模型，复杂的雕花、螺栓等细节可以通过贴图或材质表现，而非创建实体几何。

（3）通过可见性设置控制几何显示，使族在不同 LOD 级别下显示不同精度。

（4）避免使用曲面和布尔运算（切割、并集、差集），这些运算会增加 Revit 计算量。

（5）运用好嵌套功能。如果族包含重复的形状（如栏杆或格栅），建议改为嵌套族。

3. 族的分类与命名规范

统一的族的分类和命名规范是高效协同工作的前提，该规范是项目标准或企业标准必要构成，便于项目中团队协作和族的快速调用

项目 14　BIM 技术应用及 Navisworks 概述

思维导图

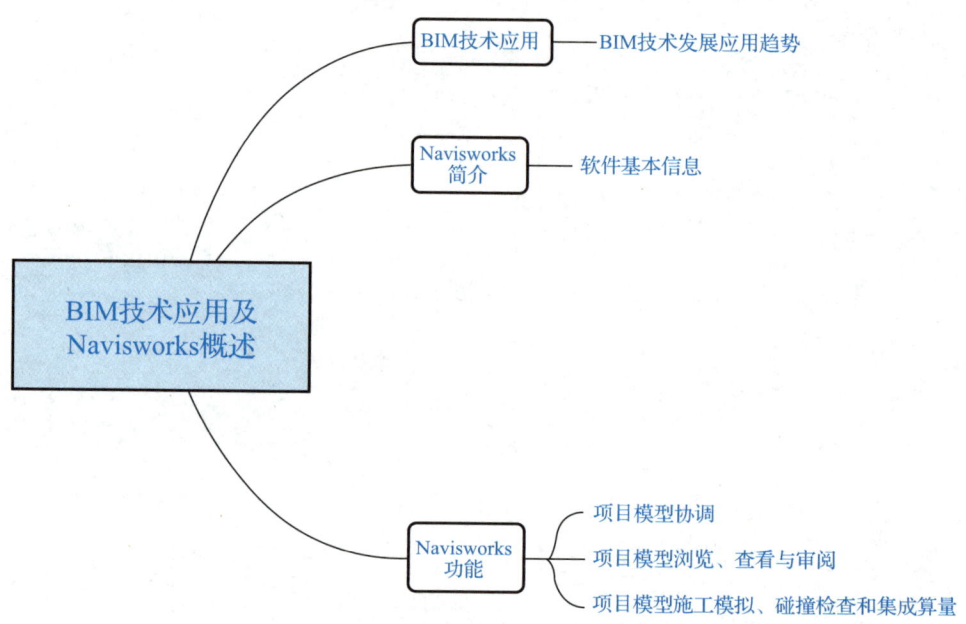

项目 14　BIM 技术应用及 Navisworks 概述

14.1　BIM 技术应用

BIM 技术通过软件协同，提升建筑、结构及系统各专业（给排水、暖通和电气）的设计、施工和运维的效率与精确性，实现对项目全生命周期的有效管理，推动建筑行业向智能建造发展。

BIM 技术以建筑信息模型为核心载体，在设计阶段，通过数据交互与多软件协同机制，构建跨阶段信息连续体，通过参数化建模使建筑、结构、系统多专业协同，减少设计冲突 30%～50%；在施工阶段，通过模拟优化进度管控，对关键路径的识别精度提升至 90% 以上；在运维阶段，通过数字孪生平台集成 IoT（Internet of Things，物联网）数据，设备故障响应时效缩短至分钟级。此外，BIM 技术还能够通过数据驱动抹灰、焊接等各类机器人作业，实现高精度作业；通过机器学习模型解析 BIM 元数据，支持碳排放预测、安全风险预警；等等。

BIM 软件是多软件协同的生态系统。近年来，国内 BIM 行业发展迅速，在 BIM 应用方面各有特点。例如，广联达 BIM 系列软件包括 BIM 建模、算量、施工管理等功能，更多适用于国内工程造价管理；鲁班 BIM 软件支持建筑、结构、系统、桥梁等专业，提供施工全过程管理功能；PKPM 系列软件是国内权威的结构分析软件，能够实现建筑、结构一体化设计。

随着 BIM 技术的普及和 AI 技术的不断进步，BIM 相关软件的功能生态将更加完善。未来的发展趋势包括以下几方面。

（1）智能参数化建模方面，利用 AI 辅助创建参数化族，自动生成复杂几何模型。

（2）BIM 数据分析与优化方面，AI 可解析 BIM 数据，优化设计方案，提高分析精度。

（3）结合 Python 和 Dynamo 编程，AI 可自动生成 BIM 模型，提高设计效率，提高设计自动化水平。

（4）大语言模型（如 DeepSeek、ChatGPT 等）可作为 BIM 助手，解答建模问题。利用自然语言处理（NLP）技术，AI 可自动提取 BIM 数据并生成报告。

（5）随着 AI 技术的发展，BIM 软件和无人机、机器人等硬件的融合在更多智能建造场景中得以应用。

14.2　Navisworks 简介

Navisworks 是美国 Autodesk（欧特克）公司针对建筑设计行业的建筑信息模型（BIM）推出的 3D 模型审阅软件，在 BIM 工作系统中处于核心地位。Navisworks 支持建设项目所有相关方高效地整合、分享、审阅详细的 3D 模型和多格式数据。

Navisworks 具有模型归档与数据集成的强大功能，可以将设计、施工及项目其他多个领域的资料整合至单个项目模型中，进行模型的完整查看和总体协调。此软件可以从外部的数据库汇入数据，并入任何主要的 3D 设计或导入激光扫描的文件格式，用于模型内部的显示；还可以从原始设计档案中读取相关智能型数据，与模型一起检验查看。

利用 Navisworks 进行数据及信息整合后，可在施工前发现各专业之间的冲突问题和干涉部位，并及时进行解决，以便更好地控制工程建设的各个阶段；也可设置动画并进行模拟，使之与模型对象交互，通过动画来模拟项目进度、生成成本数据并根据实际情况进行调整；也可以对模型进行线和面的测量并计数，计算项目的材料数量，将算量数据导出以进行分析；还可以进行项目数据的集中存储、管理，随时随地发布、管理、审查和审批所有图形、文档和模型。

以 Navisworks 2020 为例，该软件包含 Navisworks Freedom 2020、Navisworks Manage 2020、Navisworks Manage 2020（BIM 360）3 款产品，如图 14-1 所示。Navisworks Freedom 2020 只具备显示、漫游功能；Navisworks Manage 2020 具备 Navisworks 的全部功能，包括漫游、校审、渲染、碰撞检测、5D 动画模拟、算量、发布等；Navisworks Manage 2020（BIM 360）用于现场与设计等各方的信息交互工作，可在整个项目生命周期内实时进行团队协作和信息同步化。

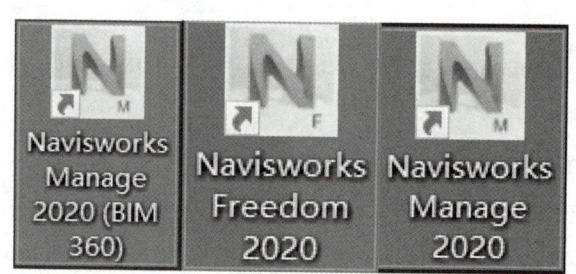

图 14-1　Navisworks 2020 系列软件图标

Navisworks 审阅模型后，生成的文件有 NWD、NWC、NWF 3 种格式。NWD 文件包含模型的所有数据，NWC 文件是文件缓存、NWF 文件是管理链接，3 种格式的文件都很小。

Navisworks 2020 的操作界面如图 14-2 所示。

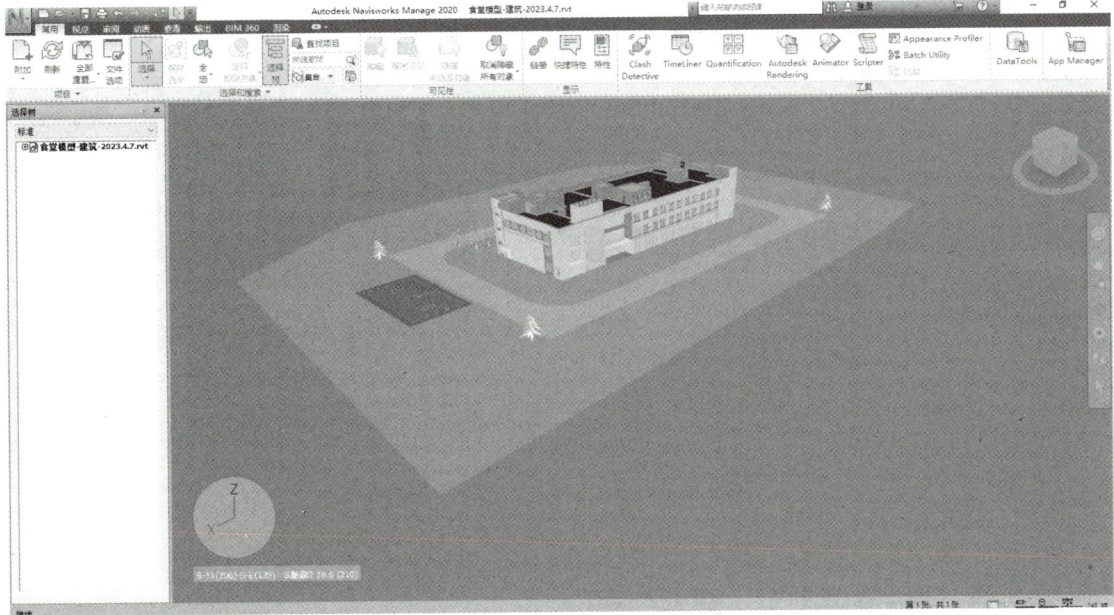

图 14-2　Navisworks 2020 操作界面

14.3　Navisworks 功能

14.3.1　项目模型协调

　　Navisworks 兼容多种不同的应用程序，可以进行多种格式数据的导入和输出，如图 14-3 所示。Navisworks 软件可以打开 Revit、AutoCAD、Catia、3ds Max、SketchUp、SolidWorks 等各类软件所创建的三维模型文件，将各类模型整合在单一的 Navisworks 场景中，"Data Tools"（外部数据链接工具）模块可在打开的 Navisworks 文件与 Excel 或 Access 外部数据库之间创建链接并进行管理，最终实现多种数据的协调。Navisworks 软件也可将不同专业的数据整合，将设计和施工的数据整合，可以更有效地沟通设计意图，促进团队协作。

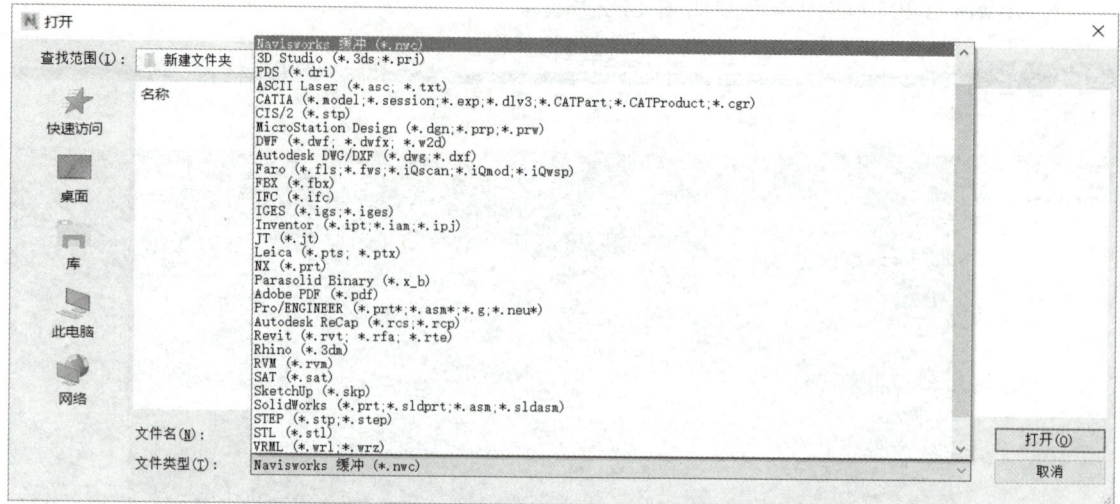

图 14-3　Navisworks 支持的数据格式

14.3.2　项目模型浏览、查看与审阅

Navisworks 提供了平移、缩放、动态观察、环视、漫游、飞行等多种模型的浏览与查看工具。在利用漫游工具浏览与查看模型时，还可选择带有碰撞、蹲伏、重力、第三人视角的真实浏览效果。在浏览与查看模型的过程中，还可对需要的视点进行保存，方便用户快速重新定位至保存的视点位置。

利用 Navisworks 提供"平面"剖分模式和"框"剖分模式，用户可以根据自己的需求，选择不同的视图剖切方式、剖切位置、剖切体量，清晰地看到模型内部任一平面或多个平面的复杂情况。

用户在运用 Navisworks 对整合的模型进行浏览与查看时，若遇到疑问或冲突，可直接利用审阅模块里的测量、红线批注、添加标记、注释等工具进行标记并编号，并且针对疑问或冲突提出审阅意见。关联的视点会自动保存，方便后期对所标记的内容进行查找和管理。

Navisworks 还提供了用于展示模型的渲染模块。用户可以利用渲染模块提供的渲染器、材质管理器、照明管理器、环境管理器等工具，根据需要对渲染效果进行调整和控制，对渲染样式、渲染质量和速度进行定义，使得模型场景的展示效果更加生动，创建逼真的三维动画，渲染及创建真实照片级图像和全景。从联机渲染库中，可以访问渲染的多个版本、将图像渲染为全景、更改渲染质量，以及为渲染的场景应用背景环境。渲染工作也可以在云服务器中创建、存储和共享。

Navisworks 提供了"Animator"（场景动画）和"Scripter"（脚本动画），可以设置模型动画并与模型进行交互,将对象和视点动画链接到构建进度,并增强模拟的质量。例如,可以首先使用一个显示整个项目概况的相机进行模拟,然后在模拟任务时放大特定区域,以获得模型的详细视图;可以在模拟任务时播放动画场景;可以为材料的库存堆积和消耗,以及车辆移动创建动画,并监视车辆到达现场的过程;可以将动画添加到整个进度或进度中的单个任务中,或者将这些方法组合在一起来实现所需的效果;可以向进度中的任务添加脚本,以控制动画特性;可以在模拟任务时播放不同的动画片段或反向播放动画等。

使用 BIM 360 可以创建视图和项目共享给全团队审阅;提供相同的访问权限,以便查看整个项目视图;可以将文件组合在一起,创建一个包含模型的整个项目视图的文件。借助 BIM 360 项目共享数据和工作流,Navisworks 可以将多领域团队创建的几何图形和数据整合在一起,使团队成员可以实时浏览和审阅复杂模型。

14.3.3 项目模型施工模拟、碰撞检查和集成算量

Navisworks 利用计算机数字技术对数据进行整合,通过施工现场的 5D 施工模拟,发现了以往只有在施工现场才能发现的问题,有助于在施工之前采取相应措施解决问题,从而节约成本、缩减工期。Navisworks 在 BIM 工作流中处于核心地位,是连接 BIM 与施工现场的桥梁。Navisworks 重要的施工模拟、碰撞检查和集成算量功能分别通过"TimeLiner" "ClashDetective" "Quantification" 3 个模块实现。

1. "TimeLiner"模块

Navisworks 提供的"TimeLiner"模块,可以进行项目施工过程预演,也就是进行项目的 5D 施工模拟,包括项目的三维(3D)模型和项目的时间及费用模拟。运用"TimeLiner"工具,用户可以对模型中的每一个构件添加计划开始时间、计划结束时间、实际开始时间、实际结束时间,设置每个构件的任务类型、人工费、材料费、机械费、总费用等具体信息(此类信息也可直接导入数据),自动绘制甘特图,定义不同类型任务的开始外观、结束外观、提前外观、延后外观等外观参数,设置模拟的开始/结束日期、时间间隔,编辑文本,关联已制作的动画,实现施工方案的数字化预演,可进行多种施工方案的比较,将计划日期与实际日期相比较,以及跟踪整个进度内的项目费用。

2. "ClashDetective"模块

Navisworks 提供的"ClashDetective"模块可以检测场景中不同专业模型之间的冲突,有效地识别、检验和报告三维项目模型中的碰撞,极大地降低了人为错误出现的概率。用户运用"ClashDetective"工具设置碰撞规则,一次可以进行两个不同专业模型的冲突检测,自动生成碰撞报告,可以用作已完成设计工作的一次性"健全性检查",也可以用作项目的持续审核检查规则。

建筑工程项目周期普遍较长,用户利用 Navisworks 软件对各专业数据进行整合后,可

以根据施工组织计划在 Navisworks 中进行施工预演，将"ClashDetective"与"TimeLiner"联系起来进行碰撞检查，也可将"ClashDetective"与视点动画、场景动画和脚本动画模块制作的动画关联起来，自动检查移动对象之间的碰撞、静态对象与移动对象的碰撞，帮助用户进行工作空间和过程规划。例如，起重机械运行中通过建筑物时的顶部碰撞、运货汽车与工作组的碰撞等。

3."Quantification"模块

Navisworks 支持 2D 和 3D 算量。2D 算量允许用户测量 2D 图纸上的线、区域和计数。用户可以标记几何图形并执行精确计算，而不用在图纸上执行手动计算，然后对几何图形自动执行算量，与"Quantification"模块中的 3D 算量保持一致。2D 算量支持原生和扫描的 DWF 文件，以及非原始的 DWF 文件（如 PDF）。2D 算量工作步骤如下。

（1）在"项目目录"中选择或创建项目。

（2）打开要使用的 2D 图纸。如果项目包含多个图纸或模型，请使用"图纸浏览器"选择 2D 图纸。

（3）从 2D 算量工具栏中选择"标记"工具。在图纸上绘制标记，算量结果将显示在"Quantification"工作簿中。

"Quantification"支持 3D 和 2D 设计数据的集成，可以合并多个源文件并生成算量。Navisworks 对整个 BIM 进行算量，然后创建同步的项目视图，这些视图会将来自 BIM 工具的信息与来自其他工具的几何图形、图像和数据合并起来。Navisworks 也可以针对没有关联的模型几何图形或属性的项目执行虚拟算量。之后，Navisworks 可以将算量数据导出到 Excel 文件中，以便进行分析，并通过 BIM 360 在云服务器中与其他项目团队成员共享，实现优化协作。